预制建筑技术集成

第一册
预制建筑总论

[日] 社团法人预制建筑协会　编著
朱邦范　主译

中国建筑工业出版社

著作权合同登记图字：01－2012－1487 号

图书在版编目（CIP）数据

第一册　预制建筑总论／（日）社团法人预制建筑协会
编著．—北京：中国建筑工业出版社，2012.5
（预制建筑技术集成）
ISBN 978-7-112-14177-7

Ⅰ．①第…　Ⅱ．①社…　Ⅲ．①预制结构：混凝土
结构-研究　Ⅳ．①TU756.4

中国版本图书馆 CIP 数据核字（2012）第 054368 号

原书书名：プレキャスト建築技術集成第 1 編　プレキャスト建築総論（平成 15 年 1 月）
原书编者：社团法人プレハブ建築協会　中高層部会　性能分科会　構造特別委員会
原书出版者：社团法人プレハブ建築協会
本书由日本社团法人预制建筑协会授权翻译出版

　　本书主要介绍预制混凝土结构的工法及设计施工概述，从宏观上讲解预制混凝土结构的技术。本书共 5 章，包括建筑领域预制混凝土结构的现状、预制技术的特征和采用的工法；预制混凝土结构的构造计划及结构设计；预制混凝土结构的施工计划及构件的制造、运输、组装及质量管理方法；预制混凝土结构中接合部的连接形式和连接方法及应力传递方法及设计强度公式，最后介绍了 21 世纪预制混凝土结构的各种课题。

　　本书可供我国从事预制建筑的设计施工人员及管理人员参考使用，但不可作为设计与施工的依据与准则。

　　　　责任编辑：王　梅
　　　　责任设计：赵明霞
　　　　责任校对：姜小莲　赵　颖

预制建筑技术集成
第一册
预制建筑总论
［日］社团法人预制建筑协会　编著
朱邦范　主译
　　　　＊
中国建筑工业出版社出版、发行（北京西郊百万庄）
各地新华书店、建筑书店经销
华鲁印联（北京）科贸有限公司制版
北京奥隆印刷有限责任公司印刷
　　　　＊
开本：880×1230 毫米　1/16　印张：14½　字数：425 千字
2012 年 6 月第一版　2012 年 6 月第一次印刷
定价：40.00 元
ISBN 978-7-112-14177-7
　　　　（22196）

译版前言

住宅工业化通过预制技术实现住宅建设的高效率、高品质、低资源消耗和低环境影响，具有显著的经济效益和社会效益，是当前住宅建设的发展趋势。预制混凝土技术最早可以追溯到 1891 年，巴黎Ed. Coigent 公司首次利用预制混凝土技术建造了 Biarritz 的俱乐部。迄今，预制混凝土技术的发展历史已有 110 余年。目前，预制混凝土结构（PC）在西欧、北美的应用相当广泛，并发挥着不可替代的作用。在亚洲的日本，1957 年开发了中型预制板住宅，1961 年使用大型预制板建造了 4 层公共住宅，1965 年开始采用预制构件建造住宅，确立了在日本发展预制技术的基础。到 1990 年开始，日本与美国共同研究的PRESSS等项目研究开发了多种工法，确立了现在的预制工法，并逐渐广泛应用于运动场、立体停车场、物流仓库等的建设，预制构件也开始用于超高层 PC 公共住宅楼的建设。自 1999 年开始，日本开始使用 KSI 等新的住宅方式，并针对住房的可变性以及顾客对住房独创性、新颖性的要求，开展了各种研发工作。到目前为止，日本在预制建筑方面的技术已经趋于成熟。

日本预制建筑协会在推进日本预制技术的发展方面作出了巨大的贡献。1963 年成立的日本预制建筑协会先后建立了 PC 工法焊接技术资格认定制度、预制装配住宅装潢设计师资格认定制度、PC 构件质量认定制度、PC 结构审查制度等，并编写了相关的预制规范。为了推广预制技术，日本预制协会成立了专门机构，编写了《预制建筑技术集成》丛书，其中涵盖了剪力墙式预制钢筋混凝土（W-PC）、剪力墙式框架预制钢筋混凝土（WR-PC）及现浇同等型框架预制钢筋混凝土（R-PC）方面的建造技术资料。

随着经济的高速发展，我国也逐渐开始重视住宅工业化的发展。1999 年国务院《关于推进住宅产业现代化提高住宅质量的若干意见》开始提出住宅产业现代化的概念，强调住宅建设必须做到节能、节地、节水、节材，注重环境保护，提出发展节能省地型住宅的目标，推进住宅产业现代化工作。住房与城乡建设部在"十一五"期间开始建立了"国家住宅产业化基地"的体制，支持和引导住宅产业化先进技术、成果在住宅示范工程以及其他住宅建设项目中推广应用。

"十一五"期间，随着产业政策的推行，我国涌现了一系列支持住宅产业化的新产品、新材料、新体系。但与发达国家相比，我国住宅产业化仍处于起步阶段。上海市城市建设设计研究总院紧跟住宅建设的发展趋势，成立专门部门从事 PC 建筑设计研究工作。为了推进预制建筑技术在中国的发展，上海市城市建设设计研究总院特地组织 PC 项目的骨干力量翻译了日本（社）预制建筑协会的这套技术集成资料。此资料由以下四本组成：

> 第一册　预制建筑总论　　　第二册　W－PC 的设计
> 第三册　WR－PC 的设计　　第四册　R－PC 的设计

预制建筑技术集成丛书的翻译与出版，周成功、顾超瑜、郑仁光、江勇、邵苇、陈水英、徐壮涛、吴晓清等人参与了全书部分内容的翻译与校核，上海勒卡彭建筑信息咨询有限公司金季平总经理给予了鼎力相助，上海城建集团的各位领导给予了大力支持，在此一并表示感谢。

另外，特别感谢日本东北工业大学薛松涛教授与有川教授以及日本 PC 建筑协会的大内明委员长为本书中文版授权所做出的努力。

特别说明：《预制建筑技术集成》中文版的出版得到了日本 PC 建筑协会的授权，上海市城市建设设计研究总院为中国境内唯一被授权单位拥有本书中文版的版权；本书是对日文原版资料的翻译，只能作为预制建筑从业人员的参考资料，不能作为设计与施工的依据与准则。

由于编译者的时间和水平有限，翻译不当和错漏之处在所难免，敬请广大读者谅解，并欢迎批评指正。最后，再次对参与译版资料编写的各位专家、工作人员表示感谢。

上海市城市建设设计研究总院　朱邦范

2011 年 12 月

预制建筑技术集成出版之际

1999 年 10 月，我协会中高层部会举办了"预制混凝土结构设计研讨会"，共有 42 家会员公司的 73 名代表出席了该会议。在本次研讨会上，为了重新制定适合建筑标准法规定的各项标准、指南等，重新探讨了日本建筑中心下设的结构相关指南研究委员会下发的采用壁式结构 WG 的壁式预制钢筋混凝土结构方面的原建设省告示、通告，并确定了今后的行动指南。

中高层部会在本次研讨会之后，于同年 11 月举办的全国各分部联络会上决定设置一个新机构来制定壁式预制钢筋混凝土（W-PC）、壁式框架预制钢筋混凝土（WR-PC）及现浇同等型框架预制钢筋混凝土（R-PC）方面的建造技术资料集，并制定了 2000 年度开始执行的事业规划。最后，在中高层部会下面新设了性能分科会，并在该分会下面新设了由代表我国水平的专家及活跃在第一线的设计专家组成的结构特别委员会（委员长　盐原　等　东京大学研究生院副教授），开始着手编写预制建筑技术集成。该集成由以下四本组成。

第 1 册　预制建筑总论　第 3 册　WR-PC 的设计

第 2 册　W-PC 的设计　第 4 册　R-PC 的设计

该结构特别委员会，下设由从 52 家会员公司中选出的共计 84 人组成的 5 个工作小组（WG），在大约 3 年时间里，举办了 300 多次会议。另外，性能分科会专门设置组委会，积极支持结构特别委员会及各工作小组的工作。

去年，日本建筑学会出版发行了《现浇同等型预制钢筋混凝土结构设计指南（案）及解说（2002）》。今年，日本建筑中心出版发行了《壁式钢筋混凝土结构设计施工指南》及《壁式框架钢筋混凝土结构设计施工指南》。这次发行的技术集成第 1 册为预制混凝土工法的设计、生产、施工等各方面的解说，第 2、3、4 册为结构设计人员的实用教材、工程主管人员的辅助判断资料，衷心希望这套集成能作为上述指南的补充资料充分发挥它的作用。

至今年 1 月止，本协会正好创立 40 周年。在今年这值得纪念的一年里，中高层部会群策群力发行了集预制建筑技术领域大成的技术集成，并举办了讲习会，使所有会员喜出望外。

在此，对百忙之中始终给予热心指导的盐原委员长、敕使川原副委员长等人表示崇高的敬意。另外，对在工作之余参加 5 个 WG 的各位委员及推选公司长期以来的合作和支持表示衷心的感谢。今后，由法规、标准等的修改而进行的技术集成的修改等后继工作，仍然要请各位继续给予关心和支持。

社团法人预制建筑协会

2003 年 1 月

对预制建筑技术集成的期待

钢筋混凝土（RC）结构是指在加固钢筋的模板框架中填充尚未凝结的混凝土，随着混凝土的硬化，混凝土与钢筋粘结形成整体的合成结构。RC 结构具有随意选择形状的优点，但另一方面又受限于熟练劳动者的技术水平。

RC 结构比钢筋结构更坚固，适合重视隔声效果、防风性能的住宅等建筑物。在经济高速增长时期，为了解决住房数量不足的问题，我国建造了大量 RC 结构的公共住宅，这些住宅楼中许多都使用了预制钢筋混凝土（PC）构件。工厂生产的 PC 构件，由于使用同一模板进行大量生产，所以能够大量供应市场，有利于降低建设成本。

后来，日本经济经过稳定增长时期进入了长期低迷阶段，人们不再满足于单一的住宅形式而开始追求多样性，PC 构件的品种也开始丰富起来，各品种的产量开始下降，相对于现浇 RC 结构的成本优势已不复存在。但是，由于熟练劳动者的绝对数量不足，很难向人们提供高质量的 RC 结构建筑物，但通过提高施工效率来提高生产效率，能够形成质量高、寿命长的资产，PC 构件开始在这方面显露出其优势，所以现在仍然被广泛使用。

日本已经建设了许多使用 PC 构件的建筑物，但通过这次修改建筑标准法，有必要加深设计人员或建筑主管等人对预制建筑的理解。在这种形势下，最近（财）日本建筑中心、（社）日本建筑学会等相继发行了预制建筑方面的技术资料。

本委员会此次发行的《预制建筑技术集成》，是本委员会成立以来积累的预制建筑方面技术的汇总。使用本资料建设的高质量、高效率、耐久的预制建筑将在使用寿命、成本方面占据明显优势，符合时代要求。

《预制建筑技术集成》共 4 册。第 1 册从 PC 工法到最前沿的设计、制造、施工等方面的信息，可以说是建筑学专业学生的优秀教材，也是建设主管、建筑师、结构工程师、工程管理人员等所有从事预制建筑工作人士的必备技术资料。另外，第 2 册到第 4 册分别针对施工业绩优良的 3 种工法，结合实际工程，详尽介绍最新观点，以期安全合理地进行预制结构设计。

《预制建筑技术集成》能够补充（财）日本建筑中心、（社）日本建筑学会出版发行的其他相关标准，将大大加深对预制建筑的理解。在此对参与本资料编写的各位专家、本委员会工作人员表示感谢的同时，也衷心希望本资料能够得到有效利用。

结构特别委员会委员长　盐原　等

（东京大学研究生院　副教授）

2003 年 1 月

中高层部会　性能分科会　结构特别委员会
委员名单（敬语略、排名不分先后）

委员长	盐原 等 东京大学研究生院 工学系研究科建筑学专业 副教授
副委员长	敕使川原正臣 独立行政法人建筑研究所 结构研究小组首席研究员
委员	田中仁史 京都大学 灾害预防研究所 教授
委员	北山和宏 东京都立大学研究生院 工学研究科建筑学专业 副教授
委员	犬饲瑞郎 国土交通省国土技术政策综合研究所 主任研究官
委员	福山 洋 独立行政法人建筑研究所 结构研究小组首席研究员
委员	楠 浩一 独立行政法人建筑研究所 结构研究小组主任研究员
委员	渡边 一弘 都市基础配备公团 技术监理部 专业人士
委员	井上芳生 都市基础配备公团 神奈川地区分公司 建筑科长
委员	木村匡 都市基础配备公团 埼玉地区分公司 专业人士
委员	齐田和男 （财）日本建筑中心 建筑技术研究所 审议员
委员	大桥和男 （社）预制建筑协会 （安藤建设（株））
委员	松泽哲哉 （社）预制建筑协会 （佐藤工业（株））
委员	川端一三 （社）预制建筑协会 （大成建设（株））
委员	田中材幸 （社）预制建筑协会 （大成コーレック（株））
委员	石川胜美 （社）预制建筑协会 （户田建设（株））
委员	田中良树 （社）预制建筑协会 （（株）ナカノコーポレーション）
委员	大井 裕 （社）预制建筑协会 （（株）间组）
委员	久保健二 （社）预制建筑协会 （フドウ建研（株））
委员	饭塚正义 （社）预制建筑协会 （不动建设（株））
委员	小室邦博 （社）预制建筑协会 （三井プレコン（株））
顾问	大内 明 （社）预制建筑协会 中高层部会性能分科会 会长
顾问	城 宪一 （社）预制建筑协会中高层部会性能分科会 副会长
顾问	汤泽守孝 （社）预制建筑协会 中高层部会性能分科会 副会长
顾问	久保信之 （社）预制建筑协会 中部分部中高层部会 副部会长
顾问	今中八起 （社）预制建筑协会 关西分部中高层部会 部会长
顾问	岩井俊平 （社）预制建筑协会 九州分部中高层部会 部会长代理
原委员	今村宏信 都市基础配备公团（平成 12 年 4 月～14 年 6 月）
原顾问	太田范男 （社）预制建筑协会（平成 12 年 4 月～14 年 5 月）

前言

本资料是预制建筑协会中高层部会性能分科会结构特别委员会实施编写的有关整个预制结构领域的技术资料集的成果之一。

结构特别委员会下设 5 个工作组（WG）承担编写任务，本册由 WG1 和 WG2 编写。其中，WG1 编写了第 1 章到第 3 章，WG2 编写了第 4 章和第 5 章。

本册主要讲述预制混凝土结构的工法概要及设计、施工概要，从宏观上讲解预制混凝土结构的技术。

第 1 章主要讲述建筑领域预制混凝土结构的现状、预制技术的特征和采用的工法等概要。

第 2 章主要讲述预制混凝土结构的构造计划及结构设计概要。

第 3 章主要讲述预制混凝土结构的施工计划及构件的制造、运输、组装概要以及质量管理方法。

第 4 章主要讲述预制混凝土结构中最重要的接合部的概要（连接形式和连接方法）和应力传递方法及设计强度式。

在第 5 章，就 21 世纪钢筋混凝土结构的各种课题、混凝土预制件在解决课题方面的作用等，请各 WG 的主任、副主任进行发言，并记述其内容。

编写本书时，对预制混凝土结构的设计、施工、制造和接合部设计方法进行汇总的技术资料还未问世，所以我们首先从收集参考文献和技术资料着手。我们从日本建筑学会、日本建筑中心、都市基础配备公团、参加预制建筑协会的企业收集了许多资料作为参考。没有这些参考资料，就没有这本书的问世。在此对相关的机构与企业表示衷心的感谢。

在建筑领域，预制混凝土结构作为一种可以使施工合理化或缩短工期的结构从 20 世纪后半叶开始应用于中低层公共住宅，现在已经被广泛应用于各种高度的建筑物，使用对象也从住宅扩大到办公大楼、购物中心等。

预制技术已广泛应用于柱、梁、剪力墙等主要结构构件，次梁、楼板等二次结构构件，以及木桩、幕墙等产品。

泡沫经济崩溃后，虽然预制技术的使用一度低迷，但由于广泛的社会需求，混凝土预制技术已经逐渐渗透到整个建筑领域。我们相信今后为了保护地球环境和提高生产效率，人们对混凝土预制技术的需求会更大，它也必将取得更大的发展。

本书主要介绍混凝土预制技术的设计、施工概要及接合部的设计方法等，可供初学者或各种层次的技术人员使用。如果本书能够被设计相关人员广泛使用并有助于预制混凝土结构的普及，编者将感到无比荣幸。

结构特别委员会

WG1　主任　松泽哲哉

WG2　主任　石川胜美

2003 年 1 月

结构特别委员会 WG1 委员名单 （承担第 1～3 章编写）

主任　松泽哲哉 佐藤工业（株）设计部门结构小组
副主任　大井 裕（株）间组结构设计部
委员　斎藤富士雄（株）青木建设策划机械技术部
委员　常深 洋 大成コーレック（株）质量保证部
委员　长谷 诚 大丰建设（株）建设本部建筑设计部
委员　熊田 诚谦 大日本土木（株）技术研究所研究开发室
委员　永井 俊二（株）地崎工业东京分公司建设部
委员　植野修一 东急建设（株）建筑机械技术部
委员　山口芳之（株）长谷コーポレーション结构设计室
委员　黑泽 明（株）PS三菱技术本部建筑技术第二部
委员　望月一彦 平和建设（株）管理部设计室
委员　秀岛昭宣 尾松建设（株）东京总公司
委员　川村敏规 三井プレコン（株）设计部
原委员　小林康人（东急建设（株））、山村公志郎（松尾将设部）、松尾羊三（（株）青木建设）

结构特别委员会 WG2 委员名单 （承担第 4、5 章编写）

主任　石川胜美 户田建设（株）结构设计部
副主任　田中良树（株）ナカノコーポレーション技术研究所
委员　增田安彦（株）大林组技术研究所建筑结构研究室
委员　长井信夫 五洋建设（株）东京分公司建筑部生产设计科
委员　藏田富雄 住友建设（株）建筑设计部结构设计组
委员　小田初次 大末建设（株）东京总公司设计部
委员　太田义弘（株）竹中工务店技术研究所建设技术开发部
委员　舟塚玄知 西松建设（株）建筑设计部结构科
委员　磯 健一 日本国土开发（株）技术开发研究所结构研究室
委员　矢泽计规（株）フジタ建筑设计中心结构设计部
委员　铃木 忠 平和建设（株）设计室
原委员　大下武司（大末预制装配（株））、濑尾正幸（五洋建设（株））

执笔承担

第1章
1.1 松泽哲哉
1.2 松泽哲哉、望月一彦、永井俊二
1.3 熊田诚谦、川村敏规、植野修一、黑泽 明
1.4 松泽哲哉
1.5 长谷 诚

第2章
2.1 大井 裕
2.2 大井 裕
2.3 大井 裕、秀岛昭宣、黑泽 明、山村公志郎

第3章
3.1 常深 洋
3.2 川村敏规
3.3 川村敏规、植野修一
3.4 山口芳之
3.5 常深 洋、长谷 诚
3.6 常深 洋、永井俊二、斋藤富士雄、松尾羊三

第4章
4.1 石川胜美
4.2 田中良树、藏田富雄、长井信夫
4.3 田中良树、小田初次、矢泽计规、藏田富雄、舟冢玄知、太田义弘、增田安彦、矶 健一
4.4 义健一、舟塚玄知、矢泽计规、铃木忠、太田义弘
4.5 田中良树、小田初次、铃木重、矢泽计规、藏田富雄、舟塚玄知、太田义弘、矶 健一

第5章
5.1 石川胜美
5.2 石川胜美
5.3 石川胜美、大桥和男、松泽哲哉、川端一三、田中材幸、田中良树、大井 裕、饭塚正义、久保健二、小室邦博

目录

第 1 章　预制混凝土结构概论

1.1　前言

　　预制一词来自英语的"precast"，意思是"事先将混凝土等浇入模型使其硬化"。现在，"混凝土预制"（以下简称"PC"）一词作为含有钢筋混凝土的专业术语已经确定下来。另外，混凝土预制件就是在工厂制造部件、构件，在现场进行组装完成的生产方式（装配结构），也将其定位为"工业化工法的核心技术"。此外，预制构件被定义为"由在建筑物完成位置之外凝固的混凝土组成的钢筋混凝土构件"（日美共同研究：PRESSS）等。

　　预制技术的历史在日本可以追溯到 1918 年伊藤为吉提议使用预制框架，1957 年开发了中型预制板住宅，1961 年在日本最早使用大型预制板建造了 4 层公共住宅，1965 年日本住宅公团（现在的都市基础配备公团）用壁式预制件建造了 4 层住宅，这些阶段可以说是预制技术确立基础的时期。20 世纪 70 年代引进薄层预制木楼面板工法，用 H-PC 工法建造 14 层高的住宅楼；1988 年，使用高层集体住宅专用壁式框架钢筋混凝土的预制件建造 11 层高的住宅楼；1990 年到 1993 年，日美共同研究的 PRESSS 等项目研究开发各种各样的工法，确立了现在的预制化工法。

　　预制技术现在已为所有从事建筑工作的人士所认识，并被广泛应用于各种块体、桩、楼板、幕墙等预制产品以及主要结构构件使用预制构件的建筑物。但是，大多数人都认为预制件的使用将取代现浇混凝土技术，适用范围还有待进一步扩大。现在，建筑工程中仍然存在熟练工数量不足、需从环保观点重新认识用于现浇混凝土的模板材料等问题，在解决这些问题时，预制件具有现浇混凝土所没有的优点，它可以通过提高施工效率促进生产，还可以建造高质量、高寿命的环保型建筑。

　　预制技术并非少数人才可以了解的技术，本章将对其进行详细解释，使其成为"谁都可以理解的技术"。

1.2　预制混凝土结构的历史

1.2.1　历史年表

　　前面已经提到，我国预制技术的历史可以追溯到 1918 年伊藤为吉提议使用预制框架。这里，主要介绍 20 世纪 50 年代以后的预制工法的历史。

　　20 世纪 50 年代，经过战后的混乱期，于 1950 年制定了住宅金融公库法，1957 年开始使用中型预制件模板建造住宅，奠定了研究开发预制化工法的基础。后来，经济又进入了高速增长的伊奘诺景气时期。

　　到了 20 世纪 70 年代，中高层公共住宅的出售数量从高峰期的 75000 套降到了 1976 年的 32000 套，住宅建设迎来了严冬时代，后来开始了住宅建设的第 3 个 5 年计划，人们对住房由量的需求转变为质的需求，于是开发了 SPH 及 NPS。

　　20 世纪 80 年代，从 1981 年开始进入住宅建设的第 4 个 5 年计划，1982 年建设省（现在的国土交通省）提出了百年住宅建设计划。人们开始研究、开发能够适应多样性住房需求的预制技术，1982 年正式开始采用大型 PC 板工法的 NPS。另外，这个时期也开始采用壁式钢筋混凝土预制件的直接连接方式，还规范了预制技术的开发。这些技术和钢筋连接工法等的开发，使建筑施工进入了框架预制化工法的时代。

　　进入 20 世纪 90 年代后，开始研究壁式框架结构的预制化工法，并逐渐将其广泛应用于运动场、立体停车场、物流仓库等的建设，预制构件也开始大规模用于超高层 PC 公共住宅楼的建设。最近，住宅、都市配备公团（现在的都市配备公团）于 1999 年开始使用 KSI 等新的住宅方式，并针对住房的可变性以及顾客对住房独创性、新颖性的要求，进行了各种各样的研究、开发。

下面是我国预制化工法的历史年表。

历史年表

年代（年）	预制件的有关研究、开发	政府机关的设立/法规/政策、制度	日本建筑学会/日本建筑中心/预制协会 标准·指针	代表性建筑物/工法/材料	地震
大正 1918（大正 7 年） 1919（大正 8 年）	· 提议预制件框架/伊藤为吉 · 最初的预制构件产品，参加上野世界和平博览会展出/伊藤为吉	· 制定市区建筑物法			
1922（大正 11 年） 1923（大正 12 年） 1924（大正 13 年）	· 万年墙 · 广泛开展抗震研究		· 制定抗震基准法		关东大地震（M7.9）
昭和 1930（昭和 5 年） 1933（昭和 8 年）	· 市浦健介绍 Walter A. G. Gropius（德）的运动		· 制定钢筋混凝土结构计算标准		三陆海域地震（M8.5）
1941（昭和 16 年）	· 提议组装式钢筋混凝土/田边平学·后藤一雄				
1944（昭和 19 年）			· 抗震结构要领		东南海地震（M8.3）
1945（昭和 20 年）		· 住宅紧急措施令			
1946（昭和 21 年）	· 耐燃组装式房屋的提案/岸田日出刀				南海地震（M8.1）
1947（昭和 22 年）		· 成立国土审议会 · 制定日本建筑规格 3001	· 制定钢筋混凝土结构计算标准		
1948（昭和 23 年）		· 成立建设省			福井地震（M7.2）
1949（昭和 24 年）	· 《组装式钢筋混凝土建筑—混凝土预制件》的实用化/田边平学			· 制造预拌混凝土	
1950（昭和 25 年）	· 试建每栋 4 户的 2 层建筑/混凝土预制件	· 公布建筑标准法 · 公布建筑士法 · 设立住宅金融公库 · 公布公营住宅法			
1951（昭和 26 年）				· 广泛使用预应力混凝土工法	
1952（昭和 27 年）	· 《未悟｢国趣｣》/田边平学		· 建筑地基结构设计标准及解说 · 预应力混凝土结构设计施工标准方案	· RC 壁式住宅发达	十胜海域地震（M8.2）
1953（昭和 28 年）			· 制定建筑工程标准说明书及解说（JASS5）	· 滑动工法	

年代（年）	预制件的有关研究、开发	政府机关的设立/法规/政策、制度	日本建筑学会/日本建筑中心/预制协会 标准·指针	代表性建筑物/工法/材料	地震
1955（昭和30年）		· 成立日本住宅公团 · 住宅建设10年计划	· 制定壁式钢筋混凝土结构设计标准	· 初次使用金属模板	
1956（昭和31年） 1957（昭和32年）	· 开发永久弹性工法 · 开发使用中性预制件模板的住宅 · 使用混凝土立墙平浇建筑法试着建设2层阶梯式住宅/公团、建研、大成建设	· 住宅建设5年计划			
1958（昭和33年）			· 制定钢筋混凝土结构设计标准	· 东京塔竣工	
1960（昭和35年）			· 修改建筑基础结构设计标准		智利地震
1961（昭和36年）	· 使用中型PC模板大规模开发建设公营住宅 · 日本第一栋使用大型PC模板的4层集体住宅/公团，大成建设		· 预应力混凝土设计施工标准及解说	高强度变形钢筋的使用	日向滩地震（M7.0）
1962（昭和37年）	· 框架式预制件造/大谷场东小学				
1963（昭和38年）	· 金属模板工法实用化/住宅公团 · 发表年度1万套预制装配公共住宅建设指南/建设省 · 建设省标准尺寸JIS化	· 成立预制建筑协会（社） · 修改建筑标准法 · 容积地区制度成立 · 废除31m限高制度 · 将41m以上定为评定对象		· 人工轻型粒料的使用 · 金属模板工法的实用化	
1964（昭和39年）	· 着手使用预制化工法建设中高层住宅/住宅公团	· 工厂厂房认定制度/住宅金融公库	· 制定高层建筑技术指南	· 酒店ニューオータニ竣工	新泻地震（M7.5）
1965（昭和40年）	· 日产2套的移动式预制工厂实用化（千叶县作草部团地W-PC结构4层建筑）/住宅公团 · 第1届预制装配住宅建筑、构件、相关机器综合展览（东京青海） · 建设省积极采用预制装配住宅	· 设立日本建筑中心 · 创设地方住宅供给公社制度	· 制定建筑工程标准说明书及解说（JASS10） · 制定壁式钢筋混凝土设计标准（4层以下）	· 混凝土泵车的普及	
1966（昭和41年）	· 公营住宅采用预制化工法 · 各大型综合建筑公司设立预制板公司 · 第2届预制装配住宅建筑、构件机器综合展览（二子玉川） · 使用H-PC工法试建集体住宅	· 公布住宅建设计划法 · 第1个住宅建设5年计划			
时代背景（1963年~1974年） 　　日本住宅公团设立（1955年）以来，在对预制混凝土长达10年的研究后，正式确立了对工法的研究，使建造高层住宅成为可能。另外，为使混凝土预制件适应中层建筑，日本独自开发了塔形履带式起重机。					

年代（年）	预制件的有关研究、开发	政府机关的设立/法规/政策、制度	日本建筑学会/日本建筑中心/预制协会 标准·指针	代表性建筑物/工法/材料	地震
1967（昭和 42 年）	· KS 工法/川崎制铁 · PS 工法中层大规模建设公共住宅/建设省 · 壁式混凝土预制 5 层建筑抗震试验/建研、公团 · 第 3 届预制装配住宅建设、构件机器综合展览（二子玉川）			· H-PC 工法的实用化（八幡制铁所君津）	
1968（昭和 43 年）	· ネガ预制装配工法（东急建设） · 预制板浇注模板工法试行 · 第 4 届预制装配住宅建设、建材机器综合展览（日本桥）	· 新都市计划法的公布		· 霞之关大厦竣工	十胜海域地震（M7.9）
1969（昭和 44 年）	· 第 5 届预制装配住宅建设、建材机器综合展览（日本桥）	· 公布都市再开发法 · 发表住宅建设工业化的长期设想/建设省			
1970（昭和 45 年）	· 引进半预制楼板工法 · 试用镶嵌瓷砖预制件外壁 · 实施标准住宅技术方案竞赛/建设省 · 第 6 届预制装配住宅建设、建材机器综合展览（日本桥） · H-PC 工法标准设计化/住宅公团	· 第 2 个住宅建设 5 年计划 · 成立环境厅 · 设置超高层公寓开发研究委员会/建设省 · 使用大型预制模板工法的中层住宅规格统一要领—SPH/建设省	· SPH（公共住宅用中层大规模住宅标准设计）的开发与制定	· 机械式接头的开发 · 西台住宅区（SRC）中 8PC 工法的采用	
1971（昭和 46 年）	· 第 7 届预制装配住宅建设、建材机器综合展览（日本桥）	· 修正建筑标准法施行法令	· 壁式钢筋混凝土预制 5 层集体住宅设计指针及解说的出版 · 修改钢筋混凝土结构计算标准		
1972（昭和 47 年）	· 使用 H-PC 工法的 14 层住宅（丰岛 5 丁目住宅区）/住宅公团 · 发表芦屋滨高层住宅工程提案竞赛/建设省 · 第 8 届预制装配住宅建设、建材机器综合展览（池袋）	· 着手开发新的抗震设计方法/建设省综合宣传部	· JASS10 修改 1	· 椎名町公寓（RC 结构、Fc30） · 粗口径钢筋接口工法的开发	
1973（昭和 48 年）	· 发表工业化住宅性能认定规定 · 开发 NPS（代替 SPH）	· 设立住宅零部件开发中心 · 公布新国土利用计划法			
1974（昭和 49 年）	· 开始 KEP 研究/住宅公团 · 开发 RPC 工法	· 高档住宅零部件认定制度生效/建设省 · 国土厅成立	· PC 大规模住宅焊接工程质量管理标准/预制协会 · 修改建筑地基结构设计标准		
1975（昭和 50 年）	· 设计中层大规模公共住宅标准设计新系列（NPS）/建设省 · 中层住宅主体系统设计开发竞赛/建设省	· PC 工法焊接技术资格认定制度生效/预制协会 · 住宅建筑用地开发公团成立	· 修改 RC 结构计算标准 · 修改 SRC 结构计算标准		伊豆半岛海域地震（M6.9）

年代（年）	预制件的有关研究、开发	政府机关的设立/法规/政策、制度	日本建筑学会/日本建筑中心/预制协会 标准·指针	代表性建筑物/工法/材料	地震
时代背景（1975年～1979年） 由于迎来了销售量锐减的"严冬时代"，"第3个住宅建设5年计划"的构思规定了对住房由量的追求转变为质的追求。					
1976（昭和51年）	· 低层住宅主体系统设计开发竞赛/建设省 · 新住宅供给开发工程（house55）提案竞赛	· 第3个住宅建设5年计划		· 芦屋滨高层住宅（S结构）的动工	
1977（昭和52年）	· 性能订购方式的采用/住宅公团	· 新抗震设计法的开发完成公布《新抗震设计法（案）》	· JASS10修改2 · 原有建筑物抗震判断标准		
1978（昭和53年）				· 太阳城G结构（RC结构，Fc36）	宫城县海域地震
1979（昭和54年）		· 公布能源节约法	· 钢筋混凝土结构配筋指针及解说		
1981（昭和56年）	· 直接连接方式的开发试验（1）/预制协会 · 使用大型PC板工法的NPS的正式采用 · 发表百年住宅系统（CHS）的基本计划/建设省	· 修改建筑标准法施行令 · 新抗震设计法生效 · 将高度60m以上定为评定对象 · 第4个住宅建设5年计划 · 住宅、都市配备公团成立	· 结构计算指针及解说/日本建筑中心 · "PS"工法设计施工指针及解说/预制协会	· 流化剂的使用	
1982（昭和57年）		· 发表地区住宅计划（HOPE计划）/建设省	· 修改RC结构计算标准 · 制定壁式钢筋混凝土设计标准（5层以下） · 钢筋接头性能判断标准		
时代背景（1980年～1984年） 这个时期的住宅政策逐渐转变为追求居住舒适性、安全性、居住环境等，第一次石油危机引发的经济低迷现象也出现了恢复势头。但是，由于中高层预制装配公共住宅采用的SPH逐渐转变为NPS（公共住宅设计计划标准）以及采用H-PC工法的高层预制装配集体住宅的增比减慢，所以住宅建设量呈现减少趋势。					
1983（昭和58年）		· 壁式结构告示（1319号）	· 壁式钢筋混凝土结构实际施工指针		日本海中部地震（M7.7）
1984（昭和59年）	· 直接连接方式的开发试验（2）/预制协会		· 壁式混凝土预制件设计手册3份/预制协会	· GH光之丘A街区	长野县西部地震
1985（昭和60年）	· 在流通大附属高中试用复合化工法 · 设置高层壁式钢筋混凝土框架研究推进委员会/建筑中心	· 住宅附设义务（港区、中央区、新宿区）		· 抗震工法 · 填充式接口、螺纹式接口 · 花园城市新川崎（RC结构Fc42）	
时代背景（1985年～1988年） 由于采用了PS工法等，住宅建设数量急剧增加。预制建筑协会中高层部会也于昭和62年编写了PC工法的解释资料，为了普及促进中高层预制装配建筑物而设立"调查研究公积金"，通过这一系列的措施来开拓新市场。					
1986（昭和61年）	· 浦和短期大学正式导入半预制构件	· 高层RC技术商谈委员会/建筑中心 · 第5个住宅建设5年计划	· 钢筋混凝土预制结构的设计与施工 · 钢筋混凝土预制（Ⅲ种PC）结构设计、施工指针及解说	· 抗震阻尼器的实际应用	

年代（年）	预制件的有关研究、开发	政府机关的设立/法规/政策、制度	日本建筑学会/日本建筑中心/预制协会 标准·指针	代表性建筑物/工法/材料	地震
1987（昭和62年）		· 临海副都心构想 · 壁式框架结构告示（1598号）	中高层壁式框架钢筋混凝土结构设计施工指针及解说 · 壁式结构钢筋配置指针		
1988（昭和63年）	· 着手开发新RC/建设省综合宣传部		· 建筑基础结构设计指针的修改 · 修改RC结构计算标准	· 大川端溪流城市 21B栋 · 小松川绿色城镇（RC结构，Fc42） · MKO公寓（RC结构，Fc42）	
平成 1989（平成1年）	· 开始日美共同研究（预制结构）	· 预制装配住宅装潢设计师资格认定制度/预制协会 · PC构件质量认证制度生效/预制协会	壁式预制结构的竖向接合部的运动与设计方法	· 高强度混凝土（Fc60） · 横滨陆标塔（超流动性混凝土）	
1990（平成2年）	· 开始WR-PC工法共同研究 · 正式开发复合化工法	· 中高层住宅工程		· 新东京都办公大楼	
时代背景（1989年～1992年） 这时年号改为平成，在设计工法方面，不再拘泥于以往的研究开发壁式框架结构（WR-PC）高层住宅工法的构思，而是努力开发新的工法，努力开拓新的领域。另外，预制建筑协会为了提高质量而确立了PC构件制造工厂的自主认定制度。					
1991（平成3年）	· 开发大厦全自动系统		· JASS10修改3 · 修改RC结构计算标准	· 试用离心成形混凝土柱框型架预制件	
1993（平成5年）	· 大阪煤气NEXT21采用PC工法		· 壁式钢筋混凝土工程施工技术指导/预制协会		北海道西南海域地震（M6.8）
时代背景（1993年～） 随着泡沫经济的破灭，PC行业也迎来了严冬时代。但是，由于熟练劳动者的数量不足，及PC工法在环保问题上凸显出的重要性和必要性，研究开发如何发挥PC工法的优点成为当务之急。					
1994（平成6年）		· 降低住宅建设成本活动	· JASS5修改11 · 预应力混凝土（PC）合成楼板设计施工指针及解说		北海道东面地震（M8.1）
1995（平成7年）	· 设置应对地震灾害特别委员会/预制协会 · 结构构件市场流通方法研究委员会报告书/日本混凝土工学协会 · 为编制PC结构设计指针的共同研究报告书/建设省	· 高龄社会住宅设计指针 · 制定抗震修改促进法			兵库县南部地震（M7.2） 三陆はるか海域地震
1996（平成8年）	· 加快PC工法住宅运动场、立体停车场、流通仓库等领域的应用 · PC工法的抗震研究报告书/住都公团、预制协会	· 修改基本住宅法（老年人口入住条件等）		· 超高强度混凝土Fc100（山形上山公寓）	
1997（平成9年）	· PC构件在超高层RC集体住宅方面的应用盛况 · 取得WR-PC工法的一般认定（1、2次）/住都公团+九段建研+预制协会12家会员公司		· JASS5修改12 · 壁式结构相关设计标准集及解说 · PC工法焊接工程质量管理标准/预制协会	· 超高层抗震建筑物的实际应用（仙台MT大厦）	

年代（年）	预制件的有关研究、开发	政府机关的设立/法规/政策、制度	日本建筑学会/日本建筑中心/预制协会 标准·指针	代表性建筑物/工法/材料	地震
1998（平成10年）	• 取得WR-PC工法的一般认定（3、4次）/预制协会10家会员公司	• 修改建筑标准法 • 中期检查制度 • 性能规定		• 千叶NTアバンドーネ原（PC工法综合设计）	
1999（平成11年）	• 开发住宅公团KSI • 取得WR-PC工法的一般认定（5次）/预制协会3家会员公司	• 都市基础配备公团成立 • 公布住宅质量保证促进法 • 公布节约能源法"二代节约能源标准"	• 修改RC结构计算标准（最大应力设计方法） • 修改PC构件质量认定规定/预制协会		
2000（平成12年）	• 取得WR-PC工法的一般认定（汇总）/预制协会27家会员公司 • 着手编写预制建筑技术丛书/预制协会性能分科会结构特别委员会	• 制定PC结构的自主审查制度，开始审查事业/预制协会 • 1998建筑标准法修正案的完全施行 • 制定住宅质量保证促进法	• 钢筋混凝土预制结构设计指针（案） • 着手JASS10第4次修改工作		鸟取县西部地震
2001（平成13年）		• 修改壁式结构的告示（1026号） • 修改壁式框架结构的告示（1025号）	• 建筑物结构相关技术标准解说书 • 修改SRC结构计算标准 • 修改建筑物基础结构设计指针 • NewRC开发报告书/国土交通省	• 幕张M4街区（PC工法综合设计）	艺预地震（M6.4）
2002（平成14年）	• 反梁外部框架结构中预制化工法的使用/都市公团＋预制协会		• 现浇等同型钢筋混凝土预制结构设计指针（案）及解说		
2003（平成15年）			• 修改壁式钢筋混凝土结构设计指针 • 修改壁式框架钢筋混凝土结构设计指针 • 预制建筑技术丛书第1～4册/预制协会		

1.2.2 预制建筑协会的相关事项

日本预制建筑协会于1963年成立，直到现在，仍然在预制化工法研究、开发方面发挥着巨大的作用。这里将着重介绍预制建筑协会与预制技术的关系。

1 PC工法焊接技术资格认定制度

从1975年开始为了提高焊工的焊接水平，预制建筑协会设立了"PC工法焊接资格认定委员会"，进行"焊接管理技术者"以及"焊接技工"的资格认定工作。到2002年12月为止，已有2828人获得资格认证。另外，"PC工法焊接资格认定委员会"由日本焊接协会、有经验的专家、相关行政人员构

参考文献

1）预制建筑协会30年史编辑委员会：《プレ建筑协会30年史》，1993.11

2）PCa技术研究会：《混凝土预制技术手册—活用及设计施工指南》，pp.20～21，PCa技术百年史，建筑技术施工9月号附刊，1999.9

成，通过举办讲习会、实施考察等进行公正的资格认证。

  2 预制装配住宅装潢设计师资格认定制度

  从 1990 年开始设立"预制装配住宅装潢设计师资格认定制度"。实施该制度是为了提高预制装配住宅营业人员的知识水平，为顾客提供更高水平的服务。到 2002 年 12 月，累计已有 20631 人通过资格认定。

  3 PC 构件质量认定制度

  有关中高层混凝土系列工业化建筑用的 PC 构件的质量认定工作，以前是由都市基础配备公团、东京都等各单位团体分别进行认定的。1989 年，在提供高质量的 PC 构件时，为了统一评价标准，各单位团体开始自主制定"PC 构件质量认定制度"，维持 PC 构件的性能、质量，更好地普及在公共住宅等方面的应用。认定对象为中高层建筑用 PC 构件制造工厂，通过"PC 构件质量认定策划委员会"进行审议，为了保证对工厂的技术审查的公正性，委托外面的第三方进行认证。截至 2002 年 12 月，全国共有 47 家工厂通过了认证。

  4 PC 结构审查制度

  随着 1999 年建筑标准法的修改以及保证住宅质量的一系列法律的实施，建筑物结构的安全性以及生产、施工方面的技术保证比以前更加重要。在这种情况下，从 2000 年开始，出现了对使用 PC 构件的各种建筑物进行自主审查的制度。"PC 结构委员会"由资深专家、行政人员及活跃在设计工作第一线的各位委员组成，其下面设有在审查部会进行技术研讨业务的"PC 结构审查专业委员会"。截至 2002 年 12 月末，共进行了 53 次审查。

1.3 当前技术

1.3.1 预制化工法的优点

  1 抗震性

  现在，日本实际使用的预制化工法大致可以分为以下三种：1）将以往的现浇框架结构预制件化的工法；2）将以往的壁式钢筋混凝土预制件化的工法；3）将壁式框架结构预制件化的工法。

  建筑性能标准法的制定和促进住宅质量保证方面法律的实施，必然要求今后设计的建筑物的抗震性能满足相应法律要求。

  在采用预制化工法的结构中，为了获得与现浇的 RC 结构同等的结构性能，人们开发了混凝土预制构件的接合方式。于是，混凝土预制结构具有与现浇的钢筋混凝土结构相同的抗震性能。壁式钢筋混凝土及其对应的预制化工法 W-PC 结构具有较好的抗震性能，一般的框架结构及其对应的预制化工法 R-PC 结构能够通过变形消耗地震能量，因而也具有较强的抗震性能。壁式框架结构及 WR-PC 结构的抗震性能居于两者之间。

  在过去的地震灾害报告中，没有预制化工法的建筑物的相关受害报告。1995 年在兵库县南部发生地震时，对适用灾害救助法地区内的壁式钢筋混凝土预制件造建筑物的受灾情况调查，基本上都是由预制建筑协会进行的。总共 2032 栋楼房中，有 37 栋受到较大损害，其中 18 栋是由地壳运动引起的，其他 19 栋的损害主要集中在楼板与墙壁的结合部、增盖部分与以往部分的膨胀结合部分，各部分受损害程度都比较轻，基本上没有发现预制构件本身破损的现象。[1]

  从以上的地震损害情况可以看出 W-PC 结构是一种拥有较强抗震性能的优良结构，可以将大地震对构造的损害降到最小限度。另外，由于 R-PC 结构和 WR-PC 结构还没有实际遇到过大地震，所以还不清楚它们在发生地震时的实际损害情况，综合考虑多数结构试验及仿真试验结果，基本可以断定只是在梁或柱的接合部发生损伤，而不会出现建筑物倒塌或人员伤亡。但是，框架结构的变形会引起家具、备用品等的倒塌、破损等情况，因此必须将这些物品牢牢固定。

2 质量

预制件生产时质量管理严格，因此，通常情况下预制件质量相差不大，精确度也较高。另外，由于使用比现浇混凝土水分较少的干硬性混凝土，如图1.3.1.1所示，预制构件在干燥时不易产生裂缝，防水性能好，也不会产生浇筑不良引起的蜂窝麻面、裂缝等。图1.3.1.2将现浇RC工法（以下称为传统工法）与预制化工法的混凝土中性化时间进行了比较。由于混凝土预制件密度高，其耐中性化性能比一般现浇混凝土的耐中性化性能高许多。另外，预制工法通过将混凝土主体分割为构件，能够分散温度变化引起的伸缩、变形压力。除此之外，由于结构主体使用时间长，预制件拆卸、报废较少，因而预制工法能够节约能源和资源。

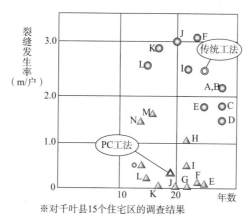

※对千叶县15个住宅区的调查结果

图1.3.1.1 时间推移引发的混凝土主体裂缝发生率的比较[2]

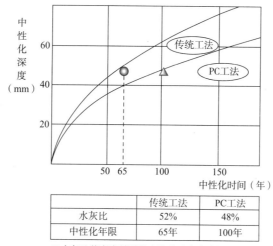

	传统工法	PC工法
水灰比	52%	48%
中性化年限	65年	100年

※水灰比偏高容易引发中性化（失去碱性，钢筋易破裂）

图1.3.1.2 水灰比引起的混凝土中性化的比较[2]

3 施工性

预制化工法预先集中生产构件，将现场作业系统化，所以能够确保施工精度，大幅度缩短工期。另外，预制化工法可以大幅度减少模板、外围防护物、脚手架以减轻现场作业，节约现场施工劳力。

4 成本

预制化工法的成本，由在RC传统工法的成本构成基础上新追加部分与由于预制化而变化的部分两部分组成。前者包括①生产设计成本、②制造成本、③施工成本中的施工方式、连接成本，后者主要包括临时产生成本、防水成本。

1）生产设计成本

生产设计成本是指从设计图到构件制作图的制作费用。

影响构件制作成本的因素很多，其中构件分割和构件形状等对成本总额影响很大。

2）制造成本

制造成本由以下几项构成：

①构件的材料费、对外订货费（混凝土原材料、钢筋、连接用铁件、安装零件、燃料、脱模材料、外购构件费等）

②制造所需劳务费（钢筋加工、组装、模板-钢筋-接合用金属物的组装、电力配置、混凝土的浇筑、养护、修整、拆模、储藏、现场移动等）

③制造费（模板磨损费、模板部分改造费、模板管理费）

④搬运费（将构件搬运至现场）

⑤工厂的固定费用（动力用水-照明-取暖费、工厂设备的折旧费、土地使用费、房租等）

⑥工厂的经费（从事工厂管理运营人员的工资、津贴等费用，公司经费）

除构件材料费、制造劳务费之外的其他费用很大程度上取决于工厂的开工率、工厂设备投资状况、地理位置以及构件制造的难易程度（模板折旧费）。因此，如果要降低制造成本，需要综合判断、合理分配这些费用。

3）施工成本

施工成本中新增部分包括：

①构件的制造工程费（重型机械移动费、预制构件的起重机使用费、焊接等的连接费用、焊接用发电机费用、燃料费、混凝土一体化的材料、模板费、吊置具、预制构件临时固定工具以及消耗品等）

②构件的防水工程费（预制构件之间或与现浇构件之间的接合部的防水）

另外，变化费用包括：

①临时费用（脚手架费用、动力用水-照明-取暖费、办事处、临时围护等临时费用）

②施工场所经费（人员开支、备用品-办公用品费、保险费等）

③泥瓦工工程费（主体补修相关费用）等。

预制化工法可以降低临时费用中的脚手架费用，但会增加动力用水-照明-取暖费、构件制造工程费、防水工程费等费用。但是，与传统工法相比，预制化工法可以缩短工期，所以能够减少施工场所经费。相对于传统工法，采用预制化工法时，混凝土、钢筋、连接用铁件等材料费没有很大的变动，但混凝土工程费、模板工程费会减少。这些费用取决于工程规模、施工的难易程度（地理位置、场地充裕程度、铺设道路等），所以不能立即判断出预制化工法相对于传统工法的优劣。但是，从图1.3.1.3可以看出，预制化工法的成本中制造成本的比例很高，所以提高制造工序的合理化程度对提高成本竞争力是必要的。

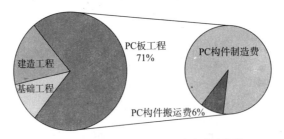

图 1.3.1.3　主体工程成本的构成比例[3)]

5　对环境的影响

建设工程对周边环境的影响主要体现在施工现场从业人员的安全性、施工现场周围路人的安全性、交通阻塞的发生、工程噪声、工程粉尘等方面。另外，对地球环境的影响涉及排放二氧化碳引起的全球变暖、节约能源、南洋木材等资源的有效利用等多方面的问题。这种影响与建筑物从建设、使用、改修、拆卸到报废为止的每个环节都密切相关。表1.3.1.1及图1.3.1.4～图1.3.1.11以1栋120户12层高的住宅楼为例，将预制化工法与传统工法对环境的影响进行了比较。

影响内容	单位	预制化工法	传统工法	备　注
1. 施工现场内的影响				
・施工环境的安全性	人	3140	6320	主体工程相关人员的混杂程度对安全产生影响
・工程粉尘	m^3	1.4	4.5	混凝土粉尘对呼吸器官产生影响
2. 对现场周边的影响				
・工程噪声	kdB・h	300	540	重型机械、施工、车辆产生的噪声（dB）总和
・工程粉尘	m^3	6.4	9.1	模板拆卸、锯末、磨光机粉、车辆附着尘土等
・从业人员的出入	人	9680	13150	工程相关人员出入现场的总人次
・工程车辆的出入	辆	6060	7630	工程相关车辆出入现场的总车次
・产生影响的期限	月	12	14.5	施工工期
3. 对地球环境的影响				
・建设工程的二氧化碳排放量	kg-c	25291	33551	建设 LCA 排放的 CO_2（换算为碳素重量）/耐用期间
・南洋木材的使用	m^3	20	68	胶合板模板的消耗，木楼面板等的切削损失量
・产业废弃物	t	85	134	胶合板模板、混凝土、砂浆的废弃损失量
・建设资源的有效利用（主体的耐久年限）	年	100	65	计算出预制化工法中水与水泥之比为 48%，传统工法为 52%时的耐用年限

注：这些数据是以 1 栋 120 户的 12 层住宅楼为例，将预制化工法（壁式框架钢筋混凝土预制件（WR-PC 工法））与传统工法进行比较得出来的结果。

1）噪声

主体结构的混凝土现场浇筑量少，模板组装、拆卸时管道的噪声也少。另外，混凝土主体的精度高、切削工作少，所以产生的噪声比传统的工法少，能减少对周围邻居的噪声影响（图 1.3.1.4）。

2）粉尘

组装混凝土模板时产生的锯末、拆卸模板时产生的混凝土灰尘、混凝土工程完工之前表面处理的粉尘都比较少。由于工程车辆和施工人员少，所以轮胎和人员鞋袜上带来的灰尘较少。另外，由于减少了灰尘量，能够减轻周边环境的大气污染，也可以减少工业废弃物（图 1.3.1.5）。

3）从业人员

由于现场的主体相关作业少，主体混凝土表面的修补工作也少，从而可减少从业人员的数量（图 1.3.1.6）。

4）车辆数

模板或临时材料（管道、支柱等）的移动较少，现浇的混凝土也很少，所以进出车辆较少。这样，可以减少对行人或周围邻居的影响。

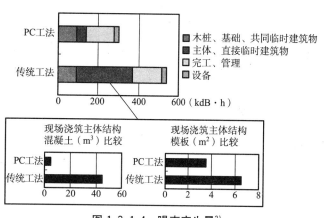

图 1.3.1.4　噪声产生量[2]

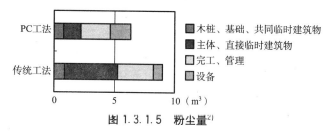

图 1.3.1.5　粉尘量[2]

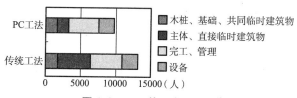

图 1.3.1.6　从业人员人数[2]

5) 南洋木材

模板的使用量少，有利于保护珍贵的森林资源。

6) 产业废弃物

模板施工时胶合板模板的使用量少，所以混凝土或砂浆的使用量少，有利于减少产业废弃物。因此，预制工法能有效地利用混凝土、砂浆、木材等资源，有利于保护环境（图1.3.1.9）。

7) CO_2

建筑物的使用寿命长，建造和拆卸时的二氧化碳年平均换算排放量较少。消减二氧化碳排放量有利于阻止全球变暖。

8) 工期

预制工法现场工作少，所以工期短，有利于减少噪声、粉尘、从业人员、车辆、产业废弃物排放、二氧化碳排放量（图1.3.1.11）。

将预制化工法与传统工法进行比较，从表1.3.1.1的各项评价项目可以看出，预制化工法对环境的影响更小。21世纪是个重视环保的时代，预制件化工法有利于环保，必将获得更大的发展。另外，采用预制化工法能够延长主体的使用年限，结合可随意分割房间的装修方式而推行的住宅（SI），能够更好地满足今后的发展要求。

1.3.2 混凝土预制化工法

混凝土预制化工法是将钢筋混凝土结构分割并制成预制件的技术，此外，还包括将型钢钢筋混凝土或预应力混凝土制成预制件的技术。结构形式分为壁式结构、框架结构及将两个结合起来的壁式框架结构。壁式结构是由剪力墙板、楼面板、地基梁等构成的立体箱形结构，其特征是室内不出现柱或梁。框架结构和壁式框架结构由柱（壁柱）、梁、剪力墙板、楼板、基础地基梁等构成，跨度较大，更加适合高层建筑。

预制混凝土结构根据结构类别、结构形式及建筑物的规模确定了各种各样的工法。主要的混凝土预制化工法请参考表1.3.2.1。有些部分也会采用复合工法，即同时采用预制混凝土构件与现浇混凝土构件。

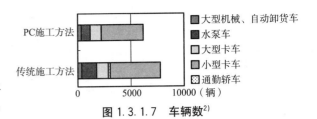

图1.3.1.7　车辆数[2]

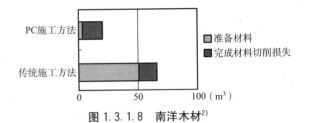

图1.3.1.8　南洋木材[2]

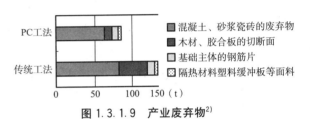

图1.3.1.9　产业废弃物[2]

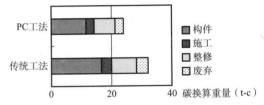

图1.3.1.10　二氧化碳（CO_2）的年产排放量[2]

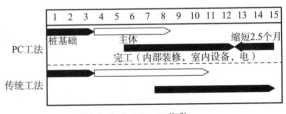

图1.3.1.11　工期[2]

1) 日本预制建筑协会：《兵库县南部地震受灾调查报告书》，1996.4

2) 日本预制建筑协会中高层部会：《PC工法环境性能指南》

3) PCa技术研究会编：《混凝土预制技术手册（第1版）》，p.67

构造形式	工法名称	规　模	略　称
壁式结构	中型钢筋混凝土预制构件的拼装工法	低层（3 层以下）	独幢住宅、大规模建设的公营类型等
	大型钢筋混凝土预制构件的拼装工法	中低层（5 层以下）	W-PC 工法
		高层（6～11 层）	高层 W-PC 工法
	预应力钢筋混凝土预制构件的拼装工法	高层（10 层以下）	PS 工法
框架式结构	钢筋混凝土预制构件的拼装工法	从低层到超高层	R-PC 工法
	型钢筋混凝土预制构件的拼装工法	高层、超高层	SR-PC 工法
	预应力钢筋混凝土预制构件的拼装工法	中高层	PS-PC 工法
壁式框架结构	钢筋混凝土预应力预制构件的拼装工法	高层（15 层以下）	WR-PC 工法

现在正在使用的主要预制化工法如图 1.3.2.1 所示。

以下主要围绕壁式钢筋混凝土预制化工法（W-PC 工法）、框架钢筋混凝土预制化工法（R-PC 工法）以及壁式框架钢筋混凝土预制化工法（WR-PC 工法），介绍一下工法概要。

高层壁式钢筋混凝土预制化工法（高层 W-PC 工法）、壁式预应力钢筋混凝土预制化工法（PS 工法）、型钢钢筋混凝土预制结构工法（SR-PC 工法）以及预应力钢筋混凝土预制化工法（PS-PC 工法）作为其他的工法，也要简单介绍一下。

另外，本书也会介绍柱、梁、剪力墙、楼面板等各种构件的预制件，预制效果明显的楼梯，设计壁、楼台、室外机搁板等。

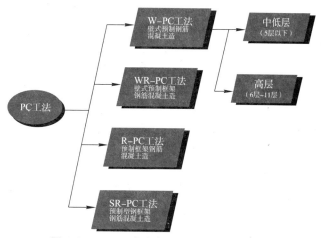

图 1.3.2.1　现在的主流混凝土预制化工法

1　各种钢筋混凝土预制化工法

1）W-PC 工法（壁式钢筋混凝土预制构件的拼装工法）

W-PC 工法开始于 1965 年，日本住宅公团（现在的都市基础配备公团）在千叶县作草部住宅区建设 4 层出赁住宅楼。同年，日本建筑学会编写了《壁式钢筋混凝土预制件造设计标准及解说》以及《JASS10 混凝土预制件工程》。正是从这时开始，人们开始逐渐认识 W-PC 工法。1970 年 SPH（公共住宅用中层大规模建设住宅标准设计）的开发以及 1971 年日本建筑中心《壁式钢筋混凝土预制件造 5 层公共住宅设计指针及解说》的出版使 W-PC 工法正式用于实际建设，成为经济高速增长时期大规模建设住宅的主要工法。到目前为止，W-PC 工法仍然作为 5 层以下公共住宅的代表性工法而被广泛使用。

本工法由以下混凝土预制件构成。因为要现场将这些构件组装连接，所以预制件化程度极高。

①剪力墙板：连接正交剪力墙的大型钢筋混凝土预制板

②楼面板、屋顶板：连接平行剪力墙的钢筋混凝土预制板

③楼梯板：连接平行剪力墙的钢筋混凝土预制件楼梯平台板及连接楼梯平台之间的钢筋混凝土预制板。

阳台或外廊下的只有悬臂楼板是与室内楼面板成为一体的钢筋混凝土预制构件。屋顶板也能与护墙形成一体，能够满足双坡屋顶或四坡屋顶等多种形式屋顶的需求。

　　钢筋混凝土预制构件之间的连接，一般有下列几种方法。

　　①剪力墙竖向接合部：相邻的剪力墙板或正交的剪力墙板之间的接合部。一般情况下，在接合面设置抗剪键，用连接钢筋将从抗剪键上伸出的钢筋焊接在一起，然后浇筑混凝土使其一体化（湿接缝方式）。在竖向接合部里面配置纵向钢筋。纵向钢筋在楼层中间附近焊接在一起。

　　②剪力墙水平接合部：隔着楼面板连接上下剪力墙板的接合部。以前采用在剪力墙板的顶部和底部埋设金属板进行焊接连接（干接缝方式）。但是，为了使水平力传递机构合理化、提高施工效率、弥补焊接技工数量不足等，现在主要采用在楼面板和剪力墙底部之间铺设连接用砂浆（铺设砂浆），用套筒连接预制件墙板内的竖向连接钢筋的方法（直接连接方式）。注意，在设计和构件的分配上产生的墙梁与剪力墙、或者剪力墙之间的接合部，采用添加金属板焊接的干接缝方式连接。

　　③楼面板接合部：剪力墙板与楼面板之间以及分割运输的楼面板之间的连接。楼面板之间的接合部一般与剪力墙竖向接合部一样，采用在接合部设置抗剪键，将连接钢筋焊接在一起，浇筑混凝土的湿接缝方式进行连接。楼面板和剪力墙板的连接部有两种连接方式：将从剪力墙板顶部突出的钢筋和楼面板钢筋焊接在一起的方法和利用剪力墙的竖向连接钢筋栓接效果传递水平力的方法。但是，为了能够承受瓦斯爆炸等冲击荷载，屋顶板必须将剪力墙板和连接钢筋焊在一起。

　　④楼梯板接合部：一般情况下，中间楼梯平台由安装在剪力墙侧面的托架支撑，采用钢板焊接连接方式，楼梯踏板与楼梯平台连接在一起，同样采用钢板进行连接。

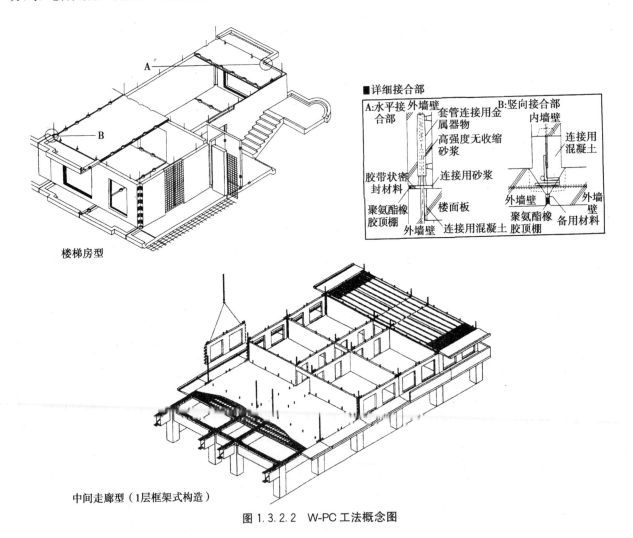

楼梯房型

中间走廊型（1层框架式构造）

图 1.3.2.2　W-PC工法概念图

图 1.3.2.2 为一般 W-PC 工法的概念图，图 1.3.2.3 为现场的一般施工图，照片 1.3.2.1 为使用 W-PC 工法建成的实际建筑物。注意，通过采用钢筋混凝土半预制叠合楼板，或使用真空楼板等叠合楼板有时可以扩大空间。另外，1 层的框架结构可以用于店铺、停车场等。

W-PC 工法主要有如下优点：

①将外墙或间壁作为剪力墙来使用，既合理又经济。

②柱或梁不暴露在室内，能够有效利用居住空间。

③预制率越高，越能大幅度缩短工期。另外，通过减少噪声、振动、粉尘等施工公害和废弃物，大幅度削减木模板的使用量，有利于保护环境。

④钢制建筑工具、外部装潢瓷砖、各种管道等可以事先准备，可以节约现场工作量，弥补技工数量不足，应对人口老龄化等。

一般情况下，壁式构造在结构上受制于剪力墙的配置，这就使住户布置或改造受到制约。另外，近年来由于人口老龄化严重，开始配置电梯，以前的楼梯间式建筑逐渐转变为外廊式建筑。

1. 水平划线、竖向连接钢筋的焊接

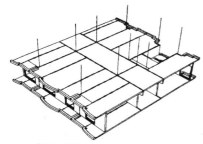
·水平，划线
·PC剪力墙下铺砂浆施工
·PC剪力墙竖向接合部垂直连接的焊接

❶ PC剪力墙下铺砂浆施工

❷ 竖向接合部垂直连接钢筋的焊接

2. PC 剪力墙的建造方法

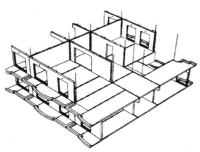
·PC剪力墙的建造装配
·PC剪力墙竖向接合部水平连接钢筋的焊接

❸ PC建立墙壁的建造装配

❹ PC剪力墙壁水平连接钢筋的焊接

3. PC 楼面板的建造方法

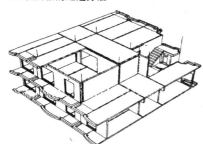
·PC楼面板的建造装配
·连接PC楼面板之间以及PC楼面板与
　剪力墙之间的钢筋的焊接
·PC楼面板埋设管道的连接

❺ PC楼面板的建造装配

❻ PC楼面板连接钢筋的焊接

图 1.3.2.3　W-PC 工法的一般工程工序

4. 接合部混凝土的浇筑

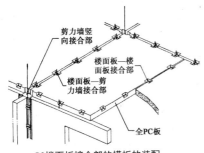

剪力墙竖
向接合部
楼面板—楼
面板接合部
楼面板—剪
力墙接合部
全PC板

· PC楼面板接合部的模板的装配
· PC楼面板接合部的混凝土浇筑
· PC剪力墙套筒接头的灌浆填充
（采用直接连接方式时）

❼ 竖向连接部混凝土的浇筑

❽ 楼面板接合部混凝土的浇筑

图 1.3.2.3　W-PC 工法的一般工程工序（续图）

2）WR-PC 工法（壁式框架钢筋混凝土预制构件的拼装工法）

WR-PC 工法是指将用于高层集体住宅的壁式框架钢筋混凝土预制件化的工法。1988 年住宅、都市配备公团（现在的都市基础配备公团）首次采用该方法在多摩新城地区建造了 2 栋 11 层的租赁集体住宅楼。

此后，住宅都市配备公团、九段建筑研究所及预制建筑协会等 3 家单位与众多资深专家共同进行研究开发，依据众多设计与施工实际业绩编写了《高层壁式框架钢筋混凝土预制设计、施工指针》，并且，这 3 家单位在 2000 年之前均通过了建设大臣（现在的国土交通大臣）的一般认定。

现在，这种工法已成为 15 层以下的高层集体住宅楼的主要工法之一。

在构造方式上，纵向上采用由扁平壁状柱（以下称为"壁柱"）和梁构成的钢铁连接结构，横向上为几堵相连的独立剪力墙。

本工法包括下列钢筋混凝土预制构件，预制率高，可以与 W-PC 相匹敌。

①壁柱：楼板上端与梁下端之间的扁平矩形钢筋混凝土预制构件。

②梁：使相邻壁柱之间的楼板钢筋向外突出的钢筋（箍筋）混凝土半预制构件。

③剪力墙板：没有梁的上下楼板之间的大型钢筋混凝土预制构件。

④楼面板：不使用次梁的、大型叠合楼板用钢筋混凝土半预制板。

除此之外，外廊、阳台等的一端固定楼板、楼梯、二次墙壁等大多数部位可以进行预制。

钢筋混凝土预制构件的连接一般采取下列方法：

①剪力墙及壁柱的竖向接合部：在接合面设置抗剪键，将接合面伸出的连接用钢筋在连接部位作为搭接接头，在墙壁内部安装钢筋之后，在连接部位浇筑混凝土的湿接缝方式。

②剪力墙及壁柱的水平接合部：通过无收缩砂浆的套筒连接方式。

③壁柱与梁的交叉部分：通过现场安装钢筋和浇筑混凝土的传统方式。

④楼面板与梁、剪力墙等的接合部：安装上端钢筋和钢筋混凝土预制件之间的连接钢筋，通过现浇混凝土使其一体化。

此外，由于楼层太高引起的混凝土预制件运输困难和运输成本过高等原因，有时壁柱、梁或者剪力墙的一部分会用混凝土现浇。但是，断面外壳采用预制技术值得商榷，也就是说外壳预制件、壁柱、梁或者剪力墙方面引进预制技术的可行性仍然值得怀疑。

图 1.3.2.4 为一般的 WR-PC 工法的概念图，图 1.3.2.5 为现场施工的一般施工工序，照片 1.3.2.2 是采用 WR-PC 工法的建筑物实例。

❶ 集体住宅 5层建筑 室内楼梯·外走廊型
· 带凸窗的山墙·倾斜屋顶·带电梯

❷ 集体住宅 3层建筑 楼梯室型
· 石状花纹装修外墙、带勾缝的山墙

❸ 单身宿舍 4层建筑 室内楼梯室内单边走廊型
　　1楼（公用部分）：（现场浇筑框架构造）
　　2~4楼（宿舍）　　：壁式构造（W-PC施工方法）
　　入口部　　　　　：钢筋构造（4层建筑）
　　围绕型居民楼、带庭院
　　镶嵌瓷砖的外墙

❹ 集体住宅 3层建筑 屋外楼梯·外部走廊型
· 镶嵌瓷砖的外墙铝凸窗

照片 1.3.2.1　使用 W-PC 工法的建筑物实例

壁式框架构造的优点：①与壁式构造相同，分户墙没有梁，所以能够有效利用居住空间；②扁平壁柱上面留有设备备用孔，所以房主拥有较大的自由来合理利用自己的房间。

钢筋混凝土预制化工法的特点：①缩短工期；②有利于环境保护；③节约劳动力；④主体质量高，寿命长。

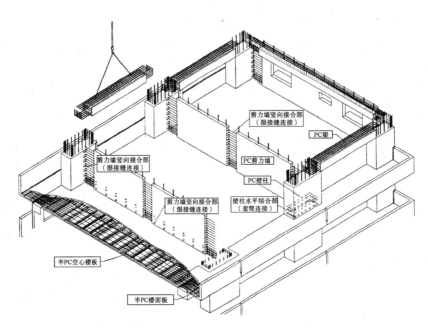

全PC型

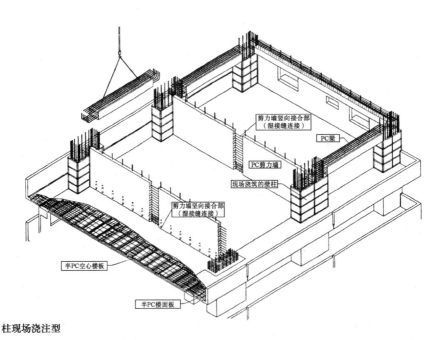

柱现场浇注型

图1.3.2.1 WR-PC工法概念图

1. PC 壁柱的建造方法

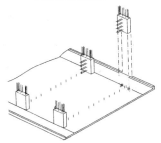

・水平，划线
・PC壁柱下部的下铺砂浆施工
・PC壁柱下部的下铺砂浆施工
・套筒连接的灌浆材料填充

❶ PC壁柱的建造、装配　　　　❷ 下铺砂浆的施工

2. PC 剪力墙的建造方法

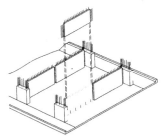

・PC剪力墙下不得下铺砂浆施工
・PC剪力墙的建造装配
・套筒连接的灌浆材料填充

❸ PC剪力墙的建造、装配　　　　❹ 剪力墙竖向接合部的钢筋配置

3. PC 梁的建造方法

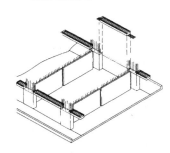

・PC梁外围防护的安装
・PC梁的建造安装（连接PC壁柱之间）
・梁上端钢筋的安装

❺ PC梁的建造、装配　　　　❻ 梁柱连接部分受剪区的钢筋配置、
　　　　　　　　　　　　　　设备用套筒连接

4. 楼面板（半 PC）的建造方法、钢筋配置、混凝土的浇筑

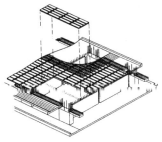

・半PC楼面板外围防护的安装
・半PC楼面板的建造安装
・设备管道配置、梁、楼面板钢筋配置
・壁柱、梁、剪力墙接合部的模板安装
・混凝土的浇筑

❼ 半PC楼面板的建造、装配　　　　❽ 混凝土的浇筑

图 1.3.2.5　WR-PC 工法的一般施工工序

19

❶ 公共住宅 14层建筑 室外楼梯·外廊型

❷ 公共住宅 10层建筑 室外楼梯·外廊型

❸ 公共住宅 13层建筑 室内楼梯·外廊型

❹ 公共住宅 12层建筑 室内楼梯·外廊型

照片 1.3.2.2 采用 WR-PC 工法的建筑物实例

3）R-PC 工法（框架钢筋混凝土预制构件的拼装工法）

R-PC 工法是将钢筋混凝土框架构造预制件化的工法，从 20 世纪 70 年代开始，日本住宅公团（现在的都市基础配备公团）和民间的建筑公司开始开发各种工法。1986 年，日本建筑学会出版了《钢筋混凝土预制件构造的设计与施工》，介绍各种钢筋混凝土预制化工法。1990 年，住宅、都市配备公团的民间开发的工业化住宅中首次采用高层 R-PC 工法，此外，1990 年到 1993 年实施的"日美大型抗震试验共同研究—预制件抗震构造系统（PRESSS）"对包括钢筋混凝土预制件的钢筋混凝土建筑物的设计外力、构造计划、构造解析、构件及接合部设计的相关技术资料进行了汇总，并制定指针及手册，确立了现在的钢筋混凝土预制化工法。

构造形式多种多样，比如集体住宅的纵向采用柱和梁构成的刚架结构，横向有几堵独立的剪力墙构成；办公室或店铺等的两个方向都采用柱和梁构成的刚架结构；还有在刚架结构里面配置剪力墙的结构形式。

近年来，在高层集体住宅中广泛使用 R-PC 工法。集体住宅采用的 R-PC 工法与 WR-PC 工法一样，结构可以划分为下列混凝土预制件。

下面列举一个典型事例。

①柱：楼板上端与梁下端之间的扁平矩形钢筋混凝土预制构件

②梁：使相邻柱之间的楼板钢筋向外伸出的钢筋（箍筋）混凝土半预制构件

③剪力墙：没有梁的上下楼板之间的大型钢筋混凝土预制构件

④楼面板：不使用次梁的、大型合成楼板用钢筋混凝土半预制板

除此之外，外廊、阳台等一端固定楼板、楼梯、二次墙壁等的预制件化与 WR-PC 工法相同。

钢筋混凝土预制构件的连接与 WR-PC 工法相同，一般采取下列方法。

①剪力墙及柱的竖向接合部：在接合面设置抗剪键，将接合面伸出的连接用钢筋在连接部位作为搭接接头，在墙壁内部安装钢筋之后，在连接部位浇筑混凝土的湿接缝方式。

②剪力墙及柱的水平接合部：通过无收缩砂浆的套筒接头方式。

③柱与梁的交叉部分：通过现场安装钢筋和浇筑混凝土的传统方式。

④楼面板与梁、剪力墙等的接合部：安装上端钢筋和钢筋混凝土预制件之间的连接钢筋，通过现浇混凝土使其一体化。

此外，有时柱、梁或者剪力墙的一部分会用混凝土现浇，有时候采用复合工法，使用外壳预制件等半预制构件。

图 1.3.2.6 为高层集体住宅采用的一般 R-PC 工法的概念图，图 1.3.2.8 为现场施工的一般施工工序，照片 1.3.2.3 是采用 R-PC 工法的建筑方法实例。

由于 R-PC 工法是将现浇的框架预制化，所以与 WR-PC 工法相比，在建造计划和构造计划上受到的制约较小。注意，由于施工时大多数钢筋都隐藏在钢筋混凝土预制件里面，所以事先考虑接合部钢筋的放入、断面尺寸和施工顺序等就显得格外重要。另外，在考虑混凝土预制构件的连接方法时，除了构造性能以外，还必须充分考虑施工可行性。

此外，是否具有钢筋混凝土预制化工法的工期短、有助于环境保护、节约劳力、主体质量高、寿命长等优点，在很大程度上取决于地理位置、设计条件、工程成本等因素，需要综合考虑这些因素选择合适的工法。

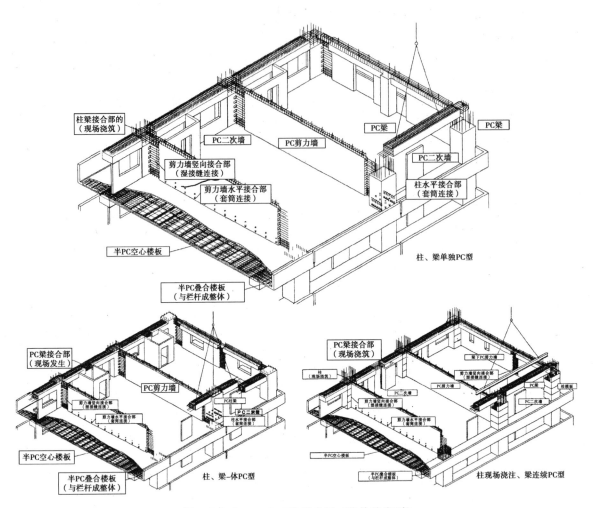

图 1.3.2.6　R-PC 工法概念图（集体住宅型）

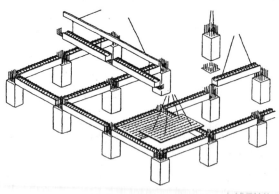

图 1.3.2.7　R-PC 工法概念图（办事处、店铺型）

1. PC柱、剪力墙的建造方法

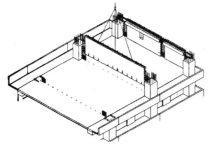

· 水平、划线
· PC柱、剪力墙下部铺设砂浆的施工
· PC柱、剪力墙的建造装配
· 套筒连接的灌浆材料的填充

❶ PC柱的建造、组装

❷ PC剪力墙的建造、组装

2. PC剪力墙的建造

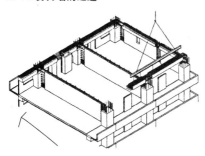

· PC二次墙的建造组装
· PC梁外围防护的组装
  PC梁的建造、组装

❸ PC二次墙的建造、组装

❹ PC梁的建造、组装

3. 楼面板（半PC）的建造

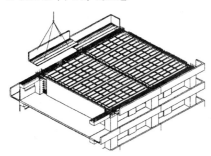

· 半PC楼面板外围防护的组装
· 半PC楼面板的建造、组装

❺ 半PC楼面板的建造、组装
（室内空心楼板）

❻ 半PC楼面板的建造、组装
（走廊、阳台板）

4. 梁、楼面板钢筋配置和混凝土的浇筑

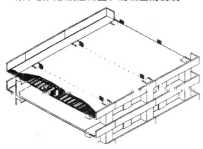

· 设备管道配置、梁、楼面板、接合部的钢筋配置
· 柱、梁、接合部模板的组装
· 混凝土的浇筑

❼ 决定柱内钢筋位置的模板组装

❽ 混凝土的浇筑

图 1.3.2.8　R-PC工法的一般施工工序

23

❶ 公共住宅 7层建筑 室内楼梯·外廊型
· 综合采用3种设计方式
· 1楼为偏高型（1.5层高）住户
· 半径3.5m的曲面屋顶（日本瓦屋顶）
· 游廊（8F胶粘剂预应力施工方法）

❷ ❶的外廊下侧正面
· 纵向格子、带栏杆壁、楼台的竖框
· 栏杆压顶木
· 带圆形窗户的外墙

❸ 公共住宅 39层建筑
· PC柱（地基PC）

❹ 公共住宅 7层建筑 室内楼梯、外廊型
· 综合采用4种设计方式
· 穿过1楼（2层楼梯井）
· 每层3户、两侧住户带有a房间
  （1~3楼）a西式阳台（4楼）
  ※a房间：其他楼宇上带有"离开"功能的房间
    a西式阳台：利用其他楼宇楼顶的阳台
· PC格子屏风

❺ 集体住宅 1/4层建筑 室内楼梯、外廊型
  钢筋造倾斜屋顶（带太阳能收集器）

照片 1.3.2.3 采用 R-PC 工法的建筑物实例

4）其他工法

a）高层 W-PC 工法（高层壁式钢筋混凝土预制构件的拼装工法）

高层 W-PC 工法是 1970 年应用中层 W-PC 施工技术将现浇的 6～8 层的高层壁式钢筋混凝土预制化的技术。

因为高层建筑物比中层建筑物水平外力大，所以要求建筑物既要有承载力，又要有韧度。因此，高层 W-PC 工法要求在各个结构面上，长度均等、位置相似地分配剪力墙，采取与框架构造相似的结构方式。

钢筋混凝土预制构件的构成或连接方法基本上与中层 W-PC 工法相同，楼面板一般采用半预制钢筋混凝土叠合楼板工法，墙壁采用与使用现浇楼板的 WR-PC 工法、R-PC 工法相同的方式。此外，剪力墙的水平接合部基本上都采用与中层 W-PC 工法同样的套筒连接方式，竖向接合部则需要研究各种各样的细节。

图 1.3.2.9 为一般高层 W-PC 工法的概念图，照片 1.3.2.4 是建成的建筑物实例。

此外，高层 W-PC 工法曾在 11 层以下的建筑物中得到有效利用，其他特征与中层 W-PC 工法相同。

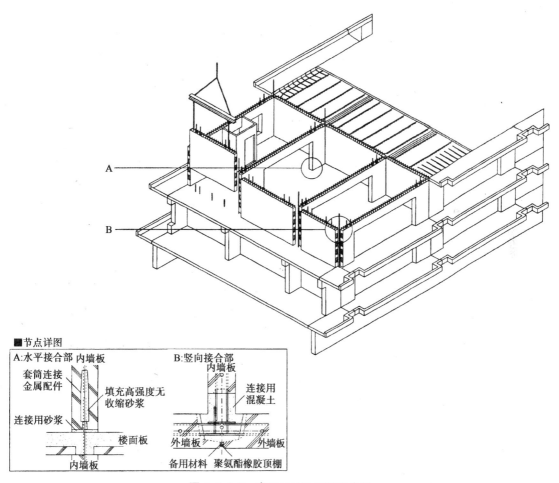

图 1.3.2.9　高层 W-PC 工法概念图

❶ 公共住宅 11层建筑 室外楼梯·外廊型

❷ 公共住宅 7层建筑 室外楼梯·外廊型

❸ 公共住宅 8层建筑 室外楼梯·外廊型

❹ 公共住宅 8层建筑 室外楼梯·外廊型

照片 1.3.2.4　采用高层 W-PC 工法的建筑物实例

b）PS工法（壁式预应力钢筋混凝土预制构件的拼装工法）

大约从 1965 年开始，建设省建筑研究所（现在的独立经济法人建筑研究所）和预制建筑协会开始共同研究 PS 工法，并试着将其用于住宅建设。此后，经过 1969 年的 8 层建筑物仿真抗震试验以后，1978 年和 1981 年陆续出版了《PS 工法施工管理要领》和《PS 工法施工指南及解说》（以下称为《PS 指南》），并作为高层住宅工业化工法确定下来。

本工法的结构方式与高层 W-PC 工法相同，钢筋混凝土预制构件是由水平断面为十字形、T 形、L 形的立体剪力墙构件及 I 形的板状剪力墙构件、梁构件以及楼面板构件构成。在现场组装以后，在竖直方向配置梁和剪力墙的 PC 钢板上，通过浇筑预应力混凝土压力构成结构主体，这就是 PS 工法的特征。楼面板由梁上半部的间隙支撑，通过水平方向打通的 PC 钢棍、抗剪键以及连接用模板的焊接连接来确保水平刚性。

《PS 指南》适用于 10 层以下的集体住宅，不适用于拥有大教室的学校以及楼面板荷重大的办公室、工厂、仓库等。另外，引进预应力混凝土的钢筋混凝土预制构件的设计标准强度为 $30\sim63N/mm^2$，PC 钢棍的适合品为 JIS G 3109。这种工法在 20 世纪 80 年代以前，主要用于公营住宅为主的高层集合住宅，此后，主要变为采用高层 W-PC 工法或 WR-PC 工法。

图 1.3.2.10 为 PS 工法概要，照片 1.3.2.5 为采用该工法的建筑物实例。

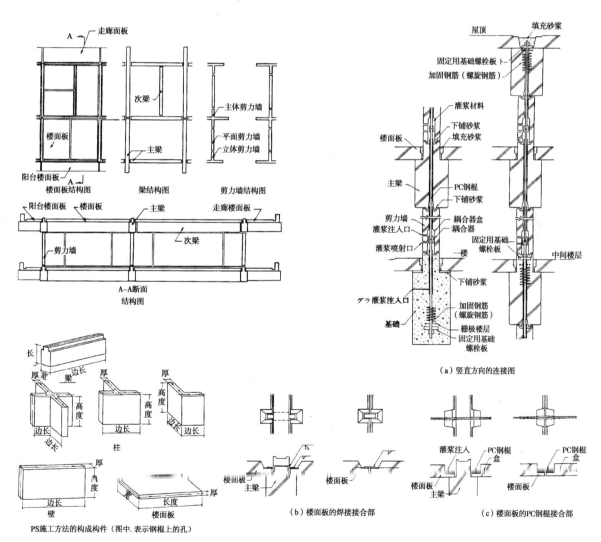

图 1.3.2.10　PS 工法概要[2]

❶ 公共住宅 8层建筑
室外、室内楼梯、外廊型

❷ 同上

❸ 公共住宅 8层建筑
室外、室内楼梯、外廊型

❹ 同上

照片 1.3.2.5　采用 PS 工法的建筑物实例

c）SR-PC工法（钢框架钢筋混凝土预制构件的拼装工法）

SR-PC工法是指将型钢与钢筋混凝土结构的柱、梁、剪力墙等预制化的技术。从20世纪60年代后半叶开始，由于住宅建设用地状况开始恶化，为了更有效地利用土地，集合住宅呈现高层化趋势。民间也开始广泛进行高层的研究开发，70年代，日本住宅公团（现在的都市基础配备公团）开始使用将型钢钢筋混凝土预制化的H-PC工法来大量建设住宅，并迅速普及该方法。

当时的H-PC工法是指在柱或梁上使用H型钢的钢筋混凝土预制化工法，预制化部位各种各样，需要根据构造或施工条件选择最合适的组合。另外，钢筋的连接方法有限，钢筋混凝土预制构件的连接主要为型钢焊接，所以结构上主要依靠型钢承受荷载。但是，后来由于钢筋接头工法的研究开发和钢材价格的暴涨，型钢钢筋混凝土部分也与钢筋混凝土一样能够承担相应的重量，为了区别于以前的H-PC工法，一般称这种方法为SR-PC工法。

这种工法本来是面向11～15层的高层住宅楼而开发的，但近年来，由于钢筋混凝土住宅楼高层化的实现，所以有时也用于不适合钢筋混凝土结构的大跨度、不规则建筑物、超高层建筑物等。

混凝土预制构件由内含H型钢的梁和剪力墙以及半预制件钢筋混凝土合成楼板构成，钢构件一般通过焊接或高强度螺栓来连接，钢筋通过机械接头连接。将梁和型钢柱或者柱和梁做成十字形、サ字形或者キ字形的一体化钢筋混凝土预制件，在梁和柱的跨中央附近用高强度螺栓将型钢连接来提高施工效率。

图1.3.2.11为一般的SR-PC工法的概念图，照片1.3.2.6为采用该工法建成的建筑物。

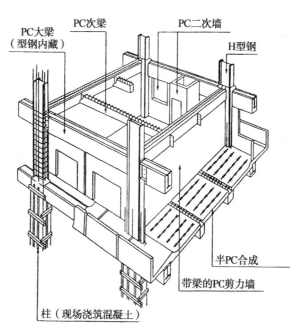

图1.3.2.11　SR-PC工法概念图

d）PS-PC工法（预应力钢筋混凝土预制构件的拼装工法）

在抗拉性能较差的混凝土中加入预应力，使PS-PC工法比SR-PC更加适合建造大跨度的建筑物。

这种工法根据钢筋混凝土预制件的连接方式，可以分为以下几种。

①压接连接（干接缝方式）

通过将高强度无收缩砂浆或胶粘剂用PC钢材填充在预制钢筋混凝土构件之间的间隙进行压接连接的方式。

②压接连接（湿接缝方式）

用PC钢材将钢筋混凝土预制构件与现浇构件进行压接连接的方式。现浇部分采用高强度混凝土，需要经过一定时间的养护。

❶ 公共住宅 12层 室外楼梯·外廊型

❷ 公共住宅 14层 室外楼梯·外廊型

❸ 公共住宅 15层
室外楼梯·外廊（3层跳跃）型

❹ 公共住宅 15层 室外楼梯·外廊型
地基PC:连续型梁构件（サ字形型钢）
半PC空心楼面板

照片 1.3.2.6　采用 SR-PC 工法建成的建筑物实例

③无压接连接方式（湿接缝方式）

采用压接方式以外的其他方式连接钢筋混凝土预制构件与现浇构件。现浇部分的混凝土不需要具有与钢筋混凝土预制构件相同的强度，但由于接合部钢筋密集，需要检讨填入方式。比起施工性，这种工法更加重视经济性。

近年来，用 PC 钢材连接钢筋混凝土预制件的柱与柱或者梁与柱，通过压接连接形成框架的压接连接（干接缝连接）方式的预制率最高，被广泛使用。

PS-PC 工法除了具有一般钢筋混凝土预制化工法的优点之外，还有以下优点：

①不仅可用于大跨度建筑物，还可用于荷重大的建筑物。

②构件断面变小，有利于实现建筑物的轻量化与高层化。

③预制化能够很容易地保证高强度混凝土的质量。

此外，在这种工法中，混凝土预制构件体积庞大，因此，在使用时需要综合考虑构件的制造地点、运输、起重、工期、成本等因素。

图 1.3.2.12 为这种工法的实例，照片 1.3.2.7 是采用该工法建成的实际建筑物。

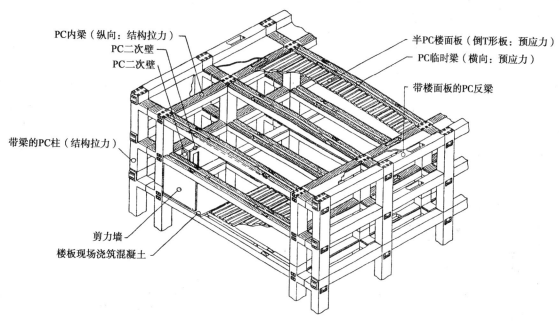

PC内梁（纵向：结构拉力）
PC二次壁
PC二次壁
带梁的PC柱（结构拉力）
剪力墙
楼板现场浇筑混凝土
半PC楼面板（倒T形板：预应力）
PC临时梁（横向：预应力）
带楼面板的PC反梁

图 1.3.2.12　PS-PC 工法的实例[1)]

2　各种构件的预制化

1）柱、梁、剪力墙构件

一般情况下，柱、梁及剪力墙使用单独的钢筋混凝土预制件。将楼板上部到梁的下端、梁及除了楼板部分的相邻柱之间（跨墩将剪力墙一分为二）的剪力墙制成预制件，现浇柱、梁的接合部和楼板，柱和剪力墙以及竖向连接剪力墙和剪力墙的混凝土。柱和梁的接合部面积虽小但里面有许多钢筋，因此，钢筋的放入、连接以及固定方法需要详细检讨。

一般将剪力墙和梁制成一体化的钢筋混凝土预制件，为了简化柱和梁接合部复杂的钢筋布置、减少钢筋的连接根数、提高施工效率，也经常采用图 1.3.2.13 所示的将连续梁或柱与梁组合的构件。需要综合考虑钢筋混凝土预制件的制造方法、现场吊装重量、组合方法等，选择适当的组装方式。照片 1.3.2.8 为柱、梁及剪力墙实例。

❶ 公共住宅[1]
·10层 室外楼梯·外廊型
·预制构件压接连接施工方法（见图1.3.2.12）

❷ ❶的表面[1]

❹ 大学校舍[3]
·5层建筑
·预制构件压接连接方式
·PC部位：柱、梁、楼板（三重T形半PC）

❸ 自动式立体停车场[1]
·平房（1层2面式、地下-1层半）
·预制构件压接连接方式
·PC部位：柱、梁、楼板（复合T形半PC）

❺ 多功能运动场[3]
·7层（部分为1、2层建筑）
·预制构件压接连接方式
·PC部位：柱、梁、楼板、阶梯式
楼板

照片1.3.2.7 采用PS-PC施工方式建成的实际建筑物

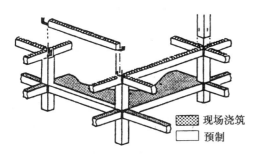

現場浇筑
預制

単一構件方式的PC框架（1）

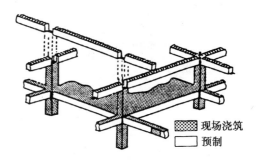

現場浇筑
預制

単一構件方式的PC框架（2）

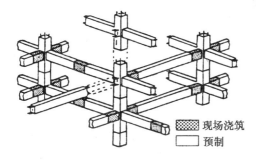

現場浇筑
預制

列树状方式的PC框架（1）

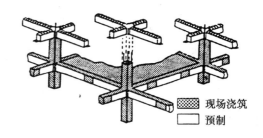

現場浇筑
預制

列树状方式的PC框架（2）

图 1.3.2.13　柱及梁构件的组合实例[4]

❶ 柱、梁一体化构件（R-PC施工方法）

❷ 柱-梁接合部一体化构件（R-PC施工方法）、

❸ 纵向柱、梁一体型构件（R-PC施工方法）

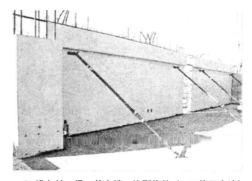

❹ 横向柱、梁、剪力墙一体型构件（R-PC施工方法）

照片 1.3.2.8　柱、梁及剪力墙构件实例（1）

❺ 内含型钢的梁构件（SR-PC施工方法）

❻ 内含梁型钢的柱构件（混合结构，梁S造）

❼ 连续梁构件（R-PC施工方法）

❽ 带悬臂梁的梁构件（R-PC施工方法）

❾ 带梁的大型剪力墙构件（R-PC施工方法）

❿ 外墙（W-PC工法）

照片1.3.2.8　柱、梁及剪力墙构件实例（2）

　　另一方面，在兼作模板的预制构件上浇筑混凝土，使其一体化楼面板半预制构件，也可使用柱、梁或者剪力墙上的钢筋混凝土预制件。这些称为半预制构件。

　　半预制构件既可单独作为模板使用，也可作为结构体的一部分使用。

　　前者比较容易设计，一定程度上具有节省模板和外围防护、缩短工期等优点，但同时也会增加主体分量。后者需要通过实验来确认是否完全成为一体。另外，使用封闭型半预制件时，需要确认现浇混凝土的密实性。此外，两种工法均须充分考虑钢筋的放入、构件的制造顺序和架设方法等。

　　图1.3.2.14为全预制构件和半预制构件的例子，照片1.3.2.9为半预制构件的使用实例。

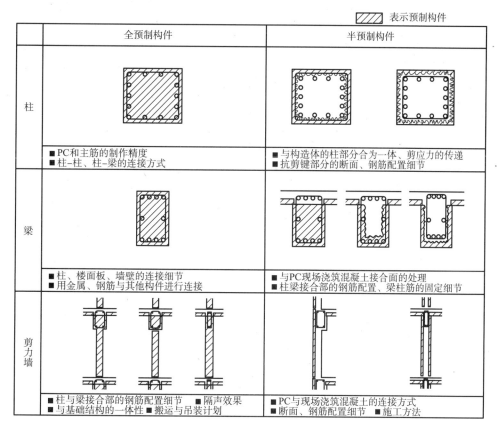

	全预制构件	半预制构件
柱	■PC和主筋的制作精度 ■柱-柱、柱-梁的连接方式	■与构造体的柱部分合为一体、剪应力的传递 ■抗剪键部分的断面、钢筋配置细节
梁	■柱、楼面板、墙壁的连接细节 ■用金属、钢筋与其他构件进行连接	■与PC现场浇筑混凝土接合面的处理 ■柱梁接合部的钢筋配置、梁柱筋的固定细节
剪力墙	■柱与梁接合部的钢筋配置细节　■隔声效果 ■与基础结构的一体性　■搬运与吊装计划	■PC与现场浇筑混凝土的连接方式 ■断面、钢筋配置细节　■施工方法

表示预制构件

图 1.3.2.14　全预制构件和半预制构件的例子[4]

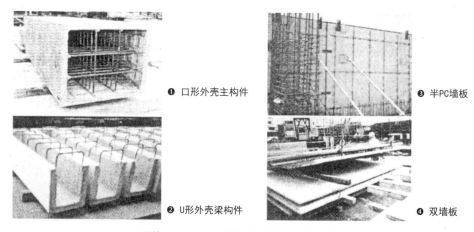

❶ 口形外壳主构件　　❷ U形外壳梁构件　　❸ 半PC墙板　　❹ 双墙板

照片 1.3.2.9　半预制构件的使用实例[1]

2）楼面板施工方法

楼面板的预制钢筋混凝土施工方法，主要用于集体住宅。由于接合部水平力的传递能力有限，预制楼板（全预制楼板）主要用于中低层 W-PC 建筑，高层建筑物则主要使用半预制合成楼面板施工方法。

在上部含突出桁架筋并兼作模板的预制构件上面布置上端钢筋之后浇筑混凝土，半预制叠合楼面板能与现浇混凝土有效连接而形成整体。因此，它具有容易确保水平刚性和隔声效果、利用楼板部分的现浇混凝土构成组合梁、能够固定悬壁板的上端钢筋等诸多优点。另外，除了可以用于钢筋混凝土结构和型钢钢筋混凝土结构之外，还可以用于型钢结构。

集体住宅主要采用半预制孔隙叠合楼面板的施工方法，即在内含桁架筋的半预制板的上面安装 EPS（Expanded-Polystyrene）孔隙模板形成中空的方法。这种楼面板施工方法通过增加楼板厚度提高弯曲刚度，形成中空结构减轻重量，支撑跨度相对较长，不必另加次梁，可以自由规划居住空间。此外，去掉一部分厨房、卫生间等处的楼板孔隙换为带断坡的楼板，为确保设备配管空间用平板作内装修楼面板，在楼板下面不留断坡可以轻而易举地实现房间内无障碍化。半预制孔隙叠合楼面板在设计之初被视作桁架钢筋方向的单向板，但为了更合理地设计带断坡的楼板，被视作与桁架钢筋正交方向也起作用的双向楼板，从而进行分析。此外，将外传力法预应力钢丝布置在现浇混凝土部分的桁架钢筋位置引进预应力，这样就能够生产更大跨度的楼板。

图 1.3.2.15 及照片 1.3.2.10 是一般性的楼面板施工方法实例。

类别	概　要	特　征
全预制楼面板施工方法实例	抗剪键、连接钢筋（混凝土填充）　全预制板	无需外围防护 支撑跨度：4.5～5m 通过抗剪键部分的连接钢筋及节点混凝土连接为一体 埋设设备配管等
半预制叠合楼面板施工方法实例	现浇混凝土　上层筋　拼装桁架钢筋　半预制板	需要外围防护 支撑跨度：4.5～5m 通过现浇混凝土连接为一体 通过打入半预制板的组装式桁架钢筋将半预制板与现浇混凝土连接为一体 上层筋、连接钢筋，设备配管等现场施工
半预制孔隙叠合楼面板施工方法实例	现浇混凝土　上层筋　EPS孔隙模板　拼装桁架钢筋　半预制板	在半预制板上安装ESP孔隙模板，通过现浇混凝土使其一体化的孔隙楼板 支撑跨度为5～7m，在现浇部分使用外传力法预应力钢丝引进预应力技术可以增大为8m 其他方法同上

图 1.3.2.15　一般性楼面板施工方法实例

❶ 全预制楼面板

❷ 半预制楼面板

❸ 半预制孔隙楼面板

照片 1.3.2.10　一般性楼面板施工方法实例

办公大楼、仓库等需要更大跨度、荷载量大的建筑物一般使用引进预应力的半预制构件（预制预应力混凝土构件）的叠合楼面板施工方法。这种预应力混凝土预制构件能够通过加长生产线方式进行大规模生产的工厂产品，一般采用预应力方式。半预制板为板状物，有带拱肋平板、折板、穿孔板等。这类半预制叠合楼板一般设计为单向板。

图 1.3.2.16 为引进预应力的半预制叠合楼面板施工方法实例。

预制钢筋混凝土施工方法对外走廊、阳台等的悬臂板特别有效。这种工法可在将栏杆墙壁、顶端的垂直墙壁、悬臂板等连成一体后，再安装排水管、垂直避难出口、外部瓷砖、喷漆等，可以节约现场劳动量，不需要脚手架。但是，在研究预制化的时候，必须考虑由于形状过于复杂或者品种多产量少而引起的模板费用和运输费用。

3）楼梯

楼梯的预制化一般采用 W-PC 施工方法。楼梯平台板由两侧剪力墙板侧面的托架支撑，在楼梯平台之间架上楼梯踏板。构件的连接方法有采用金属板焊接的干接缝方式和采用圆孔钢筋或楔子筋的湿接缝方式。

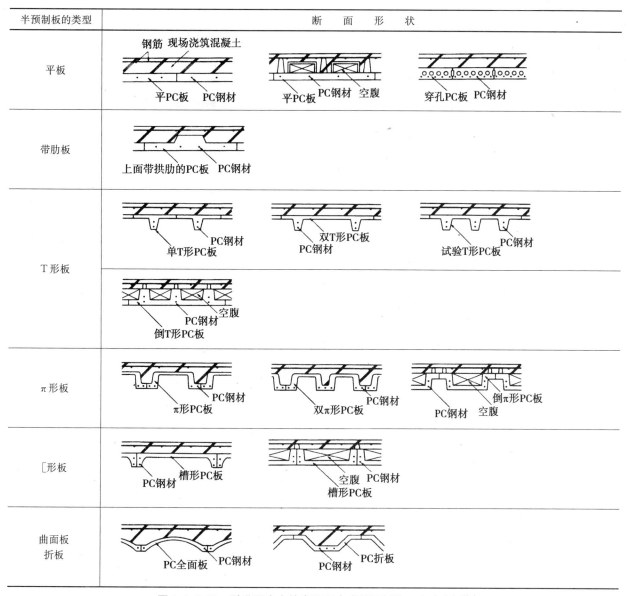

半预制板的类型	断 面 形 状
平板	钢筋 现场浇筑混凝土　　　　　　　　　　　　　　　　　　　　　　　　　平-PC板　PC钢材　　　　平-PC板　PC钢材　空腹　　　　穿孔PC板　PC钢材
带肋板	上面带拱肋的PC板　PC钢材
T形板	PC钢材　　　　　　　双T形PC板　　　　　　　　　　　　PC钢材　　单T形PC板　　　PC钢材　　　　　　　试验T形PC板　　空腹　　PC钢材　　倒T形PC板
π形板	PC钢材　　　　　　　　　PC钢材　　　　　　　　倒π形PC板　　π形PC板　　　　　双π形PC板　　　　PC钢材　空腹
〔形板	PC钢材　槽形PC板　　　　空腹　PC钢材　　　　　　　　　　　　　　　　　　　槽形PC板
曲面板 折板	PC全面板　PC钢材　　　　PC钢材　PC折板

图 1.3.2.16 引进预应力的半预制合成楼面板施工方法实例[5]

　　楼梯是最繁琐的环节之一，但通过预制化可以节约施工量，还可以确保施工电线的布置，从而实现标准化。但是，有必要根据宽度和高度实现将预制构件系统化。

　　室外楼梯以前主要使用型钢，但考虑到使用寿命、设计等因素，人们设法使用预制构件。一般由中央壁柱承担竖向荷载，建筑物主体结构通过连接板承担水平荷载。楼梯板和楼梯平台板或者由壁柱上伸出的悬臂板支撑，或者与壁柱连成一体，或者通过螺丝连接到壁柱，形式不一。

　　随着建筑物主体预制化程度越来越高，工期越来越短，楼梯的预制化也必不可少。另外，室外楼梯立体构件较多，一定程度的标准化可以节约成本，在设计楼梯时须考虑到这一点。

　　图 1.3.2.18 为室外楼梯的预制件实例。

半预制楼面板	钢制栏杆	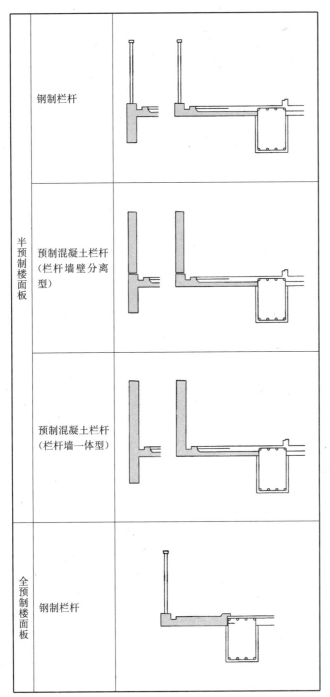	
			❶ 栏杆墙壁一体半预制楼面板
	预制混凝土栏杆（栏杆墙壁分离型）		
			❷ 混凝土上（镶嵌瓷砖）
	预制混凝土栏杆（栏杆墙一体型）		
			❸ 混凝土上（带垂直墙壁）
全预制楼面板	钢制栏杆		
			❹ 栏杆墙壁分离型

图 1.3.2.17　悬臂板实例[1]

38

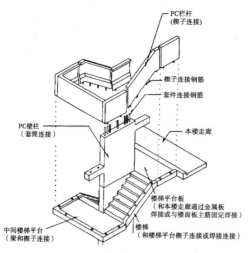

■ 悬臂板楼梯（楼梯平台支撑型）[1]

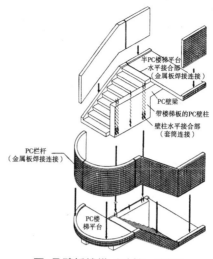

■ 悬臂板楼梯（壁柱一体型）

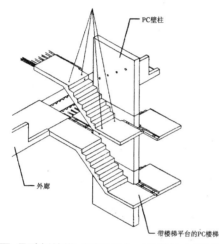

■ 悬臂板楼梯（楼梯平台一体壁柱支撑型）[1]

■ 悬臂板楼梯（中柱支撑型）[4]

图 1.3.2.18　室外楼梯的预制化实例

4）其他构件

预制钢筋混凝土构件可用在各个部位。现场费功的部位、只有预制钢筋混凝土构件才能制造出来的特定断面尺寸、形状的部位等，都应该充分考虑施工性、使用寿命及设计，力求实现预制化。

近年来，通过多种构件的有机结合，在保持建筑区域的整体性和建筑物的连贯性的同时，努力创造出了丰富多彩的造型。

照片 1.3.2.11 及照片 1.3.2.12 为各种预制构件实例。

参考文献

1) PCa 技術研究会：「プレキャストコンクリート技術マニュアル－その活用と設計・施工の手引き」、彰国社、建築の技術 施行 9 月号別冊、1999.9

2) 日本建築学会：「プレキャスト鉄筋コンクリート構造の設計と施工」、pp.118—120、1986.10

3) KTB 協会：「総合カタログ KTB SYSTEM」、2002.4

4) 中田慎介ほか：「特集 コンクリートのPCa 化手法の実際」、建築技術、No.541、1995.5

5) 日本建築学会：「プレキャストコンクリート（PCa）合成床板設計施工指針・同解説」、p10、1994.11

6) 都市基盤整備公団

❶ 通过橡胶模板设计的外墙

❷ 通过特殊树脂模板设计的外墙

❸ 有孔外墙板

❹ 半拱形圆屋顶

❺ 带花格和玻璃板的外墙

❻ 舒缓住宅楼弯曲部的曲面栏杆

照片 1.3.2.11　各种预制构件实例（1）

❶ 斜面屋顶竖框、凸窗、楼台、房屋

❷ 栏杆一体竖框

❸ U形竖立雨水管盖

❹ 镶嵌碎石外墙

❺ 贴石幕墙

❻ 波形曲面栏杆

❼ 顶端护栏

❽ 带凸窗、楼台的山墙

❾ 外走廊侧凸窗（下部室外机器搁置板）

❿ 顶端带排水的悬臂梁

⓫ 采用综合设计方式的市区[6]

照片 1.3.2.12　各种预制构件实例（2）

41

1.3.3 预制混凝土的生产技术

1 预制构件的制造

1）制造工厂

预制构件的制造工厂为了确保预制构件的质量能够满足性能要求，必须建立相应的管理体制，准备适当的构件制造设备。

构件的性能要求由该建筑物的结构性能、使用寿命、居住环境性能、美观、设计方法等条件决定。

①固定工厂

日本建筑学会的《建筑工程标准说明书（JASS10）》上说，预制构件制造工厂原则上为固定工厂。固定工厂的定义是在固定的场地上拥有构件制造所必需的各种设备，能够稳定供应固定质量的预制构件，并且拥有完整的质量管理体制。

对固定工厂，有几项批准预制构件质量管理能力的审查制度。通过这些审查的工厂为质量认定工厂。认定制度之一为（社）预制装配式房屋建筑协会的"PC构件质量认定制度"。本制度主要针对中高层的预制化工法认定各种构件的质量管理能力等（表1.3.3.1）。

另一方面，还有经济产业省根据《工业标准化法》承认的JIS表示许可工厂。这是指能够生产各JIS规格指定质量产品（例如：预制混凝土产品、空心预应力混凝土板等）的工厂。审查对象不包括各不相同的中高层建筑的预制构件（表1.3.3.1）。

认定、许可工厂比较表　　　　　　　　　　　　表 1.3.3.1

认定、许可	PC构件质量认定工厂	JIS表示许可工厂
认定者	预制装配式房屋建筑协会会长	经济产业省认定机构
对象	在工厂制造的PC构件	各种符合JIS规格的PC构件
标准	PC构件质量认定标准	适用于各种产品的JIS规格 适用于各种产品的审查事项
审查项目（主项目）	质量管理 生产设备 材料管理 生产管理	质量管理 生产设备 材料管理 生产管理

②现场工厂（移动工厂）

与固定工厂相对的是现场工厂或移动工厂。

现场工厂是指南对特定的项目，在建设现场或附近制造预制构件的临时工厂。不管工厂的规模、体制如何，现场工厂必须保证预制构件能够满足性能、质量的要求。此外，预制建筑协会的"PC构件质量认定制度"也对移动工厂（现场生产设备）进行认定。

2）制造方式

固定工厂大多使用分批配料装置来生产预制构件使用的混凝土，而现场工厂主要使用预拌混凝土。此外，除了在制造离心成形的预制混凝土构件时所需要的离心装置有所不同之外，其他的预制构件制造工厂本身无论是固定工厂还是现场工厂都没有很大差异。

构件制造工厂的预制构件生产线根据模板（台座）的构成及处理方式的不同，有①固定放置式（固定式、倾斜式）、②移动式（循环式、层生式）、③立浇式等方式。现场工厂容易采用②以外的方式。下面对各种方式进行概述。

①固定式、倾斜式

固定式在许多固定放置式台座中都使用，是最常见的方式。将台座倾斜70°～80°之后能够脱模就是倾斜式。倾斜式墙壁构件的挂钩受力较小，混凝土强度较低时就能脱模，缺点是安全问题和脱模繁琐（图1.3.3.1）。

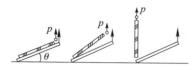

图 1.3.3.1 倾斜式的脱模

照片 1.3.3.1 循环式

照片 1.3.3.2 层压式

②移动式

i）循环式

像传送带似的移动台座，固定工作人员和加工设备进行生产的方式，就是循环式。这种方式有移动水平面的"平行转动"和在立体养护槽里循环的"纵向转动"等。循环式是一种先进的生产方式，但有时由于构件品种较多不能通过装置，混凝土的表面装修需要时间明显降低施工速度，或者由于一处故障而导致全体设备停工，总体效率较低（照片 1.3.3.1）。

ii）层压式

利用预制构件的装修面，采用相关模板每天增加 1 段的制造方式，就是层压式。由于要叠加构件，因此既能支撑台座又能防止构件连在一起的剥离薄板材料的选择非常重要。这种方式会降低构件的尺寸精度，构件制造完之后仍需要水泥工进行装修，所以现在基本上不使用这种方式（照片 1.3.3.2）。

③立浇式

①、②中使用的平浇式钢筋和后期零部件的安装比较容易，浇筑混凝土的时候也不易产生空心或气泡，但需要宽敞的制造空间。此方式将模板立起，让混凝土自由下落并堆积在狭窄的空间，但后期零部件的安装比较困难，容易产生气泡，需要很多设备及配套模板。这种方式在欧洲很发达，但引进到日本以后，对厚度变化较多的构件并不适合，仅用于柱等极少数构件的预制（照片 1.3.3.3）。

照片 1.3.3.3 立浇式

3）成型方法

预制构件根据各自的用途、构件形状及钢筋配置状况等选择不同的制造方法。但无论哪种方法，在安装混凝土之前，都要检查模板的组装状况、钢筋配置状况、金属接头的安装状况（包括保护层厚度）及后期零部件的安装状况等，确保没有异常。下面列举几种代表性的制造方法。

①振动成型

这种方法是传统的成型方法（为了区分于后面的离心成形、及时脱模等特殊制造方法）。一般情况下，在台座上组装配套模板，在其内侧安装（浇筑）混凝土并加固，然后进行表面处理，根据需要进行加热养护，待其硬化后，除去模板制成预制构件（产品）。此外，最近有时在柱等的外壳预制构件的空心成型时也使用橡胶内部模板。也就是在内部模板注入空气，成型后浇筑混凝土，待其硬化后排出空气进行脱模的方法。工厂根据模板的脱模装置，采用水平立起方式、倾斜立起方式等脱模方式。

②离心力成型

这种方法应用既成混凝土桩等的成型方法，通常将组装的钢筋安装在模板里面，浇筑混凝土，然后将模板放入高速旋转的离心力成型机，通过离心力加固混凝土形成空心构件。用于柱等的"口"型构件在角落里面安装角状模板防止装修面变成圆形。使用这种方法可以得到高密度、高强度的产品。

③即时脱模型

这种方法将零坍落的超硬混凝土浇入台座上的配套模板内，通过台式（混凝土）振捣机等将其固定加固，确认构件厚度后立即去掉配套模板，加热养护后制成产品。这种方法很难保证构件表面的光滑度，但能使预制构件与现场浇筑的混凝土有效地连接成一体。

4）制造设备

在固定工厂制造预制构件所必需的设备因工厂的地理位置等的不同存在若干差异，但基本上有以下设备（JASS10 附录 3《工厂设备》中详细记述）。

①混凝土的制造设备（照片 1.3.3.4、照片 1.3.3.5）

照片 1.3.3.4　混凝土站

照片 1.3.3.5　骨料仓筒

照片 1.3.3.6　储藏场地

混凝土的制造设备包含由混凝土原材料的储藏设备、计量装置、搅拌机等设备构成的混凝土分批搅拌机成套设备等。某些固定工厂不使用这些设备，而依靠第三方供应预拌混凝土。

②钢筋的加工、组装设备（照片 1.3.3.7）

钢筋的加工、组装设备由钢筋的储藏设备、起重机类、切断弯曲设备、组装场地、钢筋组合的保管场地等构成。注意，没有粗钢筋或焊接金属网等特殊加工设备的工厂需要依靠外部专业厂家的供应。

③构件成型设备（照片 1.3.3.8）

构件成型设备包括台座（平台、货盘等）、配套框、各种零部件的固定用夹具等模板类、吊车等脱模设备、模板准备场地、模板保管场地等。

④混凝土运输、浇筑设备（照片1.3.3.9）

混凝土运输、浇筑设备包括滚筒式混凝土卸料叉车等混凝土搬运设备、混凝土摊铺机等浇筑设备及振动夯实机等加固工具等。

⑤加热养护设备（照片1.3.3.10）

加热养护设备包括锅炉（加热养护的热源）、温度传感器、温度控制装置、温度记录装置等温度调节装置，养护槽等。

照片1.3.3.7 钢筋加工厂

照片1.3.3.8 生产场地

照片1.3.3.9 混凝土投放线（移动式台座）

照片1.3.3.10 锅炉房

⑥构件的储藏设备（照片1.3.3.6）

构件的储藏设备包括储藏场所、起重机类、存放台等。

⑦公害防止设备

公害防止设备包括噪声、振动防止设备、排水中和设备等。

⑧试验、检查设备

试验、检查设备包括原材料及混凝土的试验、检查设备、各种检测器具、检查场地等。

⑨其他设备

其他设备包括金属接头、后期零部件的保管仓库以及其他必要的协作人员的办公室、保健设施等。

5）制造工序

图1.3.3.2是标准预制构件的制造流程。

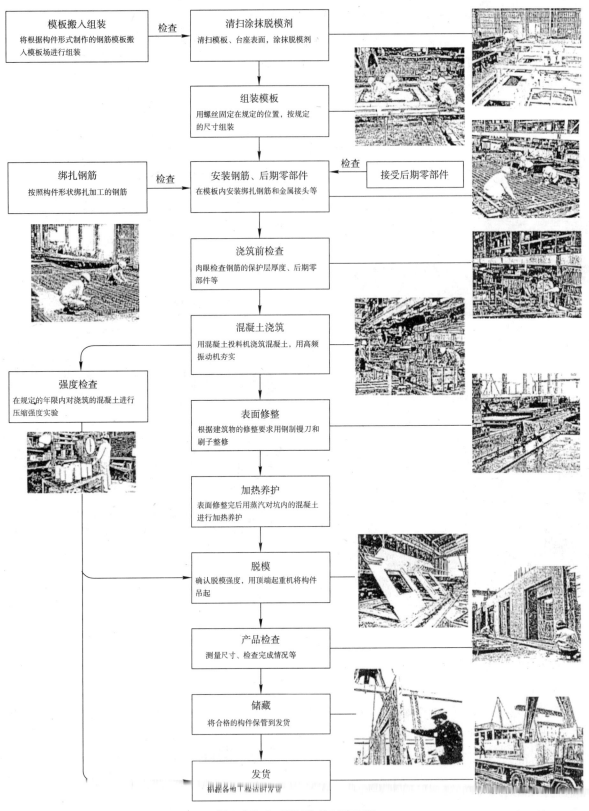

图 1.3.3.2　预制构件制造流程

2　PC 构件质量认定制度

1）制度概要

①概要

46

1989 年，为了确保建筑用预制混凝土构件（以下简称"PC 构件"）的质量，在有关政府机关的指导之下，（社）预制装配式建筑协会（以下简称"协会"）开始了"PC 构件质量认定制度"。现在，全国共有 47 家工厂通过了认定。

②目的

通过预制建筑协会会长（以下简称"会长"）的认定来确保 PC 构件的质量。

③认定的对象

认定对象为协会中高层部会的 PC 构件制造工厂或者有能力保证同等级及以上质量的 PC 构件制造工厂生产的 PC 构件。原则上，要求有 1 年以上制造年限的固定工厂生产的 PC 构件才能作为认定对象。另外，根据订货方的要求，在通过认定的固定工厂管理人员指导之下进行工作的移动工厂（现场施工设备）也属于认定对象。

④认定的申请

有意接受认定者需要向会长提交记载必要事项的申请书及必要文件。注意，移动工厂（现场施工设备）申请时，须向协会"PC 构件质量认定事业委员会"委员长提交申请认定文件。

⑤认定

会长在收到认定申请之后，根据另外规定的 PC 构件质量认定标准进行认定。

PC 构件的质量审查由第三方审查机构（财）财团法人优良住宅（ベターリビング）进行。（财）财团法人优良住宅向会长报告调查结果。

会长会将认定的结果报告给公共住宅建设事业者等联络协会，同时还要公布于众。另外，对移动工厂进行认定时，构件质量认定事业委员会根据另外的实施纲要进行审查，然后将审查结果以事业委员会委员长的名义通知申请者。

⑥预制构件质量认定标准

综合得分率在 80％以上为合格。注意，四大项目（质量管理、生产设备、材料管理、生产管理）中有一项未达到 60％，或重要项目评审结果为"不可"时，仍为不及格。

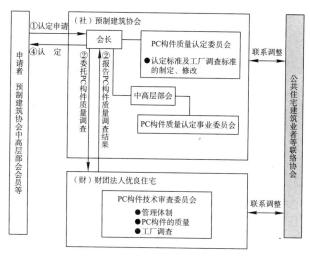

图 1.3.3.3 PC 构件质量认定流程

2）认定工厂

图 1.3.3.4 是截至 2002 年 12 月，预制构件质量认定工厂所在地的分布图。

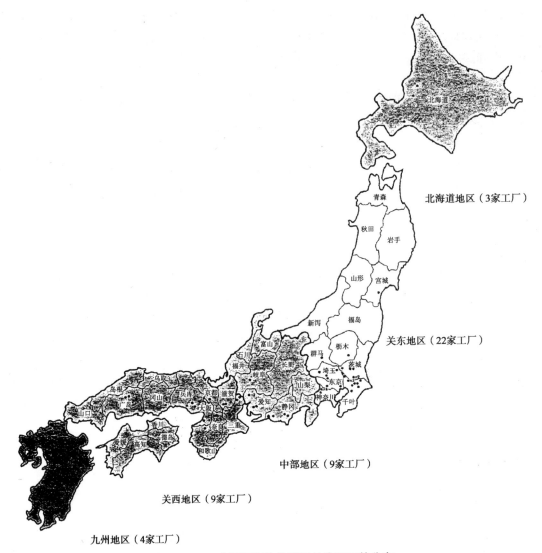

图 1.3.3.4 全国预制构件质量认定工厂的分布

（图中标注：北海道地区（3家工厂）、关东地区（22家工厂）、中部地区（9家工厂）、关西地区（9家工厂）、九州地区（4家工厂））

3 生产量与供给户数

下面参考过去7～10年的数据考查预制构件产量的变化情况。

1）生产量

①全国的生产量（见图1.3.3.5～图1.3.3.7）

i）1994年泡沫经济崩溃，产量下降。

ii）1995年的产量由于减税有所增加。

iii）1996年以后，产量逐年下降，受到经济不景气的影响。

iv）近年减为泡沫经济时的70％。

②地区分布（见图1.3.3.8、图1.3.3.9）

i）在北海道，泡沫经济后期开始产量急剧增加，1994～1996年大约超过80000m³，1997年以后开始减少。

ii）在九州，泡沫经济时为40000～50000m³，1995～1997年超过75000m³，近年来呈减少趋势。

③类别分布（见图1.3.3.10）

i）中层建筑1993年以前占一半以上，1994年开始下降，近年来跌破20％。

ii）高层建筑缓慢增加。

iii）其他建筑今年比泡沫经济时产量有所增加。这是因为在传统施工方法的施工现场开始采用半预制楼面板、预制梁、预制外部楼梯。

④施工单位分布

i) 民间公司在泡沫经济时占 60% 左右，1994 年比例减少到 50% 左右。这是由于受到经济不景气的影响。

ii) 政府机关、公团、国营公司以及公营公司减少了，但其他政府机关缓慢增加。

⑤民间公司的比例（仅 1995～2001 年，见图 1.3.3.12）

i) 东北、中部、中国地区，民间公司比例高。

⑥类型、地区分布（仅 2001 年度，见图 1.3.3.13）

i) 在北海道 PS 构件超过 50%，东北 100% 为其他，九州地区其他占 60%。

2) 供给户数

1963～2001 年度末，预制中高层集体住宅供给总户数超过 700000 户（预制装配式房屋建筑协会调查）。

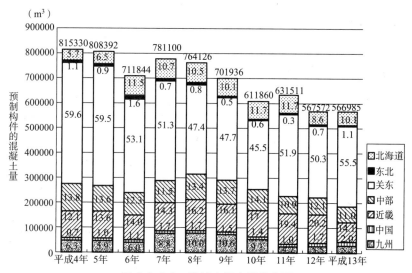

图 1.3.3.5 地域实际产量分布图

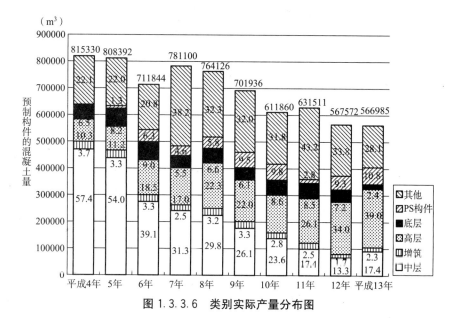

图 1.3.3.6 类别实际产量分布图

49

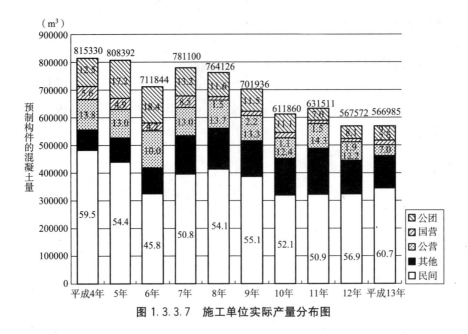

图 1.3.3.7　施工单位实际产量分布图

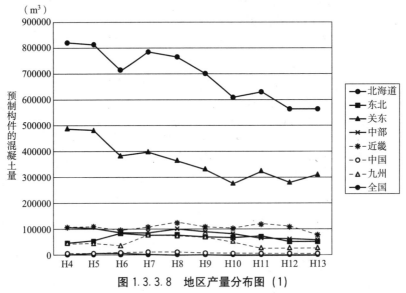

图 1.3.3.8　地区产量分布图（1）

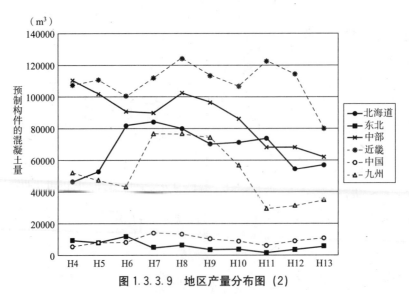

图 1.3.3.9　地区产量分布图（2）

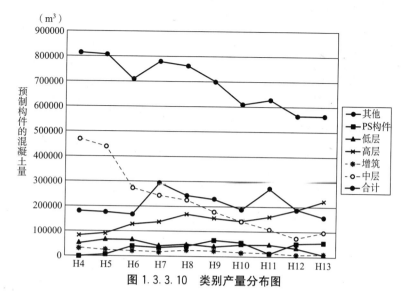

图 1.3.3.10　类别产量分布图

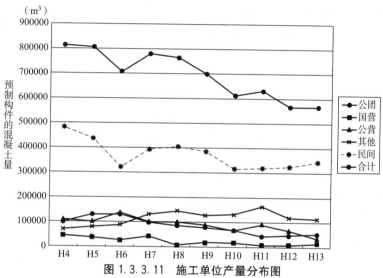

图 1.3.3.11　施工单位产量分布图

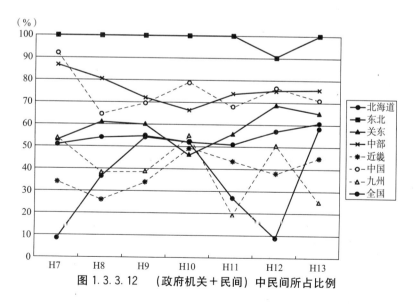

图 1.3.3.12　（政府机关＋民间）中民间所占比例

51

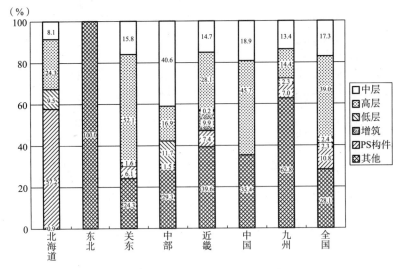

图 1.3.3.13　类别、地区产量分布图

1.4　预制化计划

1.4.1　预制化的计划时间

人们一般认为，预制化工法比传统工法的主体框架成本高。但是，有计划地采用预制化工法可以缩短工程工序，可以削减临时工程费及管理费等。预制化的时间大体上可以分为三个阶段：

①从策划设计阶段开始的计划

②实施设计阶段的计划

③施工阶段的计划

一般来说，实施预制化计划的时机越早越好，最好是在策划设计阶段就进行规划。通过选择合适的工法也可以在施工时进行计划，该计划可以成为提高生产效率的有效方法。图 1.4.1.1 是传统方法和预制件复合工法的设计施工流程。另外，下面还将介绍预制化计划的优点和存在的问题。

1　策划设计阶段开始的预制化

策划设计阶段开始的计划对于选择预制化的施工方法非常有利，具有以下优点。

①因为有关人员容易发现工程存在的问题，引进预制化工法比较容易获得订货方、设计者及其他相关部门的一致同意。

②营业、设计、预算、施工等各个部门基本上全部参与，从将预制化的内容写入设计图纸到施工的一系列手续或任务分担比较清晰。

③时间比较充分，设计方及施工方能够研究采用有成效的预制化方法。

④比较容易召集具有预制化专业知识的员工。

但是，策划设计阶段开始的预制化也存在如下问题。

采用预制化工法时，后期阶段的设计变更会改变形状或结构，所以有可能影响当初预计的预制化效果。特别是策划设计阶段没有决定设计细节，所以必须整理预制化的基本条件，通知设计人员。

2　实施设计阶段的预制化

在实施设计阶段计划预制化时，采用允许结构变化的方法比较困难，一方面可以自由采用构件的预制化，另一方面存在下列问题：

①不允许样式上的大幅度修改。

②必须在较短时间内研究预制化。特别是采用需要认定的施工方法会对设计日程产生较大的影响，所以很多时候都不可能。

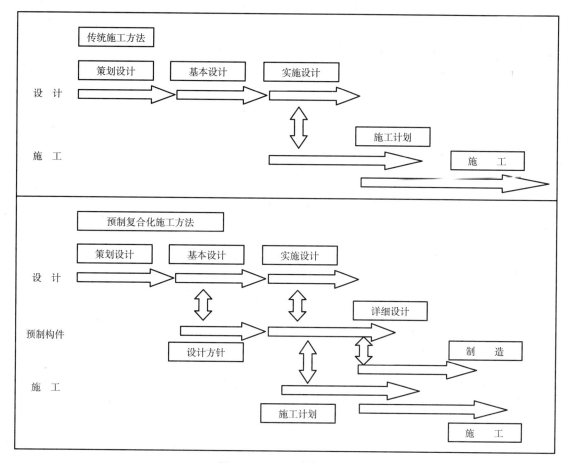

图 1.4.1.1 设计施工流程

③对特殊形态在样式或结构细节上很难发挥预制化优点，可考虑避免使用该方法或考虑替代方案。

3 施工阶段的预制化

施工阶段的预制化由施工方提议。这对设计方来说，当然会产生"设计变更"，必须重新研究样式上的形态、性能，结构上的框架或接合部，使用材料等。一般情况下，结构设计者需要研究许多内容，还要与行政部门沟通，施工阶段的预制化存在以下问题：

①必须在较短时间内研究预制化。

②构件的预制化必须考虑对样式、结构、设备设计等的影响。

1.4.2 预制化的范围选定

1 预制化的范围选定

预制化的范围，需要考虑主体的构筑工程选择。预制化的范围一般需要根据质量（Q）、成本（C）、工期（D）、安全（S）、规模产量（N）、技能与劳动量（M）适当选择。

下面介绍预制化的选定因素。

①质量（Q）评估

"1.3.1 预制化工法的优点 2 质量"中已经阐述过，预制构件比现浇混凝土构件使用寿命长、质量高。另外，制造复杂的主体形状时，比现场模板精确度更高。

②成本（C）评估

要想知道预制化引起的成本变化，首先必须评估主体结构的总成本。如果想估算预制化影响的成本部分，公平评估主体结构形状等的施工难易度非常重要。例如，楼面板、墙壁、柱、梁、入口处、栏杆、楼梯、护墙等即使工程面积相同，但所需的工程量明显不同。另外，这些部位混合在一起时需详细制定单价，并根据施工的难易度更改单价设定、正确评估预制化的成本，以便更精确地评估工程总成本。

此外，制作预制件构件的模板种类和数量越少，越有利于降低制作成本。表1.4.2.1为预制化相关成本的明细。

预制化相关成本明细单   表 1.4.2.1

预制化引起的工程费用变化内容	
［共同临时工程费］	
临时建筑物、临时围墙	因预制化缩短工期而减少费用
［直接工程费］	
外部脚手架工程	采用不需要脚手架的施工方法，减少脚手架的配置时间进而减少费用
清扫收拾	主机结构工程产生的灰尘处理费、室内清扫费的减少
［主体工程费］	
钢筋工程	预制化引起的运输工程范围的变更进而引起费用的增加
模板工程	钢模板的制造、换模费用的增加及现场模板工程费用的减少
混凝土工程	预制化引起的现场工程费用的减少
PC构件制造	预制构件制造及运输费用的减少
建设工程	预制构件的组装和相关重型机械费用的增加
防水工程	预制化引起的防水方法的变化影响工程费用的增减
［装修工程费］	
泥瓦匠工程	主体结构精度提高引起的底层处理费用的减少
瓷砖工程	预制化引起的镶嵌瓷砖制造费用的增加
喷涂工程	无脚手架施工时施工效率的低下引起的费用增加
［经费］	
设计费	制作预制构件引起的生产设计相关费用的增加
总公司经费	预制化缩短工期进而降低费用
现场经费	预制化影响工程管理量的增减

③工期（D）评估

一般情况下，选择预制化工法的最大原因是缩短工期。因为在工厂制造构件，所以预制件的制造和现场施工可以同时进行。另外，在制造阶段可以调整混凝土的强度，所以可以大幅度削减现场的养护时间。此外，出现恶劣天气时仍能施工，可以保证工程按时完成。预制化施工可以不需要外部脚手架，可以同时进行室外施工，有利于缩短工期。

④安全（S）评估

预制化工法因为在工厂制造构件所以可以减少现场施工量。因为现场的安全性由现场施工量决定，所以现场施工量少的预制化工法的安全系数高。另外，施工时无须脚手架，这也有利于提高施工的安全系数。

⑤规模、产量（N）评估

预制化要求制造大量构件，只是建成结构主体。因此，生产预制构件的工厂规模和产量非常重要。

⑥技能劳务量（M）评估

随着主体结构工程熟练劳动者的减少和高龄人口的增加，传统施工方法所需要的劳动力越来越不足。因此，采用工厂生产预制构件的施工方法可以解决这些问题。

需要综合考虑以上列举的预制化的有关因素选定预制化的范围。表1.4.2.2按使用部位介绍预制化类型和接合方式组合的使用状况实例。

各部位预制化实施状况和接合方法　　　　　　　　　　　表 1.4.2.2

PC化部位	PC化			接合方法			钢筋接头		接合面
	全PC	半PC	PC模板	锚固筋	焊接	螺栓	焊接	机械式	扁销键
悬臂板	◎	△		◎	○				◎
楼板		◎		◎					
柱	◎		△				○	◎	◎
梁单独连续	◎	◎	△	◎			◎	◎	◎
	△	◎	△	◎			◎	◎	◎
T形柱、梁	△							◎	◎
剪力墙	◎	△			○	◎		◎	◎
非剪力墙	◎				◎				
楼梯板	◎				◎				
楼梯平台	◎				◎				
楼梯墙	◎			◎				◎	
栏杆	◎							◎	
屋檐	◎			△		◎			

表中符号：◎（标准）　○（经常代替）　△（偶尔代替）

2　选定预制化时的注意事项

下面介绍采用预制化工法时的注意事项。

①确认工程的制约条件

确认地理条件、场地条件、道路条件（是否可以搬运构件）、工期。

②构件的接合方法

决定预制构件与现浇混凝土的接合、预制构件之间的接合以及钢筋接头方式。

③构件的组装顺序

用现浇同等型 R-PC 施工方法等将连续主梁预制化时，决定 XY 方向的组装顺序。柱-梁接合部的钢筋布置特别复杂，例如，有时会出现不能配置 2 段钢筋等的情况。下面将预制主梁的一般架设步骤与制约条件表示为图 1.4.2.1，以供参考。

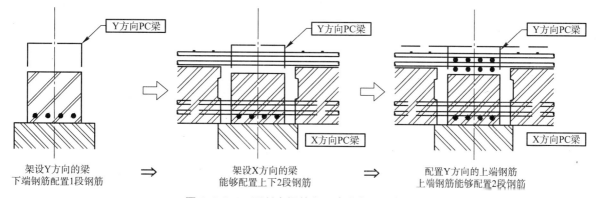

图 1.4.2.1　预制主梁的架设步骤与制约条件

④构件的分割及大小

预制构件的个体重量和长度受构件制造工厂、构件的运输方法、起重设备等限制。

⑤构件断面的统一化

统一构件断面有利于降低模板制造费用。

1.5 术语的定义

本节将给出第 1 册中使用的预制钢筋混凝土结构术语的定义,同时也给出了第 2 册到第 4 册中出现的关于 W-PC、WR-PC、R-PC 工法的相关术语的定义。

SPH 《公共住宅用中层大规模建设住宅标准设计》的简称。旧建设省于 1970 年 6 月制定了其核心规定——《中层预制装配式住宅规格统一纲要》,试图实现公共住宅设计的系统化和规格的统一化。

NPS 1981 年 3 月旧建设省下达的《公共住宅设计计划标准》的简称。起初是公共住宅建设事业者等连络协会(事连协)为了改善 SPH 存在的问题而开发的标准设计新系列。

1979 年,公布了"NPS 计划标准提纲(试行案)"。

此外,发布该法令时,SPH 替换为 NPS。

KEP "住宅公团试验住宅计划"的简称。使用工业生产的市场上出售的组装式零部件,原日本住宅公团开发的住宅供给系统的开发计划。

W-PC "壁式预制钢筋混凝土结构"的简称。壁式钢筋混凝土建筑结构上主要的受力部分剪力墙、墙梁、楼面板、屋顶板、地基梁均使用预制钢筋混凝土制造。此外,也包括结构主要受力部的一部分使用现浇混凝土的结构。

SPC 1970 年将中层 PC 施工方法应用于传统施工方法建的 8 层壁式钢筋混凝土建筑使其预制化的施工方法的简称。高层 W-PC(6~11 层)的前身。

WR-PC "壁式框架钢筋混凝土结构"的简称。纵向是由扁平的柱和梁构成的框架结构,横向原则上由连层的独立剪力墙构成,并且部分或全部结构主要受力部分使用预制构件。

R-PC "刚架预制钢筋混凝土结构"的简称。将部分或全部结构主要受力部分预制化。

H-PC SR-PC 的前身,使用内含 H 型钢的预制构件施工方法的简称。

SR-PC "预制型钢钢筋混凝土构件组装施工方法"的简称。将型钢钢筋混凝土(SRC)预制化的施工方法。

与 R-PC 不同之处在于柱、梁采用 SRC 方式。

PS-PC "预应力预制钢筋混凝土结构"的简称。给抗拉性能较差的混凝土加入预应力与 R-PC 同样预制化的施工方法。

组合(混合)结构 是指将不同类别的构件组装在一起的结构,例如柱采用型钢钢筋混凝土、梁采用型钢或钢筋混凝土结构。

复合施工方法 在传统方法的基础上同时使用预制混凝土构件的施工方法。经常用于 R-PC。

柱树方式 将包含柱、梁交叉部的サ型或キ型预制混凝土构件连接在一起构成结构体的方式。

使用极限状态 建筑物在使用期间,因不堪正常使用而丧失正常使用功能的状态。

破损极限状态 在建筑物使用期间内,由于承受较短时间的罕遇荷载而降低安全性能、使用功效、使用寿命,需要修复才能恢复使用功能的状态。

承载能力极限状态 在建筑物使用期间由于承受罕遇荷载而导致结构倒塌的状态。

安全极限状态 在建筑物使用期间内由于承受罕遇荷载而导致结构倒塌,直接危害生命安全的极限状态。

预应力 为了抵消水平荷载或竖向荷载产生的应力,预先对构件内部施加的内部应力。

现浇混凝土 在建筑物建成地点浇筑的混凝土。与"就地浇筑混凝土"同义。

预制混凝土 指在建筑物建成位置以外的其他位置浇筑的混凝土。预制混凝土包括在固定工厂制造的预制混凝土、施工现场及其周围的设备制造的预制混凝土。

现浇混凝土构件 在建筑物建成位置浇筑的已硬化的混凝土构成的构件。

预制钢筋混凝土构件 含有预制混凝土部分的钢筋混凝土构件。柱、梁(含次梁)、楼板、剪力墙和柱-梁交叉部以及其他构件。有时也将预制钢筋混凝土构件简单称为预制混凝土构件或预制构件。

全预制构件　　全部断面都是由预制钢筋混凝土构成的构件。

半预制构件　　与现浇混凝土连接成整体的预制钢筋混凝土构件。

叠合构件　　预制钢筋混凝土部分与现浇混凝土部分结合为一体并保有统一构件性能的构件。

预制混凝土叠合楼面板　　预制板与现场浇筑混凝土在结构上合为一体的楼面板。有时也将预制混凝土叠合楼面板简称为叠合楼面板。

墙梁　　壁式钢筋混凝土结构中承担紧密连接剪力墙的竖向荷载与水平荷载。

剪力墙　　承担水平荷载及竖向荷载的钢筋混凝土的墙壁。

预制混凝土接合面　　不同时间浇筑的混凝土等的接触面。也叫做接合面、浇筑接缝面、境界面、接触面、界面、卯眼。

接合要素　　接合部的应力传递路线。例如：接合面、接合钢筋、抗剪键、搭接部、金属接头等。

构件交叉部　　柱-梁交叉部、墙壁-楼板交叉部、主梁-次梁交叉部、梁-楼板交叉部等构件与构件之间的卯眼。

构件间接合部　　将柱、梁、剪力墙、楼板等构件连接为一体的接合部。

叠合效果接合部　　在一个构件内部，通过将预制部分与现浇混凝土部分连接而形成一个构件的接合部。

预制混凝土接合部　　在构件之间或构件内部，多个接合要素组合构成的不连续部分，其中使用预制钢筋混凝土构件的接合部、被接合部及叠合构件的一部分叫做预制混凝土接合部。预制混凝土接合部通常也简称为接合部。

轴向正交接合部　　在与构件轴向正交的方向上设置接合面的接合部。

轴向平行接合部　　在与构件轴向平行的方向上设置接合面的接合部。

竖向接合部　　接合面设在竖直方向的接合部。

水平接合部　　接合面设在水平方向的接合部。

金属接头　　指在接合部为传递应力而配置的钢筋以外的钢材等。

抗剪键　　为了承受接合部产生的剪力而在构件切口设置的凹凸。各部位有所不同，主要为四角锤形状或齿型缺口。

接合钢筋　　在接合部为传递应力而配置的钢筋。

扁销键钢筋　　连接钢筋中贯穿抗剪键的钢筋。

填充混凝土　　后期浇筑混凝土的一部分，填充在接合部等缺口或空心的混凝土。

连接用砂浆　　预制混凝土接合部使用的铺设砂浆、填充用砂浆及灌浆材料的总称。

机械式接头　　直接连接钢筋尤其是粗钢筋的方法，螺纹耦合器方式、套筒内填充方式、焊接方式、特殊焊接方式及多种方式同时使用的总称。

直接接合方式　　在剪力墙相互之间的水平接合部，通过焊接或机械式接头直接连接剪力墙的纵筋，通过剪力墙板之间砂浆的摩擦力传递剪力的接合方法。

套筒接合方式　　直接接合方式之一，指机械式接头的套筒内填充方式。

湿接缝接合方式　　将后期浇筑混凝土或砂浆填充在接合部使其硬化，与预制构件连接成一体的接合方法。

干接缝接合方式　　不使用后期浇筑混凝土或砂浆，而使用焊接或机械式接头将多个预制构件连接成一体的接合方法。

凝结底料方式　　将添加金属物焊接到上下楼层之间事先安装的金属物之上，也就是用凝结底料进行连接的干接缝接合方式之一。

第2章 预制混凝土结构设计概论

2.1 前言

现在，在日本实际使用预制构件的建筑物的结构设计原则上全部采用与适用于现浇钢筋混凝土构件相同的设计荷载及解析方法。能够使用这种方法的前提条件是预制构件或含有预制构件结构的刚性、强度及回复力特性必须与现浇钢筋混凝土等价，否则就不能精确推断预制构件与接合部的应力状况。

为了使结构设计者能够掌握使用预制构件的钢筋混凝土结构设计的要点，本章将简要介绍预制混凝土结构设计的特色、接合部施工方法及其结构设计概要。

本章的主要研究对象为 W-PC（壁式预制）工法、WR-PC（壁式框架预制）工法、现浇同等型 R-PC（框架预制）工法等 3 种工法，除此之外，还会介绍楼面板、楼梯、H-PC 施工方法、高层壁式、PS 工法的相关结构设计概要。

此外，各种结构设计的详细情况请参考第 2 册《W-PC 的设计》、第 3 册《WR-PC 的设计》和第 4 册《R-PC 的设计》。在这些设计资料中，通过详细分析接合部，可以发现预制构件的刚性、强度及回复力特性具有与现浇混凝土构件相同的性能。

2.2 预制混凝土的结构设计特点

2.2.1 结构设计与现浇混凝土建筑的不同点

对一般的现浇钢筋混凝土建筑物进行结构分析时，假定 RC 楼面板、屋顶板（以下总称为楼板）对楼面内力有非常大的刚性和强度（刚性板假定）。楼板使用预制板的时候，楼板之间的刚性和强度很难保证与整体混凝土（现浇混凝土）拥有同样的性能，也不能确保楼板的刚性或强度。在预制楼板接合部的设计之中，与楼层之间的水平刚性相比，如果楼板拥有的刚性和强度超过某种程度，即使用刚性板假定进行结构分析也能获得足够应用于实际的高精度构件设计应力。特别是对含有接合部固定度低又不能满足刚性板假定的楼板的建筑物进行设计时，进行结构分析必须考虑楼板的变形。

弯曲强度简略计算式或剪切强度试验式等的系数大多是在整体混凝土的钢筋配置基础上确定的。完全采用传统现浇混凝土适用的强度简略计算方法时，必须考虑它是否适用于预制构件的建筑细部。用于预制结构时，必须考虑通过机械式接头的耦合器或外壳预制件等将主筋装入内部等情况下预制结构与整体混凝土不同的状况，所以必须在充分考虑传统略算式或试验式的适用性以及主筋位置的基础之上采用精确的构件强度计算方法。

现浇钢筋混凝土构件的所有部分的混凝土强度都一样，并拥有固定的弯曲强度公式和剪切强度公式，而预制构件内部的混凝土强度各不相同，所以计算它们的强度时要充分考虑混凝土刚性、强度的差异。

预制构件的应力传递结构的变化受具体接合方式、构件尺寸的容许偏差、施工顺序、温度等的影响。关于构件尺寸的容许偏差，有时会产生接合部尺寸小于设计值与应力集中的现象。在设计时，必须考虑施工精确度的容许变动范围确保构件强度。考虑施工顺序时，还必须考虑到临时搭建的外围防护有可能导致预制构件接合部产生残余应力。预制构件的接合部附近由于温度变化或干燥收缩引起的伸缩现象会导致裂缝的出现或混凝土保护层的脱落。为了防止出现这些现象，设计时根据需要有时要考虑到变形随动性。

此外，预制构件还必须要对按下列施工方法制造的各种接合部进行结构设计。各种接合方法的详细介绍见第 4 章 预制构件的接合部。

1）预制柱的水平接合部

柱底部有水平接合部时，预制柱通过楼板上面的连接砂浆与竖直方向的钢筋连接在一起。

柱顶部有水平接合部时，在柱和梁的交叉部分浇筑混凝土将预制柱连接成整体。柱-梁的交叉部分从上面浇筑混凝土，混凝土之间的附着连接作用优于柱底部的接合部，与柱底部进行同样设计比较安全。

2）预制剪力墙的水平接合部

在剪力墙底部的水平接合部，预制剪力墙迪过楼板上面的连接砂浆与竖直方向的连接钢筋进行连接。

在剪力墙底部的水平接合部，预制剪力墙通过梁或与上层楼板部分浇筑混凝土合为一体。

此外，剪力墙与梁制作成一个预制构件时，剪力墙顶部不存在水平接合面。

3）预制梁的水平接合面

预制梁的水平接合面位于楼板下面或其附近。楼板搭在梁上面时，可以将梁下到楼板下的部分或其附近的部分制成预制梁，但是楼板不能搭在梁下附近的反梁上。预制梁的水平接合面一般为混凝土浇筑面，将接合面设为大于木头抹子的粗面比较容易。

4）预制柱及预制剪力墙的竖向接合部

将柱或墙板，或两者都制成预制件时，柱和墙板边界会产生竖向接合部。另外，将墙板制成预制件时，除了将一个跨度制成一块预制剪力墙之外，为了便于制造或运输，还可以分割为多个预制剪力墙。这时，墙板的中间部分会出现竖向接合部。

在柱和墙板的竖向接合部及墙板和墙板的竖向接合部，在预制构件的侧面接合面安装抗剪键，并配置水平方向连接钢筋。

5）预制梁的竖向接合部

预制梁的竖向接合部假定设在柱表面附近。在半预制梁的上部浇筑混凝土。在预制梁的竖向接合部，必须能将梁的长期荷载安全传递到柱-梁交叉部，设置竖向接合部的抗剪键。

6）合成楼面板的水平接合部

在预制板上面浇筑混凝土并与之连成整体，即叠合楼面板。叠合楼面板上面会形成水平浇筑接缝面。为了传递浇筑接缝面上产生的剪力，将其设为粗糙面。

7）其他接合部

合成楼面板的边缘也会出现竖向接合部。一般使合成楼面板的预制板之间的竖向接合部不直接传递应力。此处作为接缝，传递现浇混凝土部分的应力。因此，应该注意将接合面的楼板厚度设计为与现浇混凝土部分的厚度相同，同时还要避免出现接合面钢筋的保护层厚度不足的现象。

悬臂预制楼板的边缘竖向接合部、全预制梁或全预制次梁的边缘竖向接合部以预制梁的竖向接合部为标准，为防止上层筋落下，必须将其牢牢固定在现浇部分。

2.2.2 结构计划

1 基本结构性能要求

用预制构件建造的建筑要具有与现浇钢筋混凝土建筑物同样的强度、刚度、回复力特性等构造性能和使用寿命。

框架结构在设计时，要确保连接构件所需的强度和变形能力，保证承载力极限状态下的变形不会集中于接合部，拥有与整体混凝土同样的性能。在此前提下，预制建筑必须保证拥有与现浇混凝土建筑物同样的结构性能。

壁式结构在设计时，要保证使用极限与破损极限设计的应力状况下结构的整体性。在安全极限设计的应力状态时，如果能够保证连接材料钢材、钢筋等的材料强度，不必使预制壁式结构具有与现浇混凝土同样的性能，因为变形允许集中在接合部。

本书将预制建筑物的基本结构性能要求分为使用极限、破损极限、安全（承载能力）极限三种极限状态（表2.2.2.1）。

各极限状态下的基本结构性能要求

表2.2.2.1

极限状态	基本结构性能要求
使用极限	不影响结构构件的日常使用，不产生振动或弯曲
破损极限	再次使用时，不需要对结构进行修补、加固等
安全（承载能力）极限	倒塌时不直接危害人员生命

2 各极限状态下的结构性能要求

1）使用极限

使用极限状态是指在建筑物使用期间、日常承重荷载以及日常使用和维护管理条件下，能够确保建筑物要求的功效性、居住性、持久性及日常生活安全性的极限状态。对预制构件或使用预制构件的结构进行竖向荷载的使用极限分析时，必须在充分考虑部位、用途、耐久性能目标的基础之上决定容许最大裂缝宽度、容许最大弯曲、不发生有害振动的极限。

2）破损极限

所谓破损极限，是指假定结构在发生某种破损的状态下，必须进行结构修补、加固才能再次使用的必要状态。

判断（判断修补、加固之后继续使用还是直接拆除）是否需要修补、加固受损建筑物是个技术问题。注意，通常在技术上允许对结构进行修补、加固之后继续使用，但经济上不合算，所以破损极限状态的定义根据状况不能一概而论。

破损极限设计时的结构性能要求即使发生罕见大地震时，结构的主要承载构件或接合部不会发生需要修补才能继续使用的大裂缝等重大破损。预制构件没有特殊的要求，但是一般要求不低于现浇混凝土建筑的性能要求。

3）安全（承载能力）极限

安全（承载能力）极限是指为判断能否避免发生直接危害建筑物附近人员生命的危险而设定的极限状态。在对安全性进行评估时，各种荷载及外力引起的建筑物整体或部分的响应状态验证没有达到安全（承载能力）极限状态。

对预制构件进行地震荷载安全（承载能力）极限设计时的结构性能要求包括拥有不低于现浇混凝土构件的强度、刚性，且变形无明显差异，预制构件不下落，构件相交部位的刚性、强度等基本相同等。还有一点特别重要，就是如何保证地震结束后预制构件不会跌落下来。

安全（承载能力）极限设计时的结构性能要求包括发生极罕见大地震时，结构的主要受力构件及接合部不会产生由于刚性和承载能力不足而引起的可能导致建筑物倒塌的破坏，用于结构主要受力部分的预制构件的水平接合部和竖向接合部不会先于其他部位发生破坏，保证结构整体韧性的同时，需要保证结构有足够的水平刚度和强度，以使建筑物的变形满足设计要求。

3 预制构件接合部的构造性能要求

为了满足前面第2节中讲述的建筑物结构性能要求，下面介绍接合部构造性能要求及其实现方法。

1）预制构件接合部的构造性能

为了能够使用现浇混凝土采用的设计荷载、结构分析方法，与预制混凝土及现浇混凝土自由组合，预制构件的接合部除了要确保强度、变形能力以外，还要满足使用寿命、耐久性、隔声效果、防水性等各种要求。

在结构分析时，荷载种类不同，接合部要求的结构性能也各不相同，因此必须采用符合结构性能的应力传递机构。因此，根据接合部产生的应力种类及水平，必须保证如下性能：①适用符合应力传递形式的强度方式，确保能够传递设计应力的强度；②确保能够抵抗过大变形的刚度；③回复力特性与现浇混凝土结构相同，接合部即使发生错位变形也不会影响建筑物的振动特性与层间变形，将振动特性的变化与层间变形控制在容许范围之内。

2）结构性能要求

使用极限设计时，保证在正常使用的荷载之下，接合部的错位或裂缝不会影响预制构件的正常使用。在长期荷载状态下，《钢筋混凝土结构计算标准及解说》（以下简称 RC 标准）的数值作为构件弯曲、振动等限制数值的参考值。

设计接合部的破损极限时，在容许应力计算的短期容许应力设计，或极限承载力计算的破损极限的状态下，如果另行确定接合部附近的构件截面小于短期容许应力，就可以间接确保贯穿接合部的连接钢筋或混凝土等材料也小于短期容许应力，原则上可以不用考虑这个问题。

安全（承载能力）极限设计时的结构性能要求在建筑物使用年限内可能发生的最大地震时，或者发生设计时没有预想到的竖向荷载状态下，不会出现结构倒塌或部分结构构件脱落的情况。安全（承载能力）极限设计的研究对象为所有的接合部，特别是对用于抗震的柱、主梁以及剪力墙的竖向接合部和水平接合部的研究特别重要。发生地震后，对于只承担竖向荷载的次梁、楼板等构件，也必须进行安全（承载能力）极限设计。

2.2.3 本技术资料集成研究的接合部施工方法的种类

1 预制构件接合部的设计构思

2.2.1 中介绍的预制构件接合部的设计主要是确认接合面的剪切传递强度，而在壁式结构（W-PC 结构）和框架式结构（WR-PC 结构，现浇同等型 R-PC 结构）中使用预制化工法时，接合部施工方法的设计思路与前述思路有根本区别。

壁式预制结构的设计认为接合部的剪切应力与剪力墙的平均剪切应力相等，实际上接合部的剪切应力分布不均，但是设计时使用接合部的强度在充分安全评估基础上大于设计剪力的强度抵抗型设计方法。

框架式结构的抗震设计不仅要求构件具有一定的强度，还应具有变形性能和能量吸收性能，另外，还需要明确评价接合部对预制构件刚度和变形量的影响。使用干接缝连接时，预制构件的塑性变形主要集中在接合部，并且与整体浇筑构件的强度、刚度明显不同，这就导致对它的强度或变形能力评价非常困难，并且使得对其抗震性能的评估也非常复杂。因此，采用干接缝连接的施工方法使预制构件很难应用于实际。与采用干接缝方式的施工方法不同，采用湿接缝方式的预制复合化工法可以将预制构件连接为一体并具有与现浇混凝土结构同样的性能，因此也更能应用于实际。

组合和配置接合部的接合要素时主要有以下注意事项：

①在满足接合部保有的结构性能要求上，拥有与各应力水平变形能力相应的强度或接合要素。

②满足接合要素能充分发挥其传递强度的设计条件。

③施工时充分注意能够发挥接合要素的传递强度。

④由于构件数量增加，再加上构件整体的错位，导致结构回复力特性的滑动变形增大，所以要特别注意构件的连接数量。

2 接合部施工方法种类

下面主要列举壁式预制结构及现浇同等型框架式预制结构方面的接合部施工方法的种类，详图见第 4 章 预制构件的接合部。

1）用于壁式预制结构的典型接合方法

接合方法有使用填充混凝土应力传递的湿接缝接合方式和不使用混凝土应力传递的干接缝接合方式。

①剪力墙的接合部

• 竖向接合方式

有时候采用干接缝方式，但主要还是采用湿接缝方式，在接合面使用抗剪键和连接钢筋，使横方向相邻的同一楼层的剪力墙相互之间形成一个整体。

• 水平接合方式

一般采用直接接合方式和钢板连接，铺设砂浆并安装预制构件后，连接上下楼层的剪力墙。

②楼面板的接合部

• 剪力墙-楼面板

通过焊接将预制楼面板及剪力墙上突出的钢筋之间或钢板之间连接成整体的接合方法。

• 楼面板-楼面板

接合方法主要适用钢筋之间的连接、钢板之间的连接及连接钢筋和钢板等方法。

③其他的接合方法

• 栏杆板的接合部

顶端立起的限定部分里面必须设有接合部，所以接合部一般采用套筒连接。

• 楼梯的接合部

地震时该层楼梯所受的剪力主要集中在接合部，所以楼梯平台和楼梯板的接合部主要采用钢板连接。

2）现浇同等型的框架式预制结构的接合部的种类

接合方法为使用填充混凝土应力传递的湿接缝方式。

①柱的接合部

• 柱端水平接合部

柱端水平接合部主要为柱头和柱脚，一般情况下，柱主筋的接头设在柱脚部。接合方法为下层柱主筋从楼板面伸出一定距离，然后插入内含套筒接头的预制柱。

• 柱中间部水平接合部

接合方法与柱端的接合方法相同。

②主梁的接合部

框架式预制结构需要考虑构件自身的整体性，考虑到接合部数量的增加引起的错位，预制梁构件竖向接合部的数量包括端部和中间部分在内，一般不超过3处。

• 梁端部的竖向接合部

接合方法只限于湿接缝方法，梁主筋在接合面处连接在一起。原则上在接合面应设置抗剪键。

• 梁中间部位的竖向接合部

设置在跨中附近，接合面与梁轴线正交。接合方法只限于湿接缝方法，梁主筋在接合面处连接在一起。原则上在接合面应设置抗剪键。

• 梁水平接合部

接合方法为湿接缝方法。连接钢筋在半预制梁形式时兼用箍筋，全预制梁形式时使用辅助钢筋。在箍筋或辅助钢筋的内侧设置梁上层钢筋以后，通过在预制梁上浇筑混凝土而形成整体。

③剪力墙的接合部

预制墙板的接合部可以分为两种，即柱和墙板及墙板和墙板的竖向接合部，墙板和梁及墙板和楼板的水平接合部。

框架式预制结构原则上应具有与现浇相同的性能，所以接合方法排除壁式预制结构使用的金属连接方法。

④次梁的接合部

次梁搭放的主梁中间部分为现浇混凝土时主要有两种接合方法，即在端面设置抗剪键的方法，将与传递销筋等的应力的边界面垂直的钢筋固定在次梁搭放的主梁中间部分的现浇混凝土部分的方法。另外，次梁端部下侧明显没有产生拉力时，也可以不固定作为弯曲加固钢筋的次梁下端钢筋。

次梁搭放的主梁接合面为预制件时，可以在剪力的传递要素金属板上采用焊接或螺栓连接的方法。这种方法不能固定次梁下端钢筋，只能适用于次梁边缘的下端钢筋不产生拉力的情况。

⑤楼板的接合部

• 楼板端部竖向接合部

楼板端部的竖向接合部位于楼板与主梁或次梁、剪力墙的交叉部位。有全预制楼板和半预制叠合楼板，通过在交叉部位浇筑混凝土形成整体。

• 楼板中间部位的竖向接合部

因为要将楼板和楼板接合，采用全预制件时要用钢筋将楼板内的钢板焊接在一起；采用半预制板时，将连接钢筋布置在半预制板上，楼板上层钢筋采用与传统施工方法相同的布置方式。

• 楼板水平接合部

楼板水平接合部位于半预制板和它上面的现浇混凝土之间。在半预制板上面设置抗剪键或桁架钢筋，浇筑混凝土，使楼板成为整体。

⑥柱-梁交叉部

• 现浇类型

在柱-梁交叉部浇筑混凝土，将柱和梁连在一起，所以不需要特殊的接合方法。注意，梁主筋的固定、接头有多种方法，各建筑公司有各自的施工方法，其可靠性已通过结构试验确认。

• 梁贯穿类型

设有主筋用孔的柱-梁交叉部和梁端形成一个整体预制件，用主筋等将此预制件套在柱上部，将灌浆浇在柱头部和交叉部的柱主筋上，使其成为整体。

• 列树型

预制构件一般在形成整体的柱或梁的中间部分进行连接。

⑦外壳预制构件的表面

为了将外壳预制构件与现浇混凝土连接成整体，在外壳预制构件的表面设置抗剪键等。

2.3 预制工法与设计标准

2.3.1 W-PC 结构的设计

1 适用标准

本预制工法所针对对象的设计，除依据建筑标准法、建筑标准法施行令、国土交通省告示以及通令外，还参考表 2.3.1.1 中的相关告示、设计标准等。另外，表 2.3.1.2 为 W-PC 结构的参考技术资料。

设计相关标准 表 2.3.1.1

名　　　称	发行年份	发行单位
2001 年国土交通省告示第 1026 号（壁式钢筋混凝土建筑或者与建筑物结构部分的构造方法相关的必要安全技术标准的讲述部分）	2001	国土交通省
建筑物的结构相关技术标准解说书	2001	国土交通省（监修）
预制建筑技术集成　第 2 册　W-PC 的设计	2003	预制装配建筑协会
壁式钢筋混凝土建筑设计施工指南	2003	日本建筑中心
钢筋混凝土结构计算标准及解说	1999	日本建筑学会
壁式结构相关设计标准集及解说（壁式钢筋混凝土建筑篇）	1997	日本建筑学会
壁式预制钢筋混凝土建筑设计标准及解说	1982	日本建筑学会

名　　　称	发行年份	发行单位
建筑工程标准说明书及解说 JASS10 预制混凝土工程	2003	日本建筑学会
壁式预制结构竖向接合部的工作状况和设计方法	1989	日本建筑学会
壁构造配筋指南	1987	日本建筑学会
预制钢筋混凝土结构的设计与施工	1986	日本建筑学会

　　2001 年国土交通省告示第 1026 号记述了将壁式钢筋混凝土结构的一部分或全部主要结构受力部分改为预制钢筋混凝土结构，该告示还规定了该施工方法的适用范围为除地下室以外的层数在 5 层以下并且房檐高度不超过 20m 的建筑物。

　　表 2.3.1.3 将国土交通省告示第 1026 号和《预制建筑技术集成　第 2 册　W-PC 的设计》进行了比较。与告示相比，预制建筑技术丛书中对各项数值进行了严格限制。

告示与设计指南的比较（W-PC 工法）　　　　表 2.3.1.3

项　目	国土交通省告示第 1026 号		预制建筑技术丛书第 2 册 W－PC 的设计（2003 年版）
	W-RC	W-PC	
适用范围等	除地下室外、层数在 5 层以下，并且 房檐高度不超过 20m 各层高度不超过 3.5m		地上不超过 5 层，房檐高度不超过 20m，并且各楼层高度不超过 3.5m 建筑物的长度不超过 80m（原则）
混凝土材料	设计标准强度 18N/mm² 以上		设计标准强度 18N/mm² 以上 36N/mm² 以下
壁量	壁量（cm/m²） 从顶楼开始 第 4 和第 5 层：12 其他楼层：　　15 地下室：　　　20	壁量（cm/m²） 除去地下室 4 层、5 层建筑的各楼层：15 除去地下室 1～3 层建筑的各楼层：　12 地下楼层：　　　　　　　　　　　　20	
剪力墙的厚度	剪力墙的厚度（cm） 除地下室以外地上只有 1 层的建筑物：12 除地下室以外地上 2 层的建筑物：15 除地下室以外地上 3 层及以上的建筑物 （顶楼）：15 （其他楼层）：18 地下室：18	剪力墙的厚度（cm） 顶楼及倒数第 3 层楼层：12 其他楼层：　　　　　　15 地下室：　　　　　　　18	
配筋率	配筋率（％） 除地下室以外只有 1 层的建筑物：0.15 除地下室以外地上 2 层及以上建筑物 （顶楼）：0.15 （倒数第 3 层楼层）：0.20 （其他楼层）：0.25 地下室：0.25	配筋率（％） 除地下室以外 2 层及以下建筑的各楼层：0.20 除地下室以外 3 层及以上建筑 （顶楼）：0.20 （从顶楼开始倒数第 2 层及倒数第 3 层）：0.25 （其他楼层）：0.30 地下室：0.30	
墙梁的结构	配箍率：0.15（％）以上	配箍率：0.20（％）以上	
楼板、屋顶板	钢肋混凝土结构 注意，极限水平承载力大于必要极限水平承载力时不受此限制。		钢筋混凝土结构，注意，1 楼也可用其他材料。 这时的搭接件 壁厚 15cm 以上时：4cm 以上 壁厚不足 15cm 时：3cm 以上
基础	基础梁厚没有规定值		基础梁的厚度大于相连剪力墙的厚度

2 荷载

根据建筑标准法施行令（以下简称令），一次设计的设计地震力的标准剪力系数 $C_0 = 0.2$，分布形式为 Ai 分布。另外，公式中的系数 Z、Rt、Ai 的数值参照 1980 年建设省告示第 1793 号。

架构形式与现浇混凝土相同，为剪力墙承受全部水平力的强度抵抗型，所以结构特性系数 Ds 为 0.45～0.55。此外，即使发生大地震时，壁式钢筋混凝土建筑的最大层间变形角停留在 1/200 以下，所以不需要很大的剪切冗余度。但是，混凝土的抗剪能力随着变形的增大而减小，各构件在设计剪力时必须留有一定的余量以适应 Ds，确保其具有一定的韧性。

结构特性系数 表 2.3.1.4

Ds	WA 构件的承载力和与承载力之和的比值	WB 构件的承载力和与承载力之和的比值	WC 构件的承载力和与承载力之和的比值
0.45	50%以上	—	20%以下
0.50	—	—	不足 50%
0.55	—	—	50%以上

※存在 WD 构件时，将其除外。

3 结构分析

方便起见，忽略接合部的刚度、承载力，在接合部的设计一节中将验证其结构分析的效果比整体性更好，可以采用和壁式钢筋混凝土结构（W-RC）同样的应力分析。

考虑水平荷载时，接合部作为一个整体，但一般情况下，剪力墙与墙梁的建模不考虑正交构件。所以 W-PC 工法对水平力的余力非常大。对水平荷载的应力分析一般采用平均剪切应力法，即假设与壁式钢筋混凝土结构相等的剪力墙刚度与水平截面积成正比，也可以采用考虑弯曲、剪切、刚性区域的框架解法。平均剪切应力法根据水平接合部的状况假定反弯点高度比，而框架解法也采用评估水平接合部的旋转刚度补充修正反弯点高度。

有时也可以用适当刚度的线材模型替换剪力墙，将分析方向的各框架作为平面框架模型进行分析。这时，将各平面框架模型连成建筑物整体进行分析。不能将结构作为平面框架来处理时，可以作为立体模型处理。

4 构件的设计

必须保证预制构件和预制混凝土接合部对设计应力具有与现浇钢筋混凝土结构相同的结构强度、耐久性、耐火性、防水性，并且防止在施工时产生危险的裂缝。

平时、积雪时及暴风时的容许应力的设计参照令第 82 条。

地上楼层的地震设计中参照令第 82 条的容许应力设计，还需确认参照令第 82 条的 2 的用壁量、室内高度值计算出的层间变形角、令第 82 条的 3 的刚性率和偏心率、令第 82 条的 4 的极限水平承载力。

剪力墙和墙梁的截面设计弯矩可以采用表面力矩，但最好是使加固弯筋量有一定的余量。

壁厚取决于高强度混凝土、钢筋量等，但同时还要考虑抗震性能、接合部等各种埋入金属的影响以及保护层厚度等。

楼板既要在平时承担荷载，又要将地震时的水平力传递到剪力墙，需要有充分的强度和刚度。因此，在设计楼板时，还必须准确把握楼板的实际支撑情况。另外，还必须考虑周围的固定程度、弯曲、振动限制。原则上设计时使用单向楼板，但使用合成楼板时，参照各叠合楼板的设计施工指南。

设计地下楼层时，除了要确认必要的壁量、壁厚之外，还要确认对土压、水压在结构承载力上的安全性，同时还要充分注意预制结构的面外力、耐久性、防水性。

满足告示规定的建筑物，原则上不需要检讨刚性率、偏心率以及极限水平承载力，但是告示第 1 的第 2 号中的某项规定的建筑物必须要检讨极限水平承载力。

5 接合部的设计

1）接合部的设计概念

W-PC 结构建筑物的主要特征是将预制钢筋混凝土结构的主要承载构件相互连接，形成一个整体。接合部须具有必要的刚度、耐力、韧性等，能够安全传递作用于接合部的荷载。

预制混凝土接合部主要有以下部位：

①剪力墙的竖向接合部

剪力墙的竖向接合部设在墙板侧面，采用湿接缝方式连接。注意，通过容许应力计算确保结构受力上的安全性时，不受此限制。

②剪力墙的水平接合部

剪力墙的水平接合部设在墙壁脚部和顶部，多采用套筒式连接。

③剪力墙与楼板的水平接合部

剪力墙与楼板的水平接合部设在剪力墙上面，楼板的接合部最好每块楼板上至少设置两处。

④楼板与楼板的水平接合部

楼板与楼板的水平接合部设在剪力墙上面或中央附近，采用湿接缝方式时，最好在板边设置抗剪键，将扁箍筋焊接在一起。

2）设计方针

确保预制混凝土接合部的强度超过预制混凝土接合部的设计应力。

在设计竖向接合部、水平接合部时，为了应付标准剪力系数 C_0 超过 0.2 的地震力，确认接合部的极限抗剪承载力大于 C_0 为 0.2 时的接合部设计剪力的 2.5 倍。另外，针对局部震度 1.0 左右的水平力，设计楼板的水平接合部。

6 结构计划的注意事项

W-PC 结构和其他结构的混合使用时，注意考虑界面的刚度、承载力等以及各种结构之间的相互影响。

如果雁行型建筑物的剪力墙配置不平衡，建筑物的平面错位会导致扭曲变形，进而会使应力集中在某一部位，必须充分注意剪力墙的配置。特别是上层的剪力墙下面原则上要再设置剪力墙将上下墙壁联为一体，同时还要将建筑物拐角的墙壁设为 T 形、L 形或者十字形。

配置承重墙时，使得在重新设置的情况下也不会因为偏心而产生应力集中现象。另外，还要研究壁阶部分的楼板的水平力传递问题。

预制建筑物的设计荷载和一般的现浇混凝土建筑的荷载相同。因预制构件大多在工厂制作，所以在脱模、起吊、搬运及架设时须考虑构件单体的荷载。

在分割各种构件时，要根据起重机的起重能力、搬运能力、搬运路径、地基条件等来决定构件大小。

2.3.2 WR-PC 结构的设计

1 适用标准

本预制工法所针对的对象的设计，除了依据建筑标准法、建筑标准法施行令、国土交通省告示及通令之外，还要参照表 2.3.2.1 中的相关告示、设计标准等。另外，表 2.3.2.2 为 WR-PC 结构的参考技术资料

设计相关标准		表 2.3.2.1
名　　称	发行年份	发行单位
平成 13 年国土交通省告示第 1025 号（壁式框架钢筋混凝土建筑或者与建筑结构部分的结构方法相关的必要安全技术标准的讲述部分）	2001	国土交通省
建筑物的结构相关技术标准解说书	2001	国土交通省（监修）

名　称	发行年份	发行单位
预制建筑技术集成　第3册　WR-PC 的设计	2003	预制装配建筑协会
壁式框架钢筋混凝土建筑设计施工指南	2003	日本建筑中心
钢筋混凝土结构计算标准及解说	1999	日本建筑学会
钢筋混凝土建筑的极限强度型抗震设计指南及解说	1990	日本建筑学会
钢筋混凝土建筑的韧性保证型抗震设计指南及解说	1999	日本建筑学会

参考技术资料　　　　　　　　　　　　　　　　表 2.3.2.2

名　称	发行年份	发行单位
建筑工程标准说明书及解说 JASS10 预制混凝土工程	2003	日本建筑学会
建筑抗震设计的保有承载力与变形能力	1990	日本建筑学会
预制钢筋混凝土结构的设计与施工	1986	日本建筑学会
中高层壁式框架钢筋混凝土结构设计指南	1998	住宅、都市配备公团
中高层壁式框架钢筋混凝土结构设计指南技术资料	1998	住宅、都市配备公团

表 2.3.2.3 将国土交通省告示第 1025 号和《预制建筑技术集成　第 3 册　WR-PC 的设计》进行了比较。与告示相比，预制建筑技术丛书中对各项数值进行了严格限制。

告示与设计指南的比较（WR-PC 施工方法）　　　　　　　　表 2.3.2.3

项　目		平成 13 年国土交通省告示第 1025 号	预制建筑技术丛书 第 3 册 WR-PC 的设计（2003 年版）
第一适用范围等	一	除去地下室 15 层以下建筑，并且，房檐高度低于 45m	15 层以下建筑，且房檐高度低于 45m。但是，原则上不适用于有地下室的建筑物。 原则上建筑物低于 80m 纵向建筑物长度大于建筑物高度的 1/4
	二	纵向的各个结构为钢架结构	原则上纵向为壁柱及相同宽度的梁构成的刚架结构
	三	横向各个结构为连接最底层到顶层的剪力墙构成的壁式结构或刚架结构。注意，横向结构为刚架结构时，除去一楼外墙外，可以在地上 2 楼及以上楼层连续设置剪力墙	横向由两端有壁柱的独立连层剪力墙结构构成的结构面或刚架结构的结构面构成。 在横向刚架结构设置剪力墙时，必须满足以下规定： ①2 楼到顶楼之间连续设置连层剪力墙。 ②在连层剪力墙的最底部（2 楼楼板部分）设置框架梁。 ③参照横向剪力墙的各项规定。 剪力墙的形状尺寸的定义中不能包括防水用的增筑部分
	四	横向的剪力墙线的数量大于四，并且，刚架结构线的数量小于剪力墙线的数量	关于横向的结构面数量，独立连层剪力墙构成的结构面数量大于 4，刚架结构机构面小于连层剪力墙构成的结构面数量
	五	剪力墙线之间的刚架结构线数量小于二	
	六	建筑物的平面形状及立面形状为长方形或类似形状	原则上研究对象为规则形状建筑物，不规则形状平面或立面的建筑物不在研究对象之内。此外，适用范围内的建筑物形状为： 1）1 楼有桩基结构的建筑物 2）雁行型平面形的建筑物 3）有壁阶的建筑物
	七	结构受力的主要部分为包含预制钢筋混凝土部分的结构时，为了传递应力并拥有必要刚度及韧性，必须紧密连接预制钢筋混凝土构件之间的接合部或预制钢筋混凝土构件与现浇混凝土构件的接合部	主要承重的预制构件的水平接合部及竖向接合部在平时荷载时，不会发生影响日常使用的裂缝或变形。 主要承重的预制构件的水平接合部及竖向接合部即使在发生罕见大地震时，也不会发生需要修复的重大破损。 主要承重的预制构件的水平接合部及竖向接合部在发生极罕见大地震时，不会先于其他部位产生破损

项 目		平成 13 年国土交通省告示第 1025 号	预制建筑技术丛书 第 3 册 WR-PC 的设计（2003 年版）
第二混凝土及砂浆的强度	一	用于主要承重部位的混凝土及砂浆的设计标准强度大于 21N/mm^2	用于主要承重部位的混凝土为普通混凝土，其设计标准强度大于 21N/mm^2，并且小于 36N/mm^2。上下楼层之间的强度差小于 6N/mm^2
	二	砂浆的强度参照令第 74 条（第一项第一号除外）及昭和 56 年建设省告示第 1102 号的规定	连接用砂浆的压缩强度大于接合部构件的设计标准强度
第三钢筋的种类		用于结构受力主要部位的钢筋中，柱的主筋和带筋、梁的主筋和箍筋以及剪力墙的钢筋不能使用圆钢	结构受力主要部位使用的钢筋为异型钢棍，JISG3112 的规格产品 抗剪钢筋为 1) 中的钢筋或"指定施工方法"中的高强度抗剪钢筋 无粘结板施工方法等的楼板或次梁使用的 PC 钢材为 JIS G 3536 的标准产品 焊接金属网须满足 JIS G 3551 的规定，钢筋直径在 4mm 以上。然而，板钢筋和剪力墙的横、纵筋直径须大于 6mm
第四纵向的结构	一	结构受力主要部位的柱必须满足下列 1 到 4（构成横向刚架结构除去条件 1 到 3）的条件。	
		1 横向的小径大于 30cm，而且，横向的小径小于 3m	壁柱的宽度（b）大于 300mm，距离（D）小于 3000mm。壁柱的尺寸定义中不能含有防水用的增筑部分
		2 除去角柱及连接作为外墙的连层剪力墙的柱，纵向的小径大于横向小径的 2 倍，小于 5 倍（除去地上底层的柱为 2～8 倍之间）	除去纵向外柱和桩基壁柱，其他壁柱的扁平率（D/b）大于 2，小于 5。注意，2 楼以上的壁柱可以在 2 和 8 之间
		3 各楼层柱的小径不小于上面连接柱的小径	壁柱连到下一层，其幅度及距离在下层不能减小
		4 地上各楼层柱的水平截面积之和，最底楼满足下面的（一）式，其他楼层满足下面的（二）式。 （一）$\sum A_c \geq 25\alpha_c ZNS_i\beta$ （二）$\sum A_c \geq 18\alpha_c ZNS_i\beta$	各楼层纵向壁柱的截面积之和（cm^2）除以直上层楼板面积（cm^2）得出的数值（壁柱率），最底楼时为（一）式，其他楼层为（二）式。 1) $25\alpha_{c1}\alpha_{c2}ZN\beta$ 2) $18\alpha_{c1}\alpha_{c2}ZN\beta$
	二	结构受力主要部位的梁的宽度大于 30cm。距离大于 50cm，且小于梁的长度的 1/2	梁宽原则上与同一结构面上的下层壁柱宽度形同，均大于 300mm 梁高大于 65cm，另外，梁的内侧长度原则上大于梁高的 4 倍 地面 6 层以下建筑物顶楼的梁与从上面数第 3 层楼的梁具有相同的截面与钢筋配置 对梁主筋壁柱、梁交叉部的固定参照 RC 标准的第 17 条。下端钢筋如果能够确保水平固定部分充足的固定长度，那么壁柱中心线前面也可以弯曲固定或直线固定
	三	柱横向的小径大于连接的横向梁的宽度	横向的小径原则上与连接的纵向的梁宽同样大小
第五横向的结构	一	剪力墙必须是下面 1 到 3 中规定的结构。	
		1 厚度大于 15cm	厚度大于 18cm
		2 两端紧紧连接在柱上	
		3 关于地上部分各楼层剪力墙的水平截面积，最下层满足（一）式，其他楼层满足（二）式。 （一）$\sum A_w \geq 20 ZNS_i\beta$ （二）$\sum A_w \geq 15 ZNS_i\beta$	各楼层横向壁柱的截面积之和（cm^2）除以直上层楼板面积（cm^2）得出的数值（壁柱率），最底楼时为 1) 式，其他楼层为 2) 式。注意，壁柱或剪力墙采用预制构件，横向采用竖向连接时，原则上 1) 中 20 变为 25，2) 式中的 15 变为 18。 1) $20ZB\beta$ 2) $15ZB\beta$
			除了在横向剪力墙上设置地基梁之外，各楼层及楼顶楼板的梁的形状为下列情况之一。 ①设置框架钢筋（梁形），配置梁主筋及箍筋。 ②不设框架钢筋，在厚墙部分配置梁主筋，配置箍筋或代替钢筋的止幅钢筋。 ③不设框架梁，主要在楼板的厚度范围之内配置端头连接钢筋作为梁主筋，配置箍筋或代替钢筋的止幅钢筋。

项 目		平成 13 年国土交通省告示第 1025 号	预制建筑技术丛书 第 3 册 WR-PC 的设计（2003 年版）
第五横向的结构			在带开口剪力墙的上下楼板处设置框架梁
			不连续次梁依靠时或楼板只依靠一侧时，设置框架梁。但是，在次梁端部设置柱时，可以省略框架梁
	二	一个剪力墙由多个连层剪力墙构成时，用幅度大于剪力墙的梁将连层剪力墙之间连在一起，同时与该梁连接的两个纵向的小径必须大于该剪力墙的厚度	
	三	构成刚架结构的结构受力主要部位的柱和梁必须是满足下列 1 到 3 条件的结构	在横向刚架结构上不设置剪力墙时，必须满足以下规定
		1 柱满足第四第一号 1 和 3 的条件	纵向方西刚架结构壁柱的扁平率可以不足 2
		2 梁满足第四第二号的规定	刚架结构为只有壁柱和梁构成的纯框架结构
		3 柱纵向的小径大于与该柱连接的横向的梁的宽度	横向刚架结构的梁参照有关纵向梁的规定的 2) 和 3)
第六楼板及屋顶板的结构	一	采用钢筋混凝土结构	屋顶板及楼板为现浇钢筋混凝土结构或叠合楼板
	二	该结构拥有的刚度和耐力在结构受力上能够有效地将水平力产生的力度传递至柱、梁及剪力墙（最下层楼板时为带状基础或地基梁）	该结构具有所需的强度和刚度，与周围构造体形成一个整体
	三	厚度大于 13cm	厚度大于 150mm
			走廊及阳台等的悬臂楼板为现浇钢筋混凝土结构、叠合楼板或完全预制构件
第七地基梁		基础梁（包括筏形基础和带状基础的立起部分。以下相同）必须为整体钢筋混凝土结构	地基楼板及地基梁无特别说明时为现浇钢筋混凝土结构，必须能够安全地将上部结构的竖向及水平荷载传至地基。 地基楼板及地基梁的埋入深度大于建筑物高度的 6%。注意，建筑物高度超过 31m 时，或建筑物高度超过建筑物短边长度的 2.5 倍时，应大于 8%。 当基础梁足够大时，基础梁的刚比与壁栓的刚比的比值原则上大于 1
第八层间变形角		壁式框架钢筋混凝土结构的建筑或建筑物的地上部分的结构的令第 88 条第一项中规定的地震力在各楼层产生的水平方向的层间变位与各楼层高度之比小于 1/200	各楼层对 1 次设计地震力的层间变形角小于 1/200
第九刚性率及偏心率		必须计算壁式框架钢筋混凝土建筑或建筑物的地上部分结构的各楼层（顶楼除外）得刚性率和偏心率。这时，将令第 82 条的三第二号中的"1/500"变为"45/100"进行计算	使用本结构的建筑物各楼层的刚性率大于 0.6。另外，各楼层的偏心率小于 0.45
第十极限水平承载力		壁式框架钢筋混凝土建筑或建筑物地上部分的结构必须依据下面的 1 到 4 的各项规定	
		1 根据令第三章第八节第四款中规定的材料强度计算各楼层的水平承载力（以下简称为极限水平承载力）	极限水平承载力的计算原则上采用加载荷分析法等精算方法。 计算极限水平承载力时假定的外力分布采用建告 1793 号第 3 中确定的地震层剪力系数的建筑物高度方向分布系数（Ai）来确定分布形式，或与此相近的分布形式
		2 计算各楼层对地震力的极限水平承载力时采用下面的公式 $$Q_{un} = D_s F_e Q_{ud}$$	必要极限水平承载力根据 2001 年 6 月 12 日发国土交通省告示第 1025 号计算
		3 确认根据规定 1 计算出的极限水平承载力大于根据规定 2 计算出的必要极限水平承载力	确认建筑物各楼层的极限水平承载力大于各楼层的必要极限水平承载力
		4 2 中规定的建筑物各楼层的 Ds 采用的数值大于表一及表二中的数值。但是，能够适当评价建筑物主要承载部位构造方法的衰减性和该楼层韧性进行计算时，可以直接使用这些数值	横向的结构特性系数 山墙面剪力墙上上下楼层相连有排料开口时，作为特殊情况进行检讨

项 目	平成 13 年国土交通省告示第 1025 号				预制建筑技术丛书 第 3 册 WR-PC 的设计（2003 年版）				

表一（横向）

	框架的性状		Ds		剪力墙的类别				
（一）	因为框架构成构件上很难明显产生剪切破坏及其他抗力急剧下降引起的破坏力，所以塑性变形度特别高		0.4			WA	WB	WC	WD
（二）	（一）以外的其他构件，因为框架构成构件上很难明显产生剪切破坏及其他抗力急剧下降引起的破坏力，所以塑性变形度特别高		0.45	钢架结构的类别	FA	0.40	0.45	0.50	0.60
（三）	（一）及（二）以外的其他性状，对框架构成构件产生的力度，该构件不会产生剪切破坏，所以耐力不会急剧下降		0.5		FB	0.45	0.45	0.50	0.60
（四）	（一）、（二）和（三）以外性状		0.6		FC	0.45	0.50	0.50	0.60

表二（纵向）　纵向的结构特性系数

		框架的性状	地上层数	Ds	楼层类别		FA	FB	FC
第十极限水平承载力	（一）	同表一（一）	5 层以下	0.4	地上层数	1～5 层建筑	0.40	0.45	0.50
			6～8	0.35		6～8 层建筑	0.35	0.40	0.45
			9	0.34	Ds	9 层建筑	0.34	0.39	0.44
			10	0.33		10 层建筑	0.33	0.38	0.43
			11	0.32		11 层建筑	0.32	0.37	0.42
			12～15	0.3		12～15 层建筑	0.30	0.35	0.40
	（二）	同表一（二）	5 层以下	（一）的数值加上 0.05					
			6～8						
			9						
			10						
			11						
			12～15						
	（三）	同表一（三）	5 层以下	（一）的数值加上 0.1					
			6～8						
			9						
			10						
			11						
			12～15						

| 第十一韧性的确保 | 计算纵向结构的第 11 中规定的极限水平承载力时，对各部位产生的荷载，确保特定楼层的层间变位不会急剧增加。 | 形成机构时，除容许设计上弯曲屈服的顶楼壁柱顶部、1 楼柱脚受拉侧外柱之外，壁柱对力矩的抗弯强度上的余力 α 根据建筑物地上层数确定如下： |

			1～5		6～8		9～11		12～15	
楼层			1～2	3 以上	1～2	3 以上	1～3	4 以上	1～5	6 以上
α			1.3	1.4	1.2	1.4	1.1	1.4	1.1	1.4

※符号说明

α_c：随横向的剪力墙线的变化而变化，剪力墙线的数值为 4 时取 1.125，大于 5 时取 1.0。

α_{c1}：横向的跨数引起的放大系数，跨数大于 4 时取 1.0，小于 3 时取 1.125。

α_{c2}：雁行型平面形的建筑物结构面不通时，且横向跨度为 1 时使用下面的公式，其他情况下取 1。

$\alpha_{c2} = (n_s - 1) \cdot (2n_s - 1) / \{2n_s \cdot (n_s - 2)\}$

n_s：纵向的跨数

Z：根据建筑物所在地过去地震记录得出的受灾程度、地震活动状况及其他地震状况，由国土交通大臣认定的 1.0～0.7 范围之内数值（区域系数）

N：该建筑物的地上层数

β：混凝土的设计标准强度引起的折减系数

2　荷载

因为本工法的主要用途为公共住宅、宿舍、日本传统旅馆及酒店的客房部，所以 2 楼以上楼层的活荷载参照令第 85 条的居室。建筑物 1 楼部分的功能没有特别限制，要根据车道、停车场或自行车停车场、设备室等实际使用状况来考虑活荷载。根据令第 86 条、第 87 条计算积雪荷载、风荷载，但是由于一般情况下可以忽略，所以在必须计算积雪量或风荷载时，才用其他方法验证。根据令第 88 条计算地震荷载。

要确保主要承载的预制构件的水平及竖向接合部，平时不会发生影响日常使用的裂缝或变形，发生罕见地震时不会产生需要修复的破损，在发生极罕见大地震时不会先于接合部以外的其他部分发生破损。注意，特别是中低层 WR-PC 结构的横向剪力墙使用预制构件时，注重强度的设计方法比注重韧性的施工方法更加现实，所以形成机构时应力不会破坏预制构件的接合部，须特别提高预制构件接合部的强度。因此，这里要承认横向剪力墙的结构应力取决于预制剪力墙水平接合部的错位破坏程度，这时的构件种类为 WD。

在编制 WR-PC 指南设定结构特性系数时，须单独进行结构性能确认实验，并参考以往的调查研究结果。试验结果表明，WR-PC 结构与现浇的壁式框架结构具有同样的承载力和变形能力，预制构件的接合部多少会发生滑移，但不会明显影响建筑物整体的结构性能。综上所述，采用 WR-PC 指南时，预制构件与现浇的结构特性系数相同。表 2.3.2.4、表 2.3.2.5 分别为纵向和横向的结构特性系数。

纵向的结构特性系数　　　　　　　　　　　　　　　　　　表 2.3.2.4

	楼层类别		FA	FB	FC
Ds	地上层数	1～5 层建筑	0.40	0.45	0.50
		6～8 层建筑	0.35	0.40	0.45
		9 层建筑	0.34	0.39	0.44
		10 层建筑	0.33	0.38	0.43
		11 层建筑	0.32	0.37	0.42
		12～15 层建筑	0.30	0.35	0.40

横向的结构特性系数　　　　　　　　　　　　　　　　　　表 2.3.2.5

		剪力墙的类别			
		WA	WB	WC	WD
刚架结构的类别	FA	0.40	0.45	0.50	0.60
	FB	0.45	0.45	0.50	0.60
	FC	0.45	0.50	0.50	0.60

3　结构分析

本节主要研究的建筑物根据令第 82 条中确定的容许应力等计算进行结构计算。换言之，令第 82 条的 4 中规定的极限水平承载力的分析与建筑物高度无关，适用于所有的建筑物。

另外，对各构件进行刚度评估时必须适当考虑正交构件的效应，但纵向使用完全预制构件时可以忽视楼板的协助效应。有助于增强剪力墙弯曲刚度的壁柱的有效范围上限为单层楼层高度的20%。

此外，由住宅、都市配备公团（现在的都市基础配备公团）、（株）九段建筑研究所及（社）预制装配建筑协会的52家会员公司进行的"WR-PC结构方式的相关共同研究"中的确认结构性能的试验结果表明：WR-PC结构与现浇的壁式框架结构具有同样的承载力和变形性能，预制构件的接合部会发生些许滑移，但不会影响结构的整体性能，所以可以使用与现浇壁式框架结构相同的力学模型进行建筑物的结构分析。

4 构件的设计

主要承载部位的预制构件参照RC标准，与现浇的构件进行相同的设计。壁柱及纵向的梁的截面计算应力的位置在平时设计时为刚域端部，发生罕见地震时为同一结构面内正交构件的表面位置。

计算极限水平承载力时，原则上采用渐增荷载分析法，或者采用假定梁屈服型的假想工作法。除去顶楼柱顶部、1楼柱底部及拉伸侧外柱之外，纵向的倒塌形式全部为在梁的边缘部分发生弯曲塑性铰的整体倒塌形式。

另外，设计时要确保倒塌机构形成时结构主要承载构件不会发生剪切破坏，还要确保水平接合部和竖向接合部拥有充分的变形能力以免发生破坏。

根据地上层数与该层的关系适当设定不容许弯曲屈服的壁柱的弯曲冗余度。

5 接合部的设计

结构主要受力构件的接合部包括预制壁柱的水平接合部、预制剪力墙的水平和竖向接合部、预制梁的水平和竖向接合部等。图2.3.2.1为本节研究的接合部的实例之一。各接合部的设计主要按照以下基本方针，容许发生塑性铰的构件在发生屈服、形成倒塌机构之前，接合部不会发生破坏。注意，如前所述，允许预制剪力墙水平接合部发生适当的错位破坏。

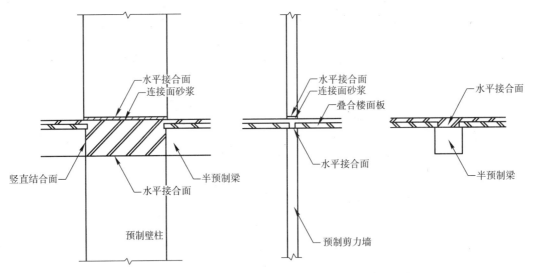

图2.3.2.1 接合部的实例之一

①主要承载部位的预制构件的水平接合部和竖向接合部在正常荷载作用时不会发生影响日常使用的裂缝或变形。

②主要承载部位的预制构件的水平接合部和竖向接合部在发生罕见地震时不会发生需要修复的重大破损。

③主要承载部位的预制构件的水平接合部和竖向接合部即使在发生极罕见地震时也不会先于其他部位出现破坏。

因为将预制壁柱的水平接合部设置在柱顶部和底部，所以对它的设计也必然在柱顶部和底部。但是，平时荷载的轴力作用于水平接合面，平时正常荷载或发生罕见大地震时基本上不会发生较大裂缝或变形，在发生极罕见大地震时，可以根据柱顶部和底部应力的较大值进行分析。

此外，WR-PC 指南中，横向的屈服模式为剪切冗余度较大的弯曲屈服先行型时，如果水平接合部的剪切冗余度能够满足规定值，水平接合部的剪切承载力可以低于剪力墙的剪切强度，而当屈服模式为剪切冗余度较小的弯曲屈服先行型或剪切破坏型时，水平接合部的剪切冗余度原则上为 1.2，形成机构时产生的剪力系数超过 1.0 时可以降低到 1.0，水平接合部的剪切承载力不必大于剪力墙的剪切强度。

设置抗剪键时，必须要保证楼板上面与连接用砂浆的接合面不会先于抗剪键破坏。

预制梁的水平接合部假定为图 2.3.2.1 所示的情形，反梁没有进行假定。因此，预制梁的水平接合部在楼板下面或其附近。对于预制梁的水平接合部，预制梁上部承受正常荷载的压力，假定预制梁两端发生弯曲屈服，确认作用于水平接合部的表观形成机构时的剪切应力不会使其发生破坏。

预制剪力墙的竖向接合部设在墙柱与墙板的边界处，或将墙板分割为几块时设置在墙板中间部分。如果能够保证墙板与墙板的竖向接合部及墙板之间的竖向接合部在发生极罕见大地震时不发生裂缝，那么在正常荷载时则不需要考虑裂缝问题。

预制梁的竖向接合部假定设置在壁柱表面位置附近而不是梁的中间部分。由于半预制梁的上面浇筑混凝土，竖向接合部在设计时含有现浇混凝土，在正常荷载下，要保证接合面的长期剪切承载力大于梁的长期荷载时设计剪力，而且还要保证无论是发生地震时、罕遇地震时、还是极罕见大地震时，都要保证能够通过接触面压应力传递，将设计剪力传递至壁柱-梁的交叉部。

6　构造计划的注意事项

原则上，规则形状建筑物的纵向为刚架结构，横向为连层独立剪力墙结构。在一定条件下，容许桩基结构面、雁行型平面形及壁阶，但不适用于偏差很大的布置。另外，与桩基结构面的总和之比小于 50%。

预制梁用落入方式架设，但由于壁柱宽与梁宽相同，所以必须事先考虑柱主筋和梁主筋的相互关系。

在预制构件的计划上，因为无论制造还是运输都要受到诸多制约，所以必须事前调查运输线路、运输方法等。

2.3.3　现浇同等型 R-PC 结构的设计

1　适用标准

本预制工法所针对的对象的设计，除了依据建筑标准法、建筑标准法施行令、国土交通省告示及通令之外，还要参照表 2.3.3.1 中的相关告示、设计标准等。另外，表 2.3.3.2 为现浇同等型 R-PC 结构设计的参考技术资料。

设计相关标准　　　　　　　　　　　　　　　　　　　　表 2.3.3.1

名　称	发行年份	发行单位
建筑物的结构相关技术标准解说书	2001	国土交通省（监修）
预制建筑技术丛书 第 4 册　现浇同等型 R-PC 结构设计指南	2003	预制装配建筑协会
现浇同等型预制钢筋混凝土结构设计指南（案）及解说（2002）	2002	日本建筑学会
钢筋混凝土结构计算标准及解说	1999	日本建筑学会
钢筋混凝土建筑的韧性保证型抗震设计指南及解说	1999	日本建筑学会
钢筋混凝土建筑的极限强度型抗震设计指南及解说	1999	日本建筑学会

名　　称	发行年份	发行单位
建筑工程标准说明书及解说 JASS10 预制混凝土工程	2003	日本建筑学会
建筑抗震设计的保有承载力与变形能力	1990	日本建筑学会
预制钢筋混凝土结构的设计与施工	1986	日本建筑学会

本工法的适用范围仅限于适用 RC 标准、柱、梁、剪力墙、楼板使用预制构件是其连接方法能够获得与现浇混凝土构件相同性能且具体显示其力学特征的建筑物。

2　荷载

现浇同等型 R-PC 施工方法的一次设计的设计地震力参照令第 88 条，标准剪力系数 $C_0 = 0.2$，分布形式为 Ai 分布。另外，公式中的系数在 Z、Rt、Ai 的数值参照 55 建告第 1793 号。

本工法的结构形式为韧性型，各种试验结果表明包括接合部的预制构件的强度或韧性、能量吸收性能与现浇混凝土相同，根据最大层间变形角达到表 2.3.3.3 中极限水平承载力时的最大变形角时剪力墙的剪力分担率，使用现行法律规定的 Ds 计算必要极限水平承载力。原则上，根据表 2.3.3.1 中的设计相关标准进行结构设计时，参照令 82 条中的 4 进行构件类别的判定及结构特性系数的计算。原则上，这时的构件群类别柱、梁为 FA，剪力墙为 WA。但是，在设计时很难确保剪力墙的 WA 级别时，$WB \sim WD$ 级别也可以。

结构特性系数、极限水平承载力时的最大层间变形角　　　　　　　　　表 2.3.3.3

剪力墙的剪力分担率（βu）	柱、梁的类别	剪力墙的类别	结构特性系数 Ds	极限水平承载力时的最大层间变形角
$\beta u \leqslant 0.3$	FA	WA	0.30	1/50
$0.3 < \beta u \leqslant 0.7$	FA	WA	0.35	1/60
$0.7 < \beta u$	FA	WA	0.40	1/75
$\beta u \leqslant 0.3$	FA	WD	0.40	1/100
$0.3 < \beta u \leqslant 0.7$	FA	ED	0.45	1/100
$0.7 < \beta u$	FA	WD	0.55	1/100

3　结构分析

能够将预制钢筋混凝土建筑物视为平面框架的集合时，与现浇钢筋混凝土结构一样，将分析方向的各框架作为平面框架模型来分析。这时，将各平面框架模型连为建筑物整体来分析。不能作为平面框架处理时，可以作为立体分析模型。抗震设计原则上依据立足构件弹塑性特性的非线性渐增载荷分析。

将柱及梁构件替换为线材，考虑柱的弯曲变形、剪切变形及轴向变形，还要考虑梁的弯曲变形及剪切变形。另外，在充分考虑弯曲变形、剪切变形及轴向变形的基础之上对剪力墙建模。

4　构件的设计

必须确保预制构件和预制混凝土接合部具有与现浇混凝土建筑相同的结构性能、耐久性、耐火性和功能性，并保证施工时不会产生危险裂缝。

平时、积雪时及暴风时，参照令第 82 条进行容许应力设计。

地上楼层的抗震设计原则上包括参照令第 82 条进行容许应力设计、参照令第 82 条中的 2 确认层间变形角、参照令第 82 条中的 3 确认刚性率和偏心率以及参照令第 82 条中的 4 确认极限水平承载力。

适用抗震计算途径 3 时，假定为梁的倒塌型整体屈服机构，为确保变形能力而进行韧性保证设计。另外，对于标 2.3.3.4 中的检定项目，确保构件强度大于检定用应力。将极限水平承载力乘以表

2.3.3.4中的应力放大系数，从而得出检定用应力。为了确保构件的韧性，原则上在1楼柱及主梁的抗剪钢筋中配置型芯钢筋。

构件的检定项目和应力放大系数　　　　　　　　　　表2.3.3.4

检定项目		应力放大系数		
		$H \leqslant 20m$	$20 < H \leqslant 45m$	$45m < H \leqslant 60m$
主梁的剪切		1.10	1.10	1.10
柱	弯曲	1.50	1.30	1.20
	剪切	1.50	1.30	1.20
剪力墙	弯曲	1.10	1.10	1.10
	剪切	1.30	1.30	1.30
柱-梁交叉部		1.10	1.10	1.10

5　接合部的设计

1）接合部的设计思路

预制混凝土接合部的设计参照《现浇同等型预制钢筋混凝土结构设计指南（案）及解说（2002）》（日本建筑学会）。在这里，如果预制混凝土接合部不发生滑脱或破坏，就能得到具有与现浇钢筋混凝土结构相同结构性能的预制钢筋混凝土结构，所以也验证了接合部的刚度、强度。另外，预制混凝土接合部只限于通过现浇混凝土或砂浆将预制构件连为整体的接合部。

使用预制混凝土接合部部位如下：

①柱的水平接合部

柱的水平接合部设在柱底部和顶部，方向与构件正交。柱底部通过钢筋接头与预制混凝土梁连在一起，而柱顶部通过柱和梁的现浇混凝土接合部与预制混凝土梁连在一起。

②梁的竖向接合部

梁的竖向接合部设在梁的端部或中间部分，方向与梁轴线正交。

③梁的水平接合部

梁构件截面的一部分为预制混凝土，楼板部分为现浇混凝土时，梁的水平接合部与梁轴线平行。

④剪力墙的水平接合部

剪力墙的水平接合部设在附加梁的上面或下面。

⑤剪力墙的竖向接合部

剪力墙的竖向接合部设在附加柱的侧面或中央附近。

⑥楼板的水平接合部

楼板的水平接缝部分为水平接触面，包括预制混凝土楼板与上面的现浇混凝土。

⑦次梁的竖向接合部

次梁的竖向接合部设在次梁的端部，方向与次梁轴线正交。

2）设计方针

对构件产生的弯曲、剪切、轴向力组合设定适当的应力传递机构，确保接合要素产生的应力小于各预制混凝土接合部的强度。

将荷载系数设定为1.0，计算出竖向荷载使用极限状态下的预制混凝土接合部的设计应力。

计算竖向荷载时强度极限状态下的预制混凝土接合部的设计应力时，固定荷载应力的荷载系数大于1.4，活荷载应力的荷载系数大于1.7。

计算地震时强度极限状态下的预制混凝土接合部的设计应力时，主要依据极限水平承载力时的应力乘以表2.3.3.4中的应力放大系数得出结果。

6 结构计划的注意事项

建筑物高度小于 60m，结构形式为柱和梁构成的框架结构，柱、梁和连层剪力墙构成的剪力墙框架结构或独立连层剪力墙结构。建筑物的平面形状和立面形状原则上为长方形或者类似的规则形状，用令第 82 条中的 3 中规定的计算方法计算出的刚性率大于 0.6，偏心率原则上小于 0.15。建筑物的塔状比原则上小于 4。1 楼设有桩基的板状建筑物不能连续设置 3 个以上结构面，还必须保证 1 楼的刚度、承载力在弹塑性领域内大于 2 楼及以上楼层的刚度、承载力。在结构上能够视为一个整体的建筑物，长度原则上小于 80m。建筑物的倒塌形式计划为各楼层梁的端部、1 楼柱底部及 1 楼剪力墙底部的弯曲屈服引起的整体倒塌机构。

在柱和梁的交叉部设置接头时，如果在长边和短边两个方向上均设置 2 段梁的下端钢筋，在施工上特别困难，有时会影响构件的假定截面，所以必须事先检讨主筋的接头位置。另外，还须决定主梁的先行建造方向。

使用大直径钢筋时，铰柱楼层的柱主筋的弯曲加工非常困难，必须考虑让柱截面形状保持统一。另外，该部位的主梁施工难度较大，所以施工设计图上必须考虑这一点。

预制建筑的设计荷载和一般的现浇钢筋混凝土建筑相同，预制构件大多在工厂制造，所以在脱模、起吊、运输和架设时，必须考虑构件个体的荷载。

2.3.4 楼板的结构设计

1 适用标准

在工厂制造的预制混凝土板的上面浇筑混凝土，在结构上形成一个整体共同承受外力的楼板叫做叠合楼板。其中，导入预应力的叠合楼板叫做预应力混凝土叠合楼板（预应力叠合楼板）。

叠合楼板或预应力叠合楼板根据截面形状可以分为以下几类：

①平板型：预制板为平板，浇筑接缝面为粗面，为了和现浇混凝土部分连接在一起或者配置桁架钢筋，或者在浇筑接缝面安装凹型扁销键。

②空心型：在平板型预制板的上面布置模板，然后在上面浇筑混凝土，也可事先在预制板上设置圆孔。浇筑接缝面上可以加设加固钢筋也可以设置抗剪键等。

③带肋型：在预制板的下面设置肋状突起。浇筑接缝面上可以加设加固钢筋也可以设置抗剪键等。

表 2.3.4.1 为与叠合楼板相关的主要标准及技术资料。

主要设计相关标准 表 2.3.4.1

名　　称	发行年份	发行单位
内含桁架钢筋的预制叠合楼板 内含钢架钢筋的预制 EPS 真空合成楼板结构设计、施工指南（案）	2002	都市基础配备公团
钢筋混凝土结构计算标准及解说	1999	日本建筑学会
预应力混凝土设计施工标准及解说	1998	日本建筑学会
预应力混凝土（PC）叠合楼板设计施工指南及解说	1994	日本建筑学会
预应力混凝土（第Ⅲ种 PC）结构设计、施工指南及解说	1986	日本建筑学会
建设省告示第 2022 号（关于预应力混凝土建筑或建筑物结构部分的构造方法上的安全必要技术标准）	1990	建设省
国土交通省告示第 1346 号（日本住宅功能显示标准）（技术资料：重量型冲击音对策等）	2001	国土交通省
国土交通省告示第 1459 号（必须确保发生不会影响建筑物使用的故障及规定其确认方法的部分）（技术资料：弯曲限制等）	2000	国土交通省

名　　称	发行年份	发行单位
钢筋混凝土建筑的裂缝对策（设计、施工）指南及解说（技术资料：裂缝）	1996	日本建筑学会
预制钢筋混凝土结构的设计和施工（技术资料：楼板的施工方法等）	1986	日本建筑学会

叠合楼板和预应力叠合楼板的区别仅仅在于代替模板的预制板是否导入 PC 钢绞线等钢材。因此，在设计叠合楼板时，应当除去预应力叠合楼板事项中有关 PC 钢材的部分。

另外，预应力叠合楼板的力学性能有以下 3 项要求：

- 使用时拥有耐用的结构性能。
- 预应力 PC 板和现浇混凝土形成统一整体。
- 保证与支撑预应力叠合楼板的梁、墙壁等支撑构件的连接十分牢固。

为了能够在设计中反映这些力学性能，必须明确①结构承载力、②时间依赖性的松弛、③裂缝、④浇筑接缝面的剪切、⑤梁和楼板接合部的整体性。

2　荷载

楼板的主要荷载除了固定荷载、活荷载等，还有施工荷载。固定荷载和活荷载参照令第 84 条、第 85 条等。施工荷载主要参照劳动安全卫生规则（平成 4 年劳动省令第 4 号）第 240 条及 JASS5 等。

预应力叠合楼板对这些荷载的应力组合主要为长期荷载的应力等和研究破坏安全度的极限强度设计。

关于长期荷载产生的应力等，为了使预应力引入时到负荷后的各阶段应力组合产生的截面边缘应力不超过容许应力而决定界面大小、预应力的大小等。关于分析破坏安全度的极限强度设计，根据令第 82 条中的 2，建设省告示第 1320 号中应力组合产生的应力总和不得超过弯曲破坏承载力。即，在平时状态下，一般场合（忽略积雪荷载）如下：

对长期荷载的应力等，$G+P$

对极限强度设计，取下列两值中的较大值

$$\max\{1.2G+2.0P，1.7(G+P)\}$$

G：固定荷载的应力

P：活荷载的应力

另外，预应力叠合楼板与现浇整体型楼板不同，即使在一般设计中，也必须保证其能够安全承受地震时从剪力墙传来的面内力。根据预应力混凝土（PC）合成楼板设计施工指南等，该面内力的大小等于该楼板固定荷载和地震用活荷载之和乘以局部震度 1.0。此外，根据连接该楼板的上下楼层等的剪力墙上产生的短期或极限水平承载力设计剪力计算出传递到该楼板的剪力，有时候将此作为面内力来处理。应当根据建筑物的结构形式或剪力墙的布置来适当设定施加在楼板上的面内力。

除了计算楼板的荷载，通常还要计算、评估楼板的长期弯曲等。这时，一般可以根据长期荷载来计算长期弯曲或初期弯曲，但如同预应力混凝土设计施工标准中所述，使用预应力叠合楼板时，必须充分考虑施工顺序来设定荷载。

特别是预应力叠合楼板呈现长跨度倾向，在预应力 PC 板上浇筑混凝土时，通常会在预应力 PC 板的中央偏下等位置设置中间支架等。

因此，预应力叠合楼板的荷载经历还与预应力 PC 板的制造方法或施工方法有关，比 RC 楼板或桥面板更繁杂。

3　结构分析

进行结构分析或应力计算时，预应力 PC 板的混凝土的设计标准强度和杨氏弹性模量参照预应力混凝土设计施工标准及解说及预应力混凝土（第Ⅲ种 PC）结构设计、施工指南及解说。现浇混凝土的设计标准强度大于 21N/mm²。PC 钢材的杨氏弹性模量为 2.0×10^5 N/mm²，钢筋的杨氏弹性模量为 2.1×10^5 N/mm²。

预应力叠合楼板基本上是在主梁或次梁的上面架设单向预应力 PC 板，然后在其上面浇筑混凝土而制造的兼作强轴和弱轴的各向异性楼板。因此，在剪力墙上下方向错位或分布不均时，预制板的设置方向会使刚性板假定很难成立。这时，为了研究骨架和楼板连成效果的楼板面内刚度，必须对该楼层的平面结构部分进行分析。

4 构件的设计

1）应力计算

一般情况下，用于预应力叠合楼板的预应力 PC 板由于制造方法、搬运车的宽度或架设时的起重关系等，通常是宽度为 1m～2m 的单向形状。因此，即使在预应力 PC 板上浇筑混凝土形成楼板，通常也很难保证具有与现浇混凝土整体楼板相同的双向性。因此，一般情况下，承受竖向荷载的单向板（强轴方向），计算出弯矩或剪力的应力。另外，根据情况，参考对桥面板叠合楼板的各向异性的计算方法，计算出与强轴方向垂直的方向上（弱轴方向）的应力。有的叠合楼板，作为单向或双向板来设计或选择楼板，根据各施工方法的设计标准进行判断。

另外，计算应力时，必须考虑施工顺序。即在架设预应力 PC 板或浇筑混凝土时，根据状况设定为两端简支，或者两端和中央简支，确定适当的支承条件来进行计算。针对混凝土浇筑以后的硬化状态，须考虑预应力叠合楼板端部的固定度来计算应力。

2）弯曲截面计算

预制叠合楼板的中央部分为叠合楼板截面，端部为现浇整体式截面。因此，中央部分为预应力混凝土结构，依照预应力混凝土设计施工标准计算截面，端部为钢筋混凝土结构，依照 RC 标准计算截面。

在承受正弯矩的中央截面，为了使混凝土的全截面能够有效地发挥作用，必须确保应力的数值小于容许应力。在考虑弯曲破坏的安全性能时，确保极限承载力大于极限强度设计荷载的应力组合值。端部参照符合 RC 标准的长期容许应力计算。

3）计算接缝面的剪力

通常情况下，预应力叠合楼板与叠合梁不同，大多不使用粘结钢筋，而是在预制板的浇筑接缝面一侧设置带有抗剪键等的粗糙面，依靠该粗糙面的机械作用和摩擦作用将现浇混凝土部分与预制板部分连在一起。预制混凝土设计施工标准中没有特别规定无粘结钢筋时的浇筑接缝面的容许剪应力，但该标准认为长期时应该为 0.25～0.30N/mm²，在承受振动、冲击等特殊荷载时，应该通过实验来确定容许值。

在预应力 PC 板上面等部位的浇筑接缝面，参照预应力混凝土设计施工标准第 82 条，确认这些部位的剪力应力小于容许剪应力。

预应力混凝土（PC）叠合楼板设计施工指南根据以往关于浇筑接缝面剪切强度方面的报告实例证明因人工设定一定的凹凸浇筑接缝面剥离、发生急剧错位的极限剪应力大约为 1.5～2.5N/mm²，浇筑接缝面的长期容许剪应力大约为错位冗余度的 5 倍，大约为 0.3N/mm²。

以往的研究证明抗剪键不深或者没有浇筑接缝面的附着效果时，由于浇筑接缝面整体性的经时降低，经时弯曲明显增大。另外，没有粘结钢筋时的浇筑接缝面容易引起急剧的切变破坏等。浇筑接缝面发生剪切破坏时，既会发生切变，也会发生剥离。至今，叠合楼板浇筑接缝面上错位和剥离的关系还不清楚。另外，关于浇筑接缝面剪切的经时劣化，目前好像还没有相关实验性的验证。

5 接合部的设计

叠合楼板的接合部有楼板端部和支撑构件的交叉部位、预应力 PC 板相互之间的表面部分等两处。这两个接合部，必须能安全传递作用于楼板的竖向荷载和水平荷载的应力。

预制叠合楼板的支撑构件一般包括现浇钢筋混凝土梁、预制梁以及钢结构梁。其中，支撑构件为钢筋混凝土梁或预制梁的时候，在上面必须设置粘结钢筋等（预制混凝土（PC）叠合楼板设计施工指南第23条）。预制叠合楼板和梁部位采用 T 型叠合梁时，粘结钢筋的含钢量大于楼板截面（叠合界面的全截面）0.2％的含钢量，简支预制叠合楼板时，其含钢量能够传递地震时的水平力即可。粘结钢筋的接头长度或固定长度根据建设省告示第 1320 号第 3、适用令第 73 条确定。

依据与各种支撑构件有关的结构设计标准和指南设计预制叠合楼板和支撑构件的接合部。注意，预制 PC 板的厚度超过现浇混凝土部分的厚度时，如果没有特别的叠合结构，必须通过实验来确定板的厚度。

6 结构计划的注意事项

1）挠曲

第一力学变形为挠曲。除了正常荷载（固定荷载＋活荷载）之外，人类活动引起的竖向振动、叉车等的反复移动荷载都可以引起挠曲变形。另外，对于混凝土楼板，须考虑混凝土的干燥收缩导致的裂缝。特别是端部产生的裂缝会导致端部的受拉钢筋脱落，会使挠曲变形增大。也就是说，对于后浇筑混凝土的预应力叠合楼板，如果将支撑部分约束至接近固定状态，即使在初始荷载作用下不会发生开裂现象，但当初始拉伸应力增加到一定数值时，由于预应力 PC 板和现浇混凝土部分的徐变之差、干燥收缩差以及支撑部位束缚引起的拉伸应力，楼板端部的现浇混凝土部分在某一时刻产生裂缝的概率极大。因此，预应力叠合楼板或叠合楼板与一般 RC 楼板一样，由裂缝导致的端部受拉钢筋的脱落会引起新的附加挠曲。另外，在设定长期挠曲时，除了楼板的使用功能以外，还必须考虑①倚靠楼板等的非结构构件（隔墙等）；②使用时的舒适度；③对楼板上施工作业或活动的限制；④视觉直观感受等。

2）裂缝

混凝土开裂的原因有多种，既与材料有关，也与设备配线等的设置方法有关，因此，裂缝的形式也有多种。其中，结构设计时考虑的裂缝叫做结构裂缝。一般情况下，结构裂缝是由固定荷载和活荷载的共同作用引起的弯曲应力和混凝土的干燥收缩引起的。混凝土构件由混凝土和钢筋构成，长期受到混凝土的徐变和干燥收缩的影响，混凝土会产生弯曲应力，即局部拉伸应力不断发生变化，使得裂缝的发生难以预测。

此处考虑的裂缝的设计，参考预制混凝土（III 种 PC）结构设计、施工指南及解说（1986）。

3）振动

建筑物在使用时的振动，被当作检验集合住宅等建筑的居住性能的一个重要指标。平时的振动与建筑物的结构特性、建筑物内的居住环境或作业环境相关的振动有很大的关系。楼板是对这些环境影响的传播源，所以此时的建筑物的结构特性又叫做楼板的结构特性。对楼板振动的应对设计，主要参考钢筋混凝土结构计算标准及解说（1999 年版）附录 5 或居住性能评价指南及解说等。

4）隔声效果

在结构设计中是否考虑隔声效果一直是近年来争论的焦点之一，但对于楼板来说，楼板形式或楼板厚度主要由隔声效果决定，所以在设计时不能忽视隔声效果。隔声效果是充实、改善社会环境而设立的典型指标之一，在设计时必须充分考虑。隔声效果的考虑方法主要参考《建筑物的隔声性能标准及设计指南》（日本建筑学会）。

2.3.5 楼梯的构造设计

人们已经研制并发出全预制楼板、预应力叠合楼板等多种多样截面构成的楼板并已将其应用于实际。预制结构的楼梯主要适用于没有预应力的全预制板。

楼梯一般由楼梯板、楼梯平台、栏杆和墙壁等构成，预应力结构主要有以下几种类型。

①将楼板与楼梯平台连接成整体的形式；

②通过楼梯平台将楼梯分为上下两部分，将楼梯板与楼梯平台作为一个整体进行制造，在现场连接上下两部分的形式；

③与②相似，通过楼梯平台将楼梯分为上下两部分，将楼梯板、楼梯平台与墙壁作为整体进行制造，在现场连接上下两部分的形式。

楼梯有内部楼梯与外部楼梯两种类型。设计内部楼梯时，楼梯板的水平正投影作为楼板来设计，所以实际方法依据一般的楼板设计。另外，外部设计除了依据一般的楼板设计外，在水平荷载上，还必须充分考虑墙壁与周围楼梯楼板和楼梯平台的接合部的设计。

预制混凝土楼梯的设计，主要参考《钢筋混凝土结构计算标准及解说（1991）附录5　楼梯段设计》（日本建筑学会）。

2.3.6　其他预制工法的结构设计

1　H-PC 工法

概要

H-PC 工法是指组装 H 型钢柱构件和预制型钢钢筋混凝土梁构件、预制钢筋混凝土楼板及内含支撑钢板的墙壁构件的施工方法，称为"预制型钢钢筋混凝土构件组合施工方法"。

随着高层住宅的大规模建造，以民营钢铁制造厂为核心，这种施工方法从 1955 年开始开发，并于 1967 年被应用于实际。1971 年日本住宅公团（现在的都市基础配备公团）开始实施 H-PC 工法的标准设计，到 1975 年共建成 22500 户，1987 年发行了《中高层壁式框架钢筋混凝土建筑设计施工指南及解说（HFW 结构）》，后来随着在 HFW 结构中加入预制结构的 WR-PC 结构的普及，HFW 结构逐渐转变为 WR-PC 结构。

在结构设计中，一般由柱、梁来支撑正常荷载，柱和梁支撑纵向的水平荷载，内含钢板框架的预制剪力墙支撑横向的水平荷载。在平面计划中，也有在横向（户与户之间的墙壁）和纵向（外墙、室内墙）两个方向设置内含钢板框架的预制剪力墙板的施工方法。

在各构件施工现场的接合部要根据状况进行焊接连接或采用高强螺栓进行栓接。

2　高层壁式预制钢筋混凝土建筑（高层 W-PC 建筑）

1）概要

告示中规定壁式钢筋混凝土建筑的最高层数为 5 层，但是实施设计、施工的建筑公司或预制装配厂家可以使用通过建设大臣（现在的国土交通大臣）认定的高层壁式预制钢筋混凝土建筑技术来建设 6～11 层建筑。但是，1987 年发行了《中高层壁式框架钢筋混凝土建筑设计施工指南及解说（HFW 结构）》，随着在 HFW 建筑中加入预制结构的 WR-PC 建筑的普及，HFW 建筑逐渐转变为 WR-PC 建筑。

2）适用范围

认定范围为用途、建筑物的规模、壁量、壁率等。下面列举了其中的一个认定实例。另外，由于高层建筑物的外力增大，要求建筑物除了具有必要的强度以外，还要有一定的刚度。因此，高层 W-PC 建筑规定剪力墙的各结构面长度基本相同，同时还要求布置在上下楼层的相同位置。

　　用途：公共住宅等

　　层数：6～11 层

　　檐高：34m 以下

　　层高：1 楼 4m 以下，标准楼层 3m 以下

　　骨架形式：纵向为壁式框架，横向为连层剪力墙

　　结构类别：预制钢筋混凝土结构

　　纵向剪力墙截面：厚≥25cm，高≤350cm

　　纵向梁截面：宽≥25cm 且大于壁厚，高≥65cm

　　横向剪力墙截面：壁厚≥20cm，抗剪钢筋比≥0.45%

　　接合部：墙-墙　水平接合部为套筒连接，竖向接合部为湿接缝连接

　　　　　　楼板-楼板　用现浇混凝土形成统一整体

楼板-墙　　用梁的箍筋及墙板顶部接合用筋形成统一整体

壁量：纵向大于 10cm/m²，横向大于 12cm/m²

壁率：纵向大于 30n 且大于 250cm²/m²

　　　　横向大于 30n 且大于 240cm²/m²

其中，n 为从顶层向下数的层数

层间变形角：1/200 以下

刚性率：0.6 以上

偏心率：顶楼为 0.4 以下，其他楼层为 0.3 以下

极限水平承载力分析：外力分布为必要极限水平承载力分布，依靠假定工作法

倒塌形式：纵向的倒塌机构原则上为梁端部及 1 楼墙的底部的弯曲屈服型

　　　　　横向的倒塌机构 1 楼墙的底部为弯曲屈服或剪切屈服型

结构特性系数：纵向为 0.45(FA)～0.55(FC)，横向为 0.50(WA)～0.65(WD)

其他：使用观测波进行地震响应分析。

3　PS 工法

1）概要

PS 工法是在建筑现场组装工厂生产的预制钢筋混凝土结构构件，在竖直方向通过后张法导入预应力连接结构构件，从而构成结构主体的工法的总称。PS 工法是由建设省建筑研究所（现在为独立行政法人建筑研究所）和预制装配建筑协会内部设置的"中高层公寓技术开发委员会"共同研究开发的中高层集合住宅工业化工法（图 1.3.2.10）。

2）适用范围

预制装配建筑协会于 1981 年 12 月接受（财）日本建筑中心的评定，并发行了《"PS"工法设计施工指南及解说》，下面介绍该指南的主要情况。

适用范围：由预制钢筋混凝土结构的剪力墙、梁、楼板、屋顶板和 RC 结构的基础梁等构成，通过竖向设置的 PC 钢棍导入预应力，将剪力墙和梁压焊连接在一起的地上楼层数不超过 10 的公共住宅。

依照标准：指南中没有出现的事项参照日本建筑学会《预应力混凝土设计施工标准及解说》及其他相关各项规定。

结构的规模：房檐高度低于 31m 且各楼层高度低于 3m，建筑的长度原则上小于 80m，建筑的高度低于结构主体宽度的 4 倍。

剪力墙：壁厚 18cm 以上。立体剪力墙的各边伸出大于 60cm，原则上各边至少配置 2 根 PC 钢棍。剪力墙在平面上均匀配置，并且使上层和下层连接在一起。在各个方向的结构面交叉部位配置立体剪力墙，各楼层剪力墙的顶部原则上用梁连接在一起。使上下层剪力墙的重心保持一致。

壁率：横向，8 层以下时大于 220(cm²/m²)，9～10 层时大于 280(cm²/m²)。纵向，8 层以下时大于 200(cm²/m²)，9～10 层时大于 250(cm²/m²)。

主梁：横宽大于剪力墙的厚度且小于剪力墙厚度的 2.5 倍，纵向厚度大于 45cm。

材料质量：混凝土为普通混凝土和轻型混凝土，导入预应力的预制构件的设计标准强度大于 30N/mm²，小于 63N/mm²，其他预制构件和现浇型混凝土的设计标准强度大于 21N/mm²。

本工法的特点，指南中对剪力墙和梁设为刚性接合的条件规定如下：

①梁伸入剪力墙的长度取下列数值中的最大值。

• 梁纵向长度（D）以上

• 梁主筋直径（d_b）的 25 倍以上

• 60cm 以上

②在伸入长度内至少配置 2 条竖向 PC 钢棍。

③剪力墙构件上，梁在轴线方向上不连续时，在该方向上梁相互之间或者与正交梁的净距不能大于

施工上的必要值。

　　另外，在对地震荷载的极限强度设计中，每个构件都设定相应的设计应力组合，主梁的设计应力等于平时应力与 1.5 倍的地震时水平荷载应力之和，剪力墙的设计应力等于平时应力与 2.0 倍的地震时水平荷载应力之和。

第3章 预制混凝土结构施工概论

3.1 前言

采用部分预制混凝土工法时，拥有现浇施工方法所没有的独特的计划、准备和工程。而且，顺利进行这些工作非常有利于实现预制化高质量、省力、缩短工期、减少废弃物等的优点。因此，本章将主要介绍预制混凝土工法的特有条件、计划方法、预制混凝土工法的制造、组装等内容，加深大家对该方法的理解，最后还将介绍各种计划种类和注意事项。

首先，预制混凝土构件（以下简称"构件"）的开始制造时间与现场开工时间相同。也就是要在工程计划中充分考虑制作构件设计图、选定构件制造工厂、制作模板、窗框等浇筑构件的承认和订货等所需的时间。与开工繁忙时间重合的部分，要提前做准备。

另外，在制造阶段，现场组装构件时的工程管理也非常重要。考虑制造效率时，最好能持续制造同一构件，但现场的组装工程仅需要一个楼层的构件，所以需要细致的工程管理。

下一步是现场构件的组装、接合和用现浇混凝土构筑主体。在构件的组装中有预制工法特有的工序和假定计划。工序包括构件组装时所需要的支架和构件的组装及连接，还要最大限度地考虑使用的重型机械的运转效率。构件组装需要同时进行多种不同的工作，所以选定合适的指挥者进行安全、有效地施工非常重要。

3.2 施工计划及质量管理计划

施工方为了确保达到设计方的设计质量要求，同时也为了满足施工质量要求，实现施工的经济性和安全性，在开始施工之前，必须制定必要的施工计划和质量管理计划。

预制混凝土工法通过将混凝土结构部位制成预制件，以促进工业化发展、提高质量、节省劳力、缩短工期、减少废弃物等。为了充分发挥这些优点，必须制定施工计划和质量管理计划。

用现浇钢筋混凝土制作时，不是一般施工顺序或标准施工方法的施工计划，而是根据主体、各种设备的施工进度制定相应的计划。但是，采用预制混凝土工法时，必须在现场组装之前，制造出所需构件，并在此之前基本制定建筑物整体的施工计划。

在制定施工计划和质量管理计划之前，必须与设计方沟通确认工程设计上的质量要求，及时掌握施工条件。

3.2.1 质量要求的确认

确认施工计划质量要求的关键在于正确把握设计方在设计上的质量要求，并根据施工条件明确施工上的必要质量要求，制定周密的施工计划。

1 设计图纸的确认

设计图纸上有特殊规格书、现场说明书、式样、各结构及设备的设计图、工程共同说明书等内容，所以确认其质量要求和预制混凝土各相关事项的一致性就显得非常重要。设计图纸上的质量要求涉及各个方面，因此在认识预制混凝土结构特殊要求的同时，还必须在正确把握设计要求的基础上制定施工计划。

设计图纸主要包括以下主要确认事项：

①构件的种类、形状、范围、数量以及构件最大重量；

②构件的接合位置及接合方法（构件之间或构件与现浇混凝土的接合）；

③制作期间所必需的材料及零部件（制作构件的石头、瓷砖、窗框、五金等）；

④与装修工程的配合（开口、预埋五金、最终装修方法等）；

⑤与设备工程的配合（设备管道配置等主体穿孔位置、大小、加固方法、插入等）。

2　施工性的确认

设计人员设计出的构件的形状、组装方法及接合方法，在实际施工阶段通常会出现问题，有时不仅会影响质量，甚至还会影响工期和施工成本。钢筋主要集中在构件的接合部位，使构件的安装和组合顺序更加复杂，也使钢筋的接合更加困难。

将接合部钢筋接合工序制作成缩小 1/5～1/10 的详图，确认施工过程中的钢筋位置、保护层厚度、构件的组装顺序等。另外，有时还根据需要制作模型、进行模拟施工来研究施工的可行性。

在组装构件时，关于构件支撑方法、承载施工荷载、外力承受机制的安全性，还需要咨询设计方或进行结构计算等。有的施工方法还需要加固钢筋、预埋五金或混凝土及早硬化，这时除了设计上的质量要求以外，还需要施工上的质量要求。

3　施工场地及周边环境的确认

预制工法在运送构件或施工大型机械时需要使用大型车辆。因此，要保证主干道路到施工现场的车辆通过路线，还要在施工现场保证有运送构件车辆的临时停放点。主要需要确认下列事项：

①运输路线：道路宽度（包括拐角）、路基强度、高架桥净空高度、桥梁限重等；

②交通规则：单行线、禁止大型车辆通行道路、重量限制、时间限制、学校区等。

另外，构件的运输和安装、起重机械的选定等都要受现场或周边环境的限制，甚至会影响构件的形状等，所以需要对下列情况进行认真调查：

③现场内：现场地基的高差、临时道路的地基情况、起重设备行走、组装、拆卸用空间、护栏位置、高度、幅度等；

④现场周边：现场周边地基的高差、附近建筑物状况、高压线、高架线、铁路的有无等。

3.2.2　施工计划

施工计划有汇总施工现场整体综合计划和施工的基本方针、主要工程的施工方法、重点施工管理计划的综合施工计划和根据基本方针具体规定各项工程施工手段方法的各项工程施工计划。

预制混凝土工法除了包括在工厂制造、运输、现场组装、连接构件以外，还包括基础、地下部分和地上主体工程现浇部分、装修工程、设备工程的配合等，必须明确各项工程之间的相互关系。

预制混凝土工法的施工计划书主要包括以下内容：

①总则：适用范围、适用图纸及参照标准等；

②一般概要：工程名称、工程地点、工期、客户、设计方、工程监理方等；

③设计概要：用地面积、建筑面积、总建筑面积、用途、结构、规模等；

④管理体制：施工管理组织、职务分担等；

⑤质量要求：设计质量要求（设计说明书）、施工质量要求；

⑥工程计划：综合工程、构件制造工程、构件组装工程；

⑦构件制造计划：工厂概要、使用材料、混凝土的调配及养护方法、强度管理、质量标准、制造规定、储存方法等；

⑧构件运输计划：运输线路、使用车型、装车方法等；

⑨临时施工计划：起重计划、工地临时通道、脚手架等；

⑩各工程施工计划：基础工程、上部主体工程、构件组装及连接工程、防水工程。

⑪质量管理计划：构件制造及组装时的质量管理、各施工阶段的重点质量管理项目

⑫安全管理计划：构件制造及组装时的安全对策、各施工阶段的重点安全管理项目

此外，为了在现场组装之前制造出构件，必须尽早制定施工计划。

制定施工计划时的主要研究项目如下：

①工程计划

- 整体工程计划；
- 事前计划工程、构件制造工程、构件组装及连接工程（流水作业工程）。

②构件制造、组装、连接计划

- 构件制造工厂的选定（固定工厂、移动工厂、两者并用）；
- 各楼层构件的种类、形状、数量、构件个体重量等的掌握；
- 各部位构件连接位置、连接方法的分析；
- 标准楼层的施工空间划分；
- 构件的支撑计划；
- 构件的组装顺序。

③工程现场内的临时计划

- 起重机计划（设置位置、作业半径、机械类别（固定式、行走式）、起吊能力、量数）、临时铺设道路；
- 门口位置、构件卸车地点、构件存放、混凝土运输泵车的停放位置；
- 临时办公室、值班室。

④脚手架计划

- 内外脚手架计划、防止物体落下设施计划。

⑤钢筋、模板、混凝土计划

- 现浇部分及构件接合部的计划。

⑥相关工程的配套计划

- 基础或地下主体、装修、设备、临时各工程的配套。

3.2.3 工程计划

预制混凝土施工方法的工程工序必须明确规定整个工程中的构件组装时间，在开始施工之前，还必须确保制作施工计划和构件制作图纸等的事前计划时间和构件制造时间。在没有桩或地下工程的项目，开工后很快就会进入构件组装阶段，为了不影响工程进度，必须迅速而准确地制定工程计划。

图 3.2.3.1 为整个施工过程、事前计划工程、构件制造工程及构件组装和连接工程。

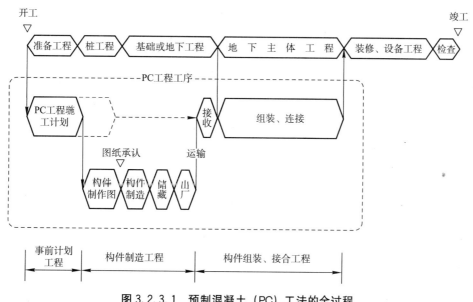

图 3.2.3.1 预制混凝土（PC）工法的全过程

事前计划工程主要是对工程动工到开始制造预制混凝土构件之间的时间进行计划。构件的接合方法等施工研究时间、初期订购构件的决定时间会影响构件制造时间或整个工程，是此工法的重要组成部分之一，必须充分保证事前计划工程的顺利实施。此外，最好从设计阶段开始进行事前计划。

关于时间的检讨事项主要包括以下内容：

①构件组装及连接方法的检讨时间（包括检讨施工方法）；

②构件制造工厂的选定时间；

③构件装饰材料的订货时间和制造时间（石头、瓷砖、建筑用品、预制铁件等）；

④构件相关设备图的决定时间（套筒、设备管道配置、配电箱等）；

⑤构件制造图的制作时间和认可时间；

⑥构件制造模板的制作时间；

⑦构件用混凝土的试制及强度认定时间和时间；

⑧施工实验以及构件的试制检讨时间；

⑨移动工厂（现场设备）时的工厂设置计划、设置时间及构件制造训练时间。

图3.2.3.2为制作构件制造图到开始现场组装的标准流程实例，图3.2.3.3为构件制作图的制作标准流程实例。

构件的制造工程包括各构件从开始制造到完成的整个过程。为了使各种构件能够运输到现场并进行组装和连接，在制造工程中必须考虑构件制造、养护及运输所需要的时间，制订高效的计划。制造工程中主要包括以下内容：

①各构件整个制造过程所需要的时间和每天制造的数量；

②现场的构件组装时间。

现场构件的组装与接合工程、设计条件等。

①采用构件的部位；

②构件数；

③构件的接合位置与方法。

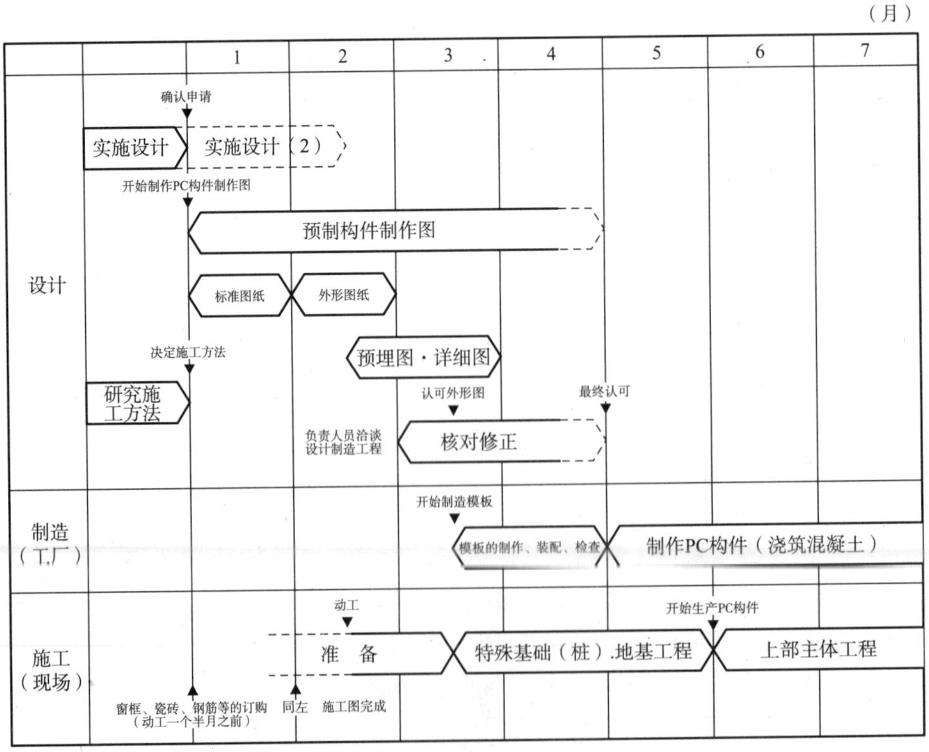

图 3.2.3.2　制作构件制造图到开始现场组装的标准流程实例

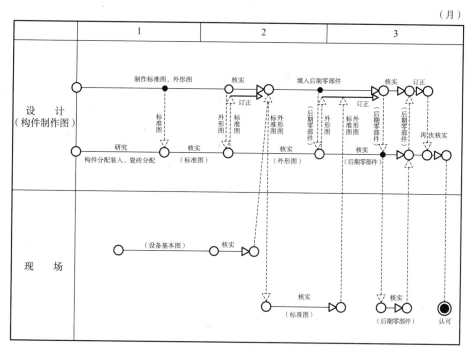

图 3.2.3.3　制作构件制作图纸的标准流程实例

施工条件

①建筑物的规模与形状；

②构件的组装顺序；

③组装用的起重机的起重能力与台数；

④作业人员数。

在充分考虑经济性和安全性的基础上，合理组合利用建筑物的规模和形状、构件的组装顺序、组装用起重机的性能和数量、从业人数等施工条件来实行构件的组装和连接工程。特别是在高层建筑施工中，延误 1 天可能会延误若干楼层的进度，压缩装修时间进而影响整个工程的工期，或者由于延长起重机的使用时间而造成经济损失，所以必须认真考虑这个问题。

另外，整个工程计划的关键在于如何提高施工人员和起重机的工作效率。因此，可以根据标准楼层的规模划分为若干个施工单位，使各单位的构件组装工作或其他主要工作与下一个施工单位衔接在一起，提高施工人员和起重机的工作效率。

3.2.4　质量管理计划

预制混凝土工程的质量管理计划一般按照下列步骤进行：

①施工方应组建由相关人员组成的质量管理组织，并从中选出质量管理负责人专门负责质量管理计划的立案与实施。

②质量管理负责人在制定质量管理计划之前必须充分把握设计图纸与施工计划。

③质量管理人员要将制订的质量管理计划汇总为《质量管理计划书》，并分发给相关人员确认。

预制工法的目的是积极推进构件的工业化与框架工程的系统化，所以也可以作为一般制造业的质量管理方法来使用。因此，为了在构件制造、出厂、运输、组装及连接过程中切实实施质量管理，可以使用施工质量管理表（QC 流程表、QC 流程图）。在制作质量管理表时，应该注意以下事项：

①作业流程：明确作业顺序或流程；

②管理项目：与目标质量有直接关系的因素；

③管理水平：设定具体的管理值和判断标准；

④管理方法：时间、方法、频率或数量以及出现异常时的处理方法；

⑤监理者、管理者：明确监理及管理分担的责任；

⑥管理资料、记录：制作实施记录或管理表。

施工质量管理表相当于质量管理中的计划（Plan），点检或检查（Check）按计划实施（Do）的结果，特别是在检查中发现不合格时，必须对计划进行重新研究或修改处理（Action）。在实施质量管理时，必须是施工人员充分了解各检查要点、管理目标及实施目的，为了保证不会出现返工或操作失误，必须时刻注意提高自身的施工水平。

质量管理计划主要包括以下项目：

①工厂的选定和订购方法；

②使用材料的选定和质量管理；

③构件的制造及运输管理；

④构件的接收管理；

⑤构件组装和接合过程中的检查及管理；

⑥结构主体的竣工检查；

⑦其他注意事项。

质量管理组织一般由以下质量管理人员构成：

①工程施工方的质量管理人员；

②构件制造方的质量管理人员；

③与预制混凝土工程有关的工程施工主要专业技术人员。

图3.2.4.1为质量管理组织实例。

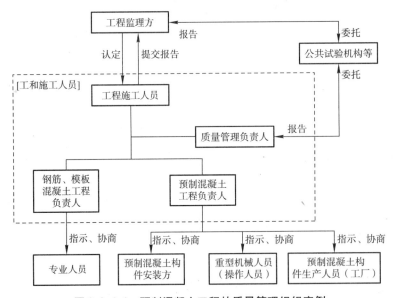

图3.2.4.1 预制混凝土工程的质量管理组织实例

为了满足工厂生产的构件的质量要求，必须明确各个流程中的质量要求，并为此制定相应的目标，决定施工步骤，进行严格的质量管理。因此，工厂应该把从得到构件生产图纸到构件出厂为止的各个流程中的质量管理责任落实到不同的部门，严格保证工厂的质量保证体系。图3.2.4.2为工厂的质量保证体系实例。另外，表3.2.4.1为依据预制装配建筑协会的《PC构件质量认定制度》中的审查标准制作的PC构件质量保证要点汇总。

此外，由于近年来引进了质量管理系统（ISO 9000s），一般情况下，整个组织都能够有系统地进行质量管理活动，即依据质量管理系统的八项原则（重视顾客、领导体制、人人参与、处理程序、系统管理方法、持续改善、决策处理方法、与供货方互惠互利），提供满足顾客各项要求并符合各项适用标准的产品，努力提高顾客的满意度。将与公司的质量管理体系相关的信息汇总为质量手册，为了切实完成某项产品或工程，必须依据该质量手册，在设计、生产及施工的各个阶段制定并执行相应的计划。

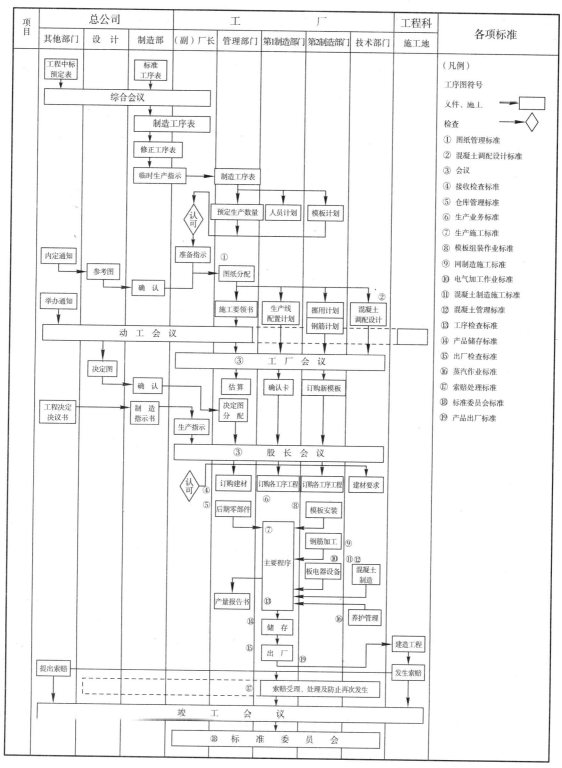

图 3.2.4.2 工厂的质量管理体系实例

表 3.2.4.1

1. 质量管理

※〔 〕内为移动工厂（现场设备）时

项　目	要　点	备　注
1-1　经营者的责任		
质量指南、质量标准	制定质量指南或质量目标	
质量指南、质量标准的通知	通过告示牌或会议等通知从业人员或成员	
和本公司机构的关系〔和本公司机构及管辖工厂的关系〕	明确工厂在公司内的定位〔明确移动（现场）工厂的地位〕	组织图（系统图）
工厂组织	必须是能够顺利展开业务的组织	组织图（系统图）
职务分担	通过公司内部规定等〔质量计划书〕明确职务分担	〔质量管理负责人〕
责任与权限	通过公司内部规定等〔质量计划书〕明确责任和权限	〔质量管理负责人〕
质量管理负责人	选定质量管理负责人作为质量部门的负责	
业务功能的流程图〔移动工厂和工程施工地的业务区分〕	通过流程图明确各业务的职	
会议	明确会议的目的、定位	
通过资格认证人员	通过资格认证的常驻人员（一级建筑士、1级施工管理技术人员、混凝土主任技术人员或混凝土技术人员）	
1-2　质量管理系统		
质量计划书、施工要领书等	每项工程都要制定质量计划书等来管理 PC 构件的生产过程。质量计划书等要包括顾客的要求事项	
公司内部规定等的制定〔质量计划书等的制定〕	就公司内部规格等的处理、图书管理、材料、零部件、产品、设备、制造、模板、产品检查、存放、出厂、索赔处理等制定相应的标准。〔制定图书管理、材料、零部件、产品、维修、模板、产品检查、存放、出厂、索赔处理等方面的规定、标准等以及设备一览表〕	
制造方面各项标准的内容〔混凝土方面各项标准的内容〕	制定混凝土调配、试验、加热养护、维修等方面的标准及施工标准〔明确管理分工，制定管理部分的规定、标准（测试检查标准、判定标准、养护规定等）〕	
公司内部各项规定的制定与废除〔质量计划书等的制定与废除〕	实施各项新规定，明确其结果〔明确记录质量计划书等的制定、修改历史〕	
1-3　文件及数据的管理		
文件及数据的管理标准	明确值得管理的文件及数据	
PC 板图及相关说明书	根据最新版进行管理	
文件及数据的保管	适当保管文件及数据	
1-4　购买		
合作方名单	制定合作方名单	
合作方的认定资格	制定合作方的认证资格	
1-5　支付给顾客的物品的管理		
支付品的接收检查	接收支付品时进行检查	
支付品的保管场所	指定支付品的保管场所	
1-6　产品的识别及追踪能力		
混凝土的追踪能力	确认并记录生产指示书和名称、分批配料装置日志（混凝土的交货单）	
1-7　工序管理		
生产计划	制定年次、月次、（每周）管理表及每日报告等	

项　　目	要　　点	备　注
工序调整	根据上面的管理表适当调整工序	
1-8　试验、检查		
浇筑前检查	在浇筑前检查，识别合格品和不合格品	
产品检查	检查产品，识别合格品或不合格品	
1-9　不合格品（产品）的管理		
产生不合格品时的报告方法	明确规定负责人及报告方法	
1-10　纠正方法及预防措施		
发生错误时的措施	根据应急措施、对策、纠正方法等的各项规定采取适当的措施	
发生错误的记录	记录其经过及措施	
预防措施	召开商讨预防措施的各种会议	
1-11　质量记录的管理		
质量记录的管理	制成一览表进行管理	
a. 设备的检查记录	成套设备的荷载试验、搅拌机、压缩试验机、起重机	主要是法定定期检查
b. 主要材料的检查记录	水泥、骨料、碱性骨料反应、钢筋、焊接用金属配件	
c. 生产过程中的半成品（浇筑前检查记录）	检查模板、钢筋布置、后期零部件的安装情况、加热养护、空气量、搅拌完后的温度（热混凝土）、氯化物量	
d. 硬化混凝土的质量	强度、尺寸检查、出厂时的检查	
记录的保管期限	确定记录的保管期限	
记录的保管	在适当的场所进行保管	
1-12　内部质量监查		
内部质量监查记录	实施并记录内部质量监查或质量巡查	
1-13　教育、训练		
教育、训练计划	制定教育、训练的一年计划	
教育、训练实施记录	根据一年计划实施并记录教育、训练	
1-14　统计方法		
统计方法	根据统计方法管理混凝土的质量	
1-15　混凝土的调配计划（移动工厂）		
调配计划 脱模、出厂，建设、保证日强度	试着搅拌设计混凝土的调配 在规定日期内设计出能够满足判定标准强度的适当调配	

2. 生产管理

2-1　生产设备

项　　目		要　　点	备　注
2-1-1　原材料储藏设备			
骨料堆放处	隔墙	采用能够切实防止骨料混入的材料、结构	
	楼板	采用排水状况良好的材料、结构	
	简易棚	设置	
水泥堆放处	生产用场地	采用水泥筒仓	
钢筋堆放处	简易棚［堆放处］	设置 ［划分］	也可采用移动式
	楼板	采用能防止生锈、变脏的结构	

91

项　目		要　点	备　注
钢筋加工组装场地	简易棚 [组装场地]	设置 [划分]	
	楼板	采用混凝土结构或能防止变脏的结构	
连接用金属器物、设备 零部件堆放处	仓库 [堆放处]	在仓库进行保管 [划分]	
窗框等的堆放处	仓库、简易棚 [堆放处]	在仓库或简易棚的某处进行保管 [划分]	

2-1-2　混凝土生产、运输、成型设备

混凝土生产设备	屋顶、外墙	采用耐久性结构	
	计量方法	采用重量计量方法	
	容量、能力	全自动式，原则上采用1m³以上的搅拌机	
运输设备	运输方法	将搅拌机里排除的混凝土整体搬运，而不进行分割	
成型设备	台座、模板	采用能够经受填充、加固混凝土及养护条件的设备	
	简易棚 [场地]	设置 [划分出来，以便能够安全作业]	也可采用移动式
	[混凝土浇筑设备]	准备能够充分填充、加固混凝土的设备	

2-1-3　加热养护设备

养护设备	结构	采用养护温度均一、不会漏气的设备	
温度控制	控制方法	采用自动控制方式。采用手动式时，要准备足够的管理数据	

2-1-4　PC构件脱模设备

脱模用起重机	能力	至少配置1台吊起能力在5t以上的起重机 [使用不会影响施工的起重机等]	

2-1-5　试验、检查设备

试验室	设施	在专用房间里，设置养护水槽及温度调整装置	
PC构件检查场	支架结构	其形状能够保证顺利完成检查及其安全性	
	面积	确保具有足够的面积不会影响检查工作	
PC构件维修场	面积	确保具有足够的面积不会影响维修工作	
	材料等的收藏处	确保足够的收藏处	
混凝土试验器具	试验器具	准备坍落度截头圆锥筒、含气量测定仪、模型、压缩试验机、施密特回弹仪等	
骨料试验器具	试验器具	准备各种骨料测试器具	
其他试验器具	试验器具	准备钢铁卷尺、（预应力）张拉器、裂缝测定仪、游标尺、磁石垫等。[准备钢铁卷尺等必要器具]	

2-1-6　装置的性能试验

大型混凝土拌和楼计量器	动态荷载试验	进行试验并记录。将水泥、水的计量误差控制在1%以内，将骨料、外加剂的计量误差控制在3%以内	至少每月1次
	静态和在试验	接受外部试验机构的检查并记录。调整范围控制在动态荷载计量误差的1/2以内	至少每年2次
搅拌机	性能试验	进行搅拌试验（JIS A 1119）并记录。砂浆单位重量差小于0.8%，单位粗骨料材料差小于5%	至少每年1次
压缩试验机	性能试验	接受外部试验机构的检查并记录	至少每年1次

2-2 材料管理

项 目		要 点	备 注
2-2-1 水泥			
质量		确认厂家的试验报告单（JIS R 5210）并保管	1次/月
保管		确保水泥仓附近的排水情况，确保其防潮性能	
2-2-2 砂石			
质量	粒度	根据公司内部规定等规定（JASS 10 的范围之内），并确认、记录	1次/月
	干密度	根据公司内部规定等规定（2.5 以上），并确认、记录	1次/月
	吸水率	根据公司内部规定等规定（3.0% 以下），并确认、记录	1次/月
	微粒分量试验中的损失量	根据公司内部规定等规定（1.0% 以下），并确认、记录	1次/月
	黏土块量	根据公司内部规定等规定（0.25% 以下），并确认、记录	1次/月
	碱性骨料反应性	确认并记录公共试验机构等的无害证明书	1次/半年
接受		准备标准样本并确认、记录	进货时
保管		按材质进行分类，进行防雨保管	
2-2-3 砂子			
质量	粒度	根据公司内部规定等规定（JASS 10 的范围之内），并确认、记录	1次/月
	干密度	根据公司内部规定等规定（2.5 以上），并确认、记录	1次/月
	吸水率	根据公司内部规定等规定（3.5% 以下），并确认、记录	1次/月
	微粒分量试验中的损失量	根据公司内部规定等规定（3.0% 以下），并确认、记录	1次/月（山砂：1次/周）
	黏土块量	根据公司内部规定等规定（1.0% 以下），并确认、记录	1次/月
	氯化物	根据公司内部规定等规定（0.04% 以下），并确认、记录	1次/年（海砂等：1次/周）
	碱性骨料反应性	确认并记录公共试验机构等的无害证明书	1次/半年
	有机杂质	确认记录试验溶液的颜色	1次/年
接受		准备标准样本并确认、记录	进货时
保管		按材质进行分类，进行防雨保管	
2-2-4 碎石			
质量	粒度	根据公司内部规定等规定（JASS A 5005 的范围之内），并确认、记录	1次/月
	干密度	根据公司内部规定等规定（2.5 以上），并确认、记录	1次/月
	吸水率	根据公司内部规定等规定（3.5% 以下），并确认、记录	1次/月
	粒形判定实际装载率	根据公司内部规定等规定（55% 以上），并确认、记录	1次/月
	微粒分量试验中的损失量	根据公司内部规定等规定（1.0% 以下），并确认、记录	1次/月
	安定性	根据公司内部规定等规定（12% 以下），并确认、记录	1次/年
	磨损减重	根据公司内部规定等规定（40% 以下），并确认、记录	1次/年
	碱性骨料反应性	确认并记录公共试验机构等的无害证明书	1次/半年
接收		准备标准样本并确认、记录	进货时
保管		按材质进行分类，进行防雨保管	
2-2-5 框架砂			
质量	粒度	根据公司内部规定等规定（JASS A 5005 的范围之内），并确认、记录	1次/月
	干密度	根据公司内部规定等规定（2.5 以上），并确认、记录	1次/月

项	目	要 点	备 注
质量	吸水率	根据公司内部规定等规定（3.5%以下），并确认、记录	1次/月
	粒形判定实际装载率	根据公司内部规定等规定（55%以上），并确认、记录	1次/月
	微粒分量试验中的损失量	根据公司内部规定等规定（1.0%以下），并确认、记录	1次/月
	安定性	根据公司内部规定等规定（12%以下），并确认、记录	1次/年
	碱性骨料反应性	确认并记录公共试验机构等的无害证明书	1次/半年
接收		准备标准样本并确认、记录	进货时
保管		按材质进行分类，进行防雨保管	

2-2-6 人工轻量骨料

质量	确认并记录厂家的试验报告单	
接收	准备标准样本并确认、记录	进货时
保管	按材质进行分类，进行防雨保管	准备喷水设备

2-2-7 拌和用水

质量	确认并记录满足 JASS 10 的规定	

2-2-8 混合材料

质量	确认并记录厂家的试验报告单	JIS 规格品

2-2-9 钢筋

质量	确认并记录厂家的试验报告单	JIS 规格品
接收	确认并记录材料种类及生锈、变形情况	进货时
保管	按材料种类进行分类保管，确保不会生锈、弄脏或变形	

2-2-10 焊接金属网

质量	确认并记录厂家的试验报告单	JIS 规格品
接收	确认并记录材料种类及生锈、变形情况	进货时
保管	按材料种类进行分类，保管时确保不会生锈、弄脏或变形	

2-2-11 钢筋

形状、尺寸	确认并记录厂家的试验报告单	JIS 规格品
接收	确认并记录生锈、污渍、变形、破损状况	进货时
保管	按材料种类进行分类，保管时确保不会生锈、弄脏或变形	

2-2-12 连接用金属物（钢材）

主要材料的质量	确认并记录厂家的试验报告单	JIS 规格品
形状、尺寸、焊接	按照公司内部规定等规定，确认、记录厂家的检查表	抽样
接收	确认并记录生锈、污渍、变形状况	进货时
保管	按材料种类进行分类，保管时确保不会生锈、弄脏或变形	

2-2-13 连接用金属配件（机械式接口）

质量	确认并记录厂家的测试报告单	
接收	确认并记录生锈、污渍、变形状况	进货时
保管	按材料种类进行分类，保管时确保不会生锈、弄脏或变形	

2-2-14 其他后期零部件

质量	按照公司内部规定等［质量计划书等］规定，确认、记录厂家的检查表	
接收	确认并记录生锈、污渍、变形状况	进货时
保管	按材料种类进行分类，保管时确保不会生锈、弄脏或变形	

2-3 构件制造

项　目		要　点	备　注
2-3-1　混凝土			
	坍落度	按照公司内部规定或质量计划书等规定，并确认、记录。 氯化物总量：单位水泥量最多调配时，使用海砂时 搅拌温度：60℃以下	1次/日
	空气量		
	氯化物总量		
	搅拌温度（温度高时）		
	脱模时强度		
	保证日强度	确认高于判定标准强度并记录	1次/日
2-3-2　加热养护			
	温度上升、下降倾斜	按照公司内部规定或质量计划书等规定，并确认、记录	
	最高温度、持续时间		
2-3-3　台座			
	检查	根据公司内部规定或质量计划书等规定扭歪、翘曲、面凹凸等的容许差，并用规定的账簿进行确认、记录	抽样
2-3-4　模板			
	尺寸检查	根据公司内部规定或质量计划书等规定边长、板厚、对角线长度差等的容许差，并用规定的账簿进行确认、记录	抽样
	肉眼检查	根据公司内部规定或质量计划书等规定组装状况的检查项目，并用规定的账簿进行确认、记录	全部
2-3-5　脱模剂			
	质量	确认并记录厂家的试验报告单	进货时
2-3-6　钢筋布置			
	钢筋布置状况	根据PC构件的制作图纸，在规定的账簿上确认、记录类别、钢筋、数量、加固状况及捆绑状况等	全部
	保护层厚度	根据公司内部规定或质量计划书等规定厚度，并用规定的账簿进行确认、记录	全部
2-3-7　接合用金属配件			
	肉眼检查	根据公司内部规定或质量计划书等进行规定，并用规定的账簿进行确认、记录	全部
2-3-8　后期零部件			
	肉眼检查	根据公司内部规定或质量计划书等规定检查项目，并用规定的账簿进行确认、记录	全部
2-3-9　产品			
	肉眼检查	根据公司内部规定或质量计划书等规定装修状况、裂缝、破损、后期零部件的安装状况等，并用规定的账簿进行确认、记录	全部
	尺寸检查	根据公司内部规定或质量计划书等规定边长、板厚、对角线长度差、连接用金属位置等的容许差，并用规定的账簿进行确认、记录	抽样
2-3-10　存放			
	存放场所	考虑安全性、排水性	
	方法	考虑防止倒塌、破损、污渍	
	支架	竖放的时候，采用混凝土结构或钢筋结构	

项 目		要 点	备 注
2-3-11 维修			
	标准	根据公司内部规定或质量计划书等制定装修状况、裂缝、破损的维修标准	
	材料和方法	根据公式内部规定或质量计划书等规定维修材料及维修方法，并照此实施	
2-3-12 废弃楼板			
	标准	根据公式内部规定或质量计划书等规定废弃楼板的判定标准及其处理方法，并照此实施	
	堆放处	采用能够识别的场所 ［明确识别］	
2-3-14 出厂			
	肉眼检查	根据公式内部规定或质量计划书等规定裂缝、破损、合格印记、楼板种类、生产日期等检查项目，并用账簿进行确认、记录	全部

3.3 构件的制造

预制混凝土工法中采用的预制化的部位、构件的类别及形状因结构、施工方法的不同而各不相同。因此，工程施工方必须选择最适合设计条件或施工条件的构件制造工厂。

在选择构件制造工厂时，必须对过去没有定过货的工厂通过调查等方法来确认它是否具有能够确保设计或施工质量要求的生产设备，是否具有足够的构件生产及供给能力，是否具有完善的生产及质量管理体制。

在这里，主要围绕取得预制装配建筑协会的"PC 构件质量认定制度"认证的工厂来介绍一下构件的生产现状。此外，希望这些也能成为从事建筑和工程人员在设计或采用预制混凝土工法时的参考。

3.3.1 构件的制造工厂

预制混凝土构件由《建筑工程标准说明书及解说 JASS 10 预制混凝土工程（日本建筑学会）》中规定的构件制造工厂生产。

构件制造工厂有在固定地方持续进行生产的"固定工厂"和为制造特定工程所需构件而在施工现场或附近设置的临时工厂。临时工厂又分为在某地单独设置并拆除的现场工厂和使用后继续将工厂设备移到其他施工现场的移动式工厂，这两种临时工厂总称为"移动式工厂（现场设备）"。

固定工厂具有 JASS 10 的附 3《工厂设备》中规定的制造构件所必需的各种设备，并且具有完整的质量管理体制，所以能够长久提供质量可靠的构件。

固定工厂根据构件的成型方式大致又可分为两类。一种是在养护槽中设置成型设备，在同一地点进行模板组装、钢筋布置、混凝土浇筑及加热养护的固定式台座型工厂。大多数固定式台座采用固定方式，但也有将台座倾斜 70°～80°进行脱模作业的倾斜方式或者将台座旋转 90°两次浇筑 T 型构件混凝土的旋转方式。另外一种为固定施工人员和混凝土的浇筑位置，用挤压方式使台座移动，在集中的养护槽中对许多构件进行加热养护的移动台座式工厂。移动台座型是代表先进工业化的生产方式，有利于大量生产墙板、楼板等平板构件，但不适合生产形状大小各不相同、种类各异的构件以及立体构件或大型构件。

另外，近年来为了减小构件的尺寸或降低运输费用，人们越来越多地通过设置"移动工厂（现场设备）"生产构件了。移动工厂原则上要具有相当于固定工厂的设备，但实际上只要具有制造某种特定构件所需的设备即可。移动工厂生产的构件发往不同施工现场时与固定工厂相同。在施工现场内设置工厂时，可以用大型机械把构件从生产地点或附近的存放地点直接吊装到建筑物的指定位置。因为生产设备比较简易，不需要运输，所以可以生产大型构件，但是有时候需要大型组装用机械设备。采用移动工厂时，大多是由临时组织的施工人员进行生产，有可能由于缺少施工所需的知识或经验影响产品质量，所以在进行生产时仍然需要符合 JASS 10 标准的工厂设备或质量管理体制。此外，还可以根据预制装配建筑协会的"PC 构件质量认定制度"来对移动工厂进行认定。

不管采用何种方式，生产预制混凝土构件的工厂必须能够满足设计及施工上的各种质量要求，并具有相应的生产和质量管理能力。图 3.3.1.1～图 3.3.1.3 分别为固定式台座型及移动式台座型的固定工厂及移动工厂的实例。

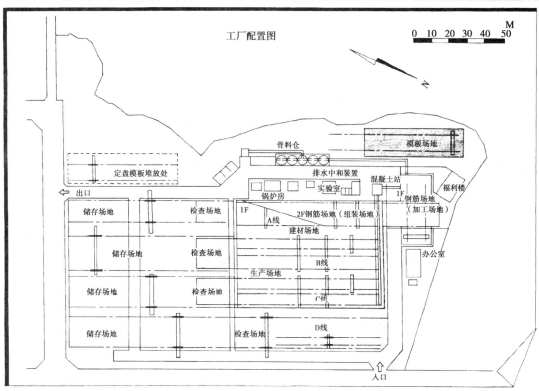

图 3.3.1.1　固定工厂（固定式台座）实例

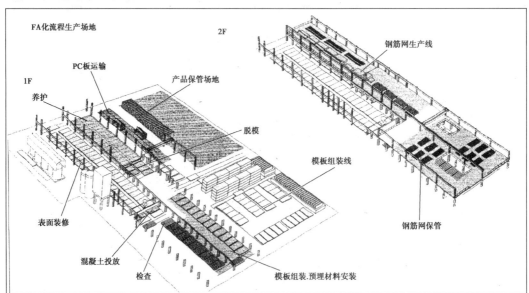

图 3.3.1.2 固定工厂（移动式台座）实例

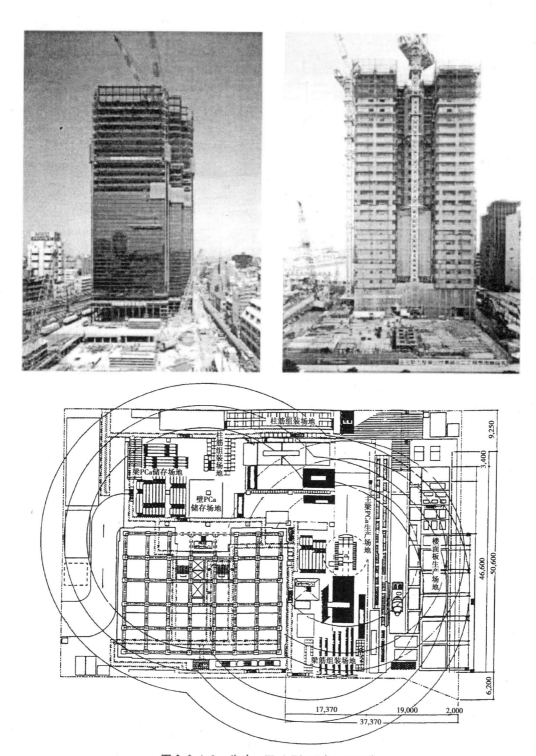

图 3.3.1.3　移动工厂（现场设备）实例[1]

1）萩原忠治、鈴木征志：「サイトPCaの計画、管理（特集コンクリートのPca化手法の実際）」、建築技術、No. 541、1995. 5、pp. 146 – 147

3.3.2 构件的制造计划

制造构件时，应当根据施工计划书及质量管理计划书，制定包括下列9项内容规定的构件制造要领书。

①工厂概要：公司概要、工厂规模、设备、组织、职务分担、专业人员；

②质量目标：顾客要求的质量、依据标准及规格、质量要求；

③管理、识别：购买品的验证（连接用金属物等）、支付给顾客的物品的管理、主要材料、最终产品的识别、追踪能力；

④工程管理

(i) 模板计划：各种不同类别构件的模板数量、生产期间、质量；

(ii) 组装钢筋生产计划：使用材料、规格、式样、生产期间、质量、支付材料；

(iii) 混凝土计划：混凝土的种类、强度（设计标准强度、耐久设计标准强度、质量标准强度）、材料（水泥、骨料、混合材料等）、混凝土的调配条件（水灰比、坍落度、空气量、单位水量、单位水泥量等）、坍落度、浇筑时间及期间、养护方法、质量；

(iv) 调配计划：调配强度（质量标准强度、出厂日要求强度、脱模时要求强度、标准偏差）、加热养护计划（前养护时间、温度上升、下降倾斜、最高温度及其持续时间）、水灰比、调配表；

(v) 构件制造工序表；

(vi) 作业步骤、作业环境：构件制造、管理流程图、作业标准、安全计划；

⑤特殊工序；

⑥试验、检查计划；

⑦劣质产品的管理；

⑧更正措施、预防措施；

⑨产品的保管、出厂。

构件制造方制定"公司内部标准"制造构件。公司内部标准主要规定了该公司制造具体物品的形式、种类、等级、尺寸精度、性能以及这些物品的制造方法及处理方法等，同时还规定了公司内部的业务顺序和技术标准。因此，各工程的构件制造要领书中系统而具体地规定了该工程固有的各项重要项目，在共同项目方面，在维持阶层构造、确保完整性之后，可以使用公司内部标准等。

为了使构件的供给速度能够跟上现场构件组装速度，构件的制造工序中必须确保生产及养护所需的必要期间。另外，为了有效地重复利用模板以减少模板数量，在容许范围内合理计划生产期间非常重要。因此，须根据模板种类确定构件数量、制定制造工序表等详细的施工计划。

如图3.3.2.1所示，从脱模、钢筋的绑扎到混凝土浇筑、养护为一次循环，一般需要一天的时间，但是根据工程进度需要有时候也会一天两个循环。图3.3.2.2为一天一个循环的构件制造工序实例。

3.3.3 构件的制造

在制造构件时，要彻底注意制造流程各工序的注意事项，努力提高质量管理水平。另外，由于有许多重型物品，要进行安全管理。

通用流程

1）制造流程

一般说来，预制构件的制造要经过以下工序：

100

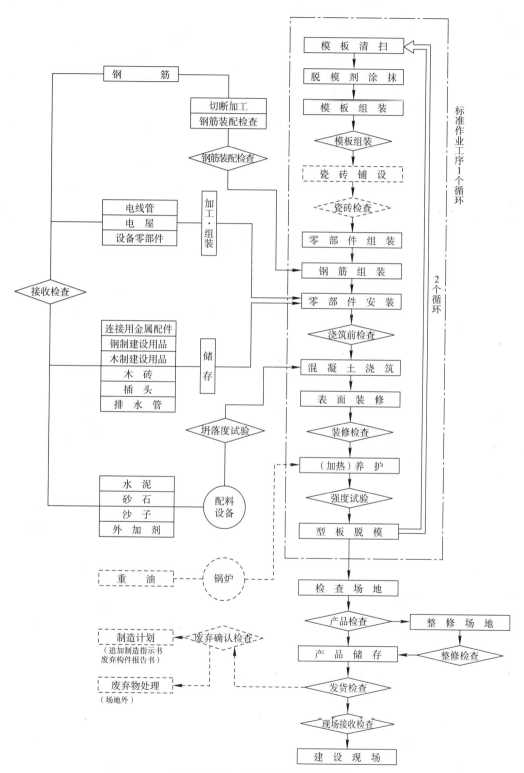

图 3.3.2.1　构件制造流程图实例

101

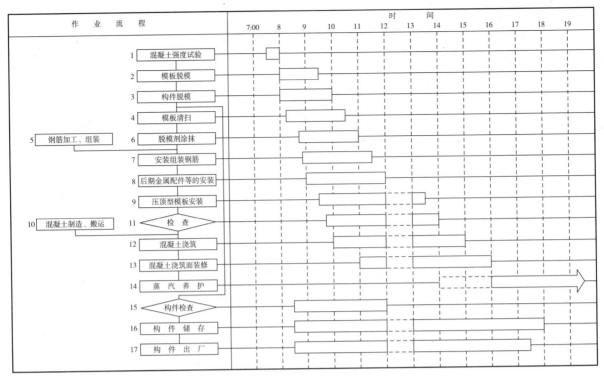

作业流程		时间 7:00 8 9 10 11 12 13 14 15 16 17 18 19
	1 混凝土强度试验	
	2 模板脱模	
	3 构件脱模	
	4 模板清扫	
5 钢筋加工、组装	6 脱模剂涂抹	
	7 安装组装钢筋	
	8 后期金属配件等的安装	
	9 压顶型模板安装	
10 混凝土制造、搬运	11 检查	
	12 混凝土浇筑	
	13 混凝土浇筑面装修	
	14 蒸汽养护	
	15 构件检查	
	16 构件储存	
	17 构件出厂	

图 3.3.2.2　每日 1 个循环的构件制造工程实例

2）模板组装

铲掉灰渣，涂上脱模剂以后进行模板组装。组装时，根据定位销决定位置，为了防止漏混凝土水泥浆要用螺栓固定（照片 3.3.3.1、照片 3.3.3.2）。

在不损坏混凝土质量的前提下，根据工厂的生产方式适当选择合适种类的脱模剂（照片 3.3.3.3、照片 3.3.3.4）。

照片 3.3.3.1　柱模板的组装

照片 3.3.3.2　悬臂楼板模板的组装

照片 3.3.3.3　涂抹脱模剂

照片 3.3.3.4　模板的清扫

3）钢筋的组装及钢筋布置、金属配件的预埋固定

组装钢筋时，需要准备与构件同样形状的夹具，或者在与实物等大的平面图上组装。另外，在绑扎钢筋时，要防止运输过程中的变形。绑扎用钢丝大多使用退火钢丝，但为了防止生锈，多采用镀锌线或不锈钢捆扎线。根据制造工程，把组装好的钢筋（网）临时放置到浇筑线上。

在模板里锚固钢筋时，必须小心谨慎，防止发生变形。安装完钢筋后安装定位器。在锚固钢筋之前，为了防止混凝土在浇筑过程中发生错位，应先牢牢固定接合用金属配件及后期用金属配件。这时，一定要考虑接合用金属物位于钢筋网孔的上面还是下面。另外，连接用钢筋等作为"工作夹具"固定在正确的位置上（照片3.3.3.5～照片3.3.3.10）。

照片3.3.3.5　悬臂楼板栏杆构件实例

照片3.3.3.6　柱构件实例

照片3.3.3.7　悬臂楼板构件的钢筋网堆放

照片3.3.3.8　悬臂楼板构件的配套

照片3.3.3.9　预埋钢件的固定

照片3.3.3.10　梁主筋的夹具

4）浇筑前检查

连接用金属配件或有小开口的构件要特别认真地检查钢筋布置顺序、连接用金属配件的位置、开口部位的斜向加固钢筋或锚固钢筋等。阳台的上升部位、滴水槽接缝和楼板钢筋之间的保护膜厚度往往容易不足，须特别注意。另外，还要根据周围模板状况来检查安装零部件的位置或方向。在浇筑混凝土之后，不要忘记在混凝土上面安装预埋零部件（照片3.3.3.11、照片3.3.3.12）。

照片 3.3.3.11　浇筑前检查梁构件　　　　照片 3.3.3.12　浇筑前检查悬臂楼板的构件

5）混凝土的浇筑

混凝土的投放方法随构件及模板形状的不同而不同。楼板构件为平板，所以非常容易投放混凝土，但是构件为从梁或楼板突出的形状时，混凝土的投料口非常狭窄，所以需要混凝土溜槽。

向女儿墙部位等突出部位填充混凝土时，打开振动机，混凝土就会流入楼板部分，所以应该后处理楼板部分。另外，有的预制构件由于含有特有的连接铁件，所以很难填充混凝土，这时要用振动机充分振捣（照片 3.3.3.13、照片 3.3.3.14）。

照片 3.3.3.13　梁混凝土的浇筑　　　　　照片 3.3.3.14　狭窄处混凝土的浇筑

6）养护

混凝土在浇筑完以后，为了确保脱模强度，一般采用蒸汽加热养护方式对混凝土进行养护。同时，还需要根据构件的形状，通过增加薄钢板等改善养护方式以防止蒸汽泄露。

另外，柱等大体积混凝土构件中，有时由于使用早强混凝土不需要加热养护。如果强行进行加热养护，由于构架内部的温度上升反而会降低混凝土强度，这一点要特别注意（照片 3.3.3.15）。

7）脱模、产品检查

构件的脱模作业就是拆卸组装的模板，但是栏杆等较高模板拆卸后容易倒塌，所以要注意安全，做好防范措施（照片 3.3.3.16）。

脱模后的产品要进行抽样检查。另外，要通过肉眼检查所有产品。检查事项请参考《3.6 质量管理及实验、检查》（照片 3.3.3.17）。

另外，在构件上镶嵌瓷砖之前，要清洗脱模后的瓷砖接缝及瓷砖，装修为成品（照片 3.3.3.18）。为此，要按计划确保相应的设施及场地。

照片 3.3.3.15 梁构件的养护

照片 3.3.3.16 梁构件的脱模

照片 3.3.3.17 梁构件的产品检查

照片 3.3.3.18 装修工程

3.4 构件的存放、搬运

3.4.1 构件的存放

通过产品检查的预制混凝土构件要运到存放场地进行养护以获得出厂日要求的强度，还可以存放场地进行组装现场的出厂调整。

存放时一般采用竖放或平放方式。竖放时，构件容易倒塌，所以必须把两端固定在支架（存放台）上。采用平放方式将构件叠在一起时，一定要注意防止枕木（端部木材等）发生错位。

为了能顺利出厂，除整理存放外，还须注意以下事项：

①不能为了迅速提高混凝土强度而使周围急剧干燥，这样会降低混凝土的强度。

②防止构件产生裂缝、破损或有害变形。

③防止构件出现污渍或泥土。

④长期存放时，要对接合用金属埋件等进行防锈处理。

3.4.2 构件的搬运

构件搬运计划在预制结构施工方法中非常重要，所以要认真考虑搬运路径、使用车型、装车方法等。

搬运构件用的卡车或拖车，要根据构件的大小、重量、搬运距离、道路状况等选择适当的车型。

装货时的车辆的宽度、高度、长度、总重量的一般上限如下：

宽度：2.5m

高度：3.8m

长度：12m

总重量：20t

超过此限制的车辆必须申请特殊车辆通行许可证，其许可限度如下：

宽度：3.5m

高度：4.3m

长度：17m

总重量：40t

图 3.4.2.1～图 3.4.2.8 为主要车辆的装货样式图。图中显示的装载尺寸为运输限制的[1]的最大值，但实际上即使小于该数值由于受到道路状况的影响，会进一步受到限制。

装载的货物前端宽度大于车辆载货台面宽度时，必须将超过的尺寸部分（l）延伸到后面。（装载限制长度变短。）

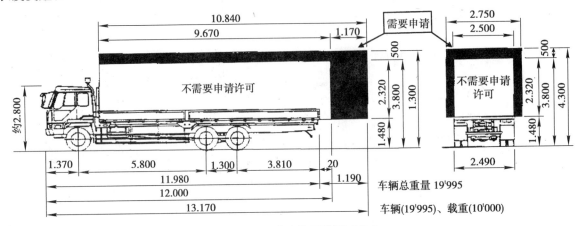

图 3.4.2.1　卡车许可范围（10t）

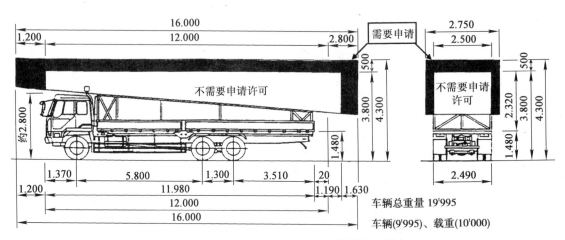

图 3.4.2.2　卡车载重体积通行许可范围（10t）

---

1) 关于特殊车辆通行许可申请，如果在总括申请的许可限度范围内，接受申请的道路管理人员可以根据《特殊车辆通行许可限度计算要领》及《道路信息便览》进行判断，也可以适用于其他道路管理人员管理的道路。

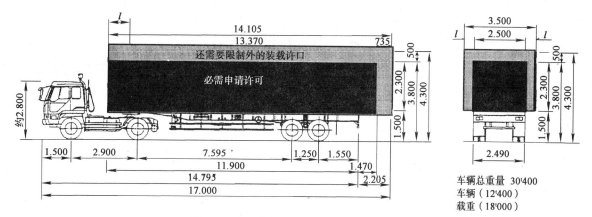

图 3.4.2.3　高板式半拖车许可范围（18t）

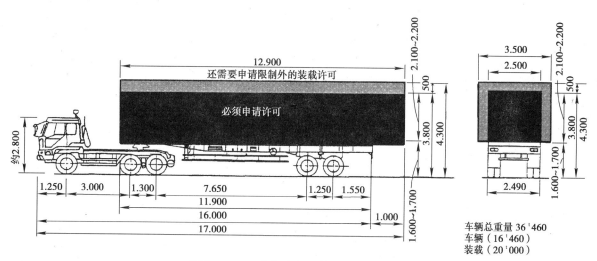

图 3.4.2.4　高板式半拖车许可范围（20t）

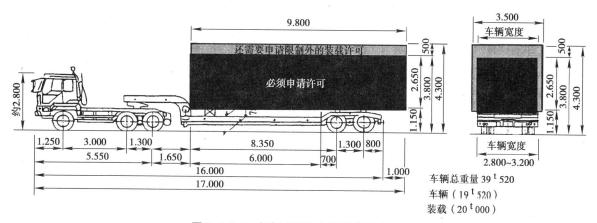

图 3.4.2.5　低板式半拖车许可范围（20t）

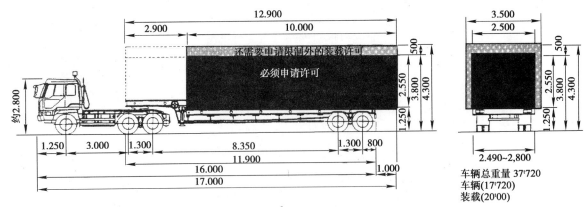

图 3.4.2.6　中低板式半拖车许可范围（20t）

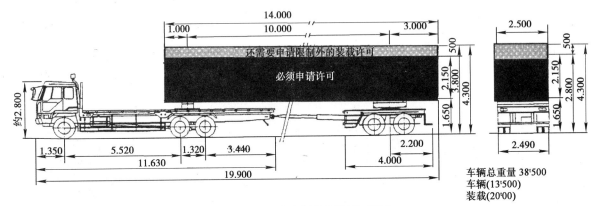

图 3.4.2.7　卡车杆许可范围（20t）

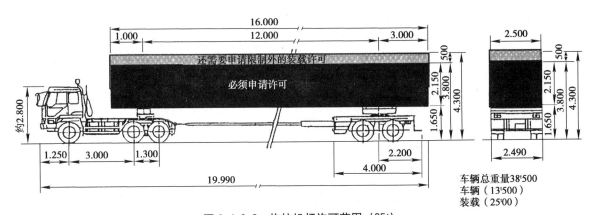

图 3.4.2.8　拖拉机杆许可范围（25t）

　　计划搬运路径时，为了弄清楚道路状况和搬运车辆的关系，需要如图 3.4.2.9、图 3.4.2.10 所示的车辆轨迹和有效道路宽度。

　　图 3.4.2.9 为 10t 卡车空车状态下的轨迹图。因此，装载货物的宽度或长度超过车体宽度或长度时，必须在本图上加上相应的增加值以留出空隙。日本桥梁建设协会、型钢建设业协会的《运输手册（2000 年版）》中准备了主要车辆的轨迹图，图 3.4.2.9 为其中的一部分。

　　图 3.4.2.10 表示具有代表性的各种车辆的有效道路宽度。

　　为了防止搬运时构件出现开裂、破损，必须注意以下事项：

　　①选择适合构件搬运的运输车辆及运输支架。

　　②装、卸货时要小心谨慎处理。

　　③为防止构件发生开裂、破损，在运输支架和载货台面之间放置缓冲材料。

　　④为防止搬运途中发生摇晃或移动，要用绳或夹具进行固定（照片 3.4.2.1）。

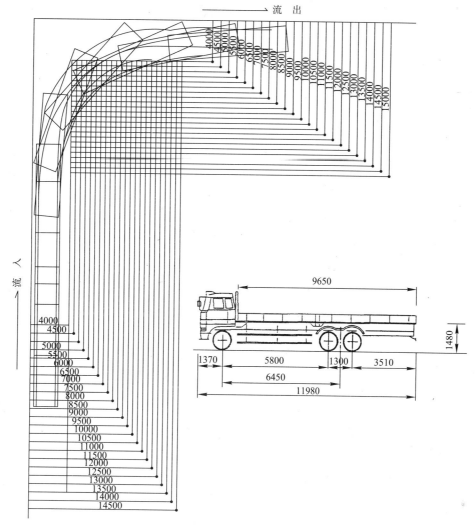

图 3.4.2.9 10t 卡车的轨迹图

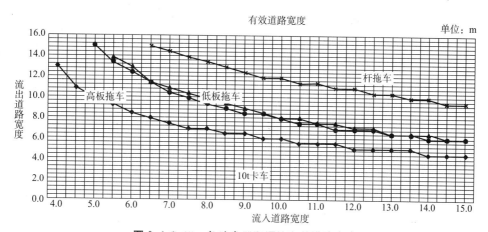

图 3.4.2.10 各种类型车辆的有效道路宽度

悬臂楼板构件   梁构件

带栏杆楼板构件

照片 3.4.2.1 装货状况

3.5 构件的组装及接合

3.5.1 组装计划

1 一般规定

根据施工计划书进行构件组装。建筑物的组装精度会影响建筑物的结构及装修质量,所以在组装构件时,必须事先充分讨论。因此,在根据施工计划详细讨论组装作业顺序等的基础上,要事先汇总为施工要领书。

施工要领书要决定下面的各个项目,并围绕这些项目召开会议,通知相关部门及实施作业人员。

a. 组装整体工程;

b. 组装循环工程;

c. 临时规划;

d. 起重计划;

e. 人员配置;

f. 构件的搬入及接收;

g. 组装检查要领及精度标准;

h. 各作业的顺序及注意事项;

i. 安全注意事项。

另外,在施工过程中由于使用起重机组装,所以在临时计划中注意安全施工问题的同时,在施工时还需特别注意安全问题。

2　组装整体工程

一旦决定整体工程中预制化的范围，就应开始计划各项工序，包括生产设计预制混凝土构件、工厂制造构件、在考虑混凝土的强度达到出厂日强度基础上的主体组装等。大多从确认申请时开始进行生产设计，同时还要决定主体结构的窗框、设备的穿孔套筒等细节。这些必须决定的事项，最好尽早集中决定。需要镶嵌瓷砖时，必须制定从决定色彩计划到交付瓷砖为止的工程计划。图3.5.1.1为预制构件相关的业务、作业流程及实际需要时间。在此之前，要确保作业日程以保证后面的生产工程和组装工程顺利开展。

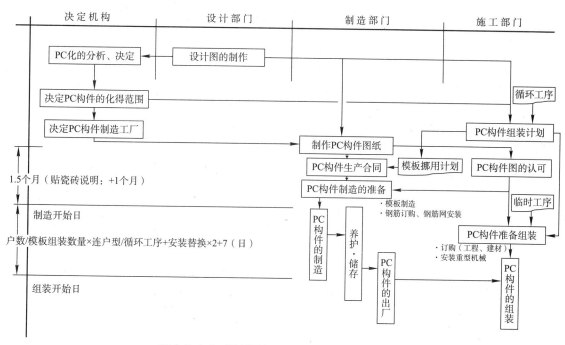

图 3.5.1.1　预制混凝土（PC）构件的相关流程

3　组装循环工程

工序计划的关键在于主体的循环工程，这也是主体工程的一个节点（图3.5.1.2）。另外，这个主体工程很容易成为决定工期的关键工程，所以在管理工程工期方面非常重要。在此基础上，决定每个楼层的循环工程。做出该决定时，确保每天投入组装相关工作的固定劳务量至关重要。

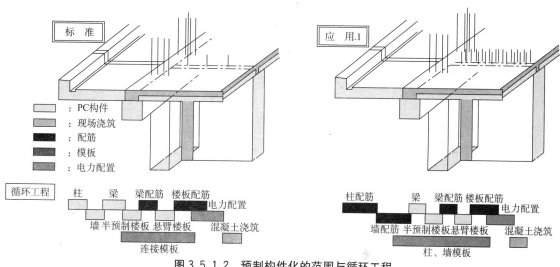

图 3.5.1.2　预制构件化的范围与循环工程

111

循环工程确定之后，如果连户数很多或多栋建筑平行组装时，应考虑作业效率、重型机械的开工率制定相应的计划。

①工程决定要素

决定主体循环工程的要素汇总如下：

a. 平均每天的投入工作种类、劳务量（特别是主要工作种类）；

b. 为施工作业划分阶段，使工程具有节奏感；

c. 提高起重机械的开工率。

②工程决定顺序汇总

另外，决定主体工程的步骤，汇总如下：

a. 决定循环工程；

b. 决定每项循环工程的作业量、劳务投入量、重型机械的运转能力；

c. 决定工程的区分、分割、重复作业。

4 临时计划及组装的注意事项

重型机械以外的构件组装所必需的临时设施，大体上可以分为"组装所必需的支撑计划"、"外部及内部脚手架计划"和"为安全作业而做的临时安全计划"。

1）支撑计划

将构件从搬运车上吊起并安装到指定位置时，通常都需要支架支撑。这里介绍一下一般性支撑的有关知识。

①柱构件的组装（图 3.5.1.3）

a. 位置确定

与楼板表面 X、Y 方向的标准墨线一致。

b. 安装

在楼板表面的弯钩和墙壁的插孔用组装用支架固定 X、Y 方向。

决定组装用支架的固定位置及数量时，要保证不影响下一道工序，在组装其他构件时不需要挪移。

＊柱采用现浇混凝土时，应先于其他构件进行组装。

②墙壁构件的组装（图 3.5.1.4）

a. 决定位置

与楼板表面 X、Y 方向的标准墨线一致。

b. 安装

在楼板表面的弯钩和墙壁的插孔用组装用斜向支架固定 X、Y 方向。

＊有开口的墙板也可以用墙壁金属配件进行固定。

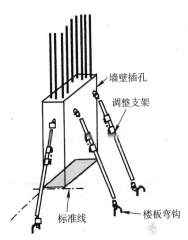

图 3.5.1.3 柱构件的组装

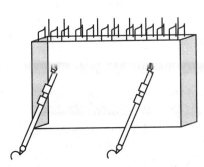

图 3.5.1.4 墙壁构件的组装

＊墙壁采用现浇混凝土时，应先于其他构件进行组装。

③梁构件的组装（图3.5.1.5）

a. 梁的支架

柱构件有预制构件和现浇混凝土构件之分，在预制构件柱上面搭建梁构件时，在梁构件中央需要搭设支撑，柱为现浇混凝土构件时，需要支架承受整个梁的荷载。

b. 梁位置的确定

与柱上面的标准墨线一致，通过支架进行调整。

④半预制楼板构件的组装（图3.5.1.6）

a. 半预制楼板构件的支架

事先在指定位置和高度搭建支架。为了在楼板下面不产生误差，使方木料或铝型钢通过支架顶端。

＊半预制楼板应在悬臂楼板之前进行组装，作业时应确保安全施工。另外，由于楼板组装中采用高空作业，需要安装安全护栏、保护网等保护设施。

b. 为了决定半预制楼板构件的位置，在墙壁或者梁的上面画上标准墨线。墙壁或梁为现浇混凝土时，根据模板的尺寸决定位置。

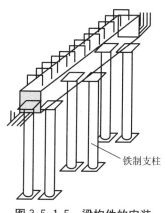

图3.5.1.5　梁构件的安装

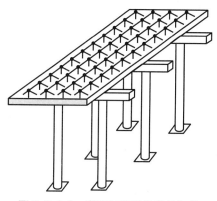

图3.5.1.6　半预制楼板构件的组装

⑤悬臂楼板构件的组装（图3.5.1.7）

a. 悬臂楼板构件的支架

在指定的位置和高度设置支架。在悬臂楼板的顶端安装栏杆构件时，中心位置会发生变化，需特别注意。

另外，在调整悬臂楼板的位置时，为了防止支架倒塌，要将顶部连接在一起。

b. 决定悬臂楼板构件的位置

制订计划时，要通过在构件顶端拉上高强钢丝或在墙壁或梁的顶部画上标准墨线等以确保组装位置的精度。

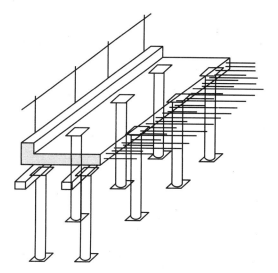

图3.5.1.7　悬臂楼板构件的组装

2）外部脚手架计划

在组装现浇混凝土部分模板、钢筋布置和浇筑混凝土、进行防水工程以及进行贴瓷砖、喷射作业等装修工程时，脚手架必不可少，而且建筑物的层数越多脚手架的搭建时间就越长，所需费用也就越多。因此，如果将需要外部作业的部分、部位做成预制构件，就可以不需要外部脚手架，即可以采用"无脚手架施工方法"（见照片3.5.1.1）。

采用无脚手架施工方法时，不能从没有脚手架部分的外部进行施工，所以必须在构件出厂前在工厂

113

完成指定装修，或者在安装构件前在现场进行装修工作，这称为"先行装修"（见照片3.5.1.2）。另外，也可以利用从房顶吊下的吊篮进行防水作业等。

照片3.5.1.1　无脚手架施工方法全景

照片3.5.1.2　构件的先行装修实例

5　起重计划

起重作业包括两种，一种为与主体有关的预制混凝土构件和模板、钢筋及临时构件的起重，另一类为单元车、设备管线、电线、设备机器及建设材料、板类、楼板材料、砂浆、厨房配件等装修材料的起重，一般情况下，要制定不同的起重计划。

1）选择起重主体的起重机的注意事项

用于组装构件的机械及用具要根据各自的使用目的使其充分发挥自己的功能。预制混凝土工程中使用的起重机根据设置形态可以分为固定式和移动式，施工时要根据施工场地和建筑物形状进行选择。进行起重机选择时的注意事项有：

a. 是否能够在规定总荷重线内进行组装作业。

b. 是否具有移动式作业空间和拆卸空间。

c. 作业半径（最大半径和最小半径）是否充足。

d. 卷起或卷下速度是否适当。

e. 组装拆卸费用、使用费、燃料费用是否合适。

选择的关键在于把重型机械的作业半径控制在最小，要根据预制混凝土构件的运输路径和起重机施工空地的有无等要素决定采用移动式的履带式起重机还是采用固定式的塔式起重机（图3.5.1.8、图3.5.1.9）。另外，选择要素中还要考虑主体工程时间，综合判断起重机的租赁费用、组装与拆卸费用以及拆换费用。

2）装修材料的起重计划

在制定装修材料的起重计划时，比起物品的重量，也更多地考虑物品大小及使用频率。如果综合考虑剩余材料的运出等因素，则有利于制定完善的计划。如何计划涉及多种不同类型工作的装修工程，在很大程度上影响着计划效果。

装修材料的起重机类型选择，根据作业人员是否一起搭乘大体上可分为两类。一起搭乘时，需要确保人员安全的设施与施工方法。高层建筑中起重机装货和卸货时，待机损失大，工作效率低，这时大都采用能够搭乘人员的升降机（图3.5.1.10）。相反，中低层建筑的待机损失小，所以大都选用不能搭乘人员的简易升降机（图3.5.1.11）。

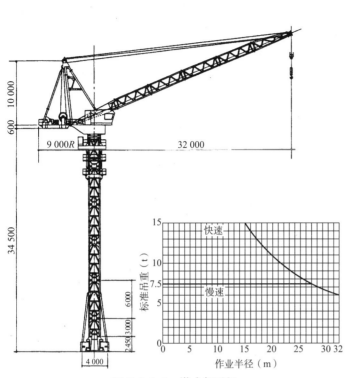

图 3.5.1.8 塔式起重机

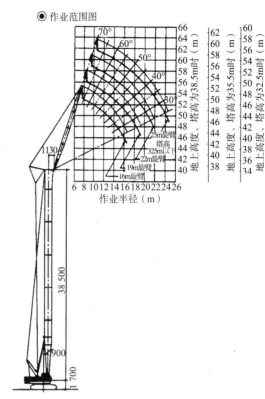

图 3.5.1.9 履带式起重机

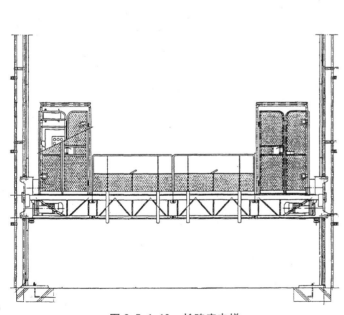

图 3.5.1.10 长跨度电梯

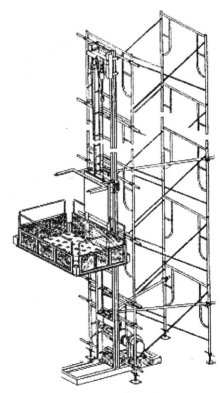

图 3.5.1.11 简易升降机

6 人员配置

在组装构件时，应该确定作业指挥人（小组领导），并由他指挥施工。构件组装作业一般为喷漆工、焊接工、泥瓦匠、防水工等的共同作业（协同作业）。因此，组装小组中的各施工人员往往属于不同的团体组织。这种小组施工作业时，往往由于施工中的领导各不相同而使操作人员无所适从，甚至还会导致工程事故。因此，统一施工指挥人，并建立统一的指挥系统非常重要。一般情况下，由施工指挥人任命喷漆工领导。

7 构件的搬进与接收

接收构件时的主要检查项目请参考"3.6.2 测试、检查"。另外，搬进构件时根据"3.4.2 构件的搬运"中的运输路径条件选择合适的搬运机型。

3.5.2 构件的组装

1 一般事项

组装构件时，要根据施工计划书进行组装，确保结构及装修的质量。此外，起重机的操作人员必须为劳动安全卫生相关法令规定的专业资格人员，并能够熟练作业。在操作起重机时，必须本着安全第一的原则，认真检修机械，以防万一。

关于起重机操作人员的资格认定，劳动安全卫生法中规定了下列条件：

①吊重能力 5t 以上　具有与该业务有关的起重机操作员执照的人员

《安全卫生法第 61 条》

②吊重能力在 1t 到 5t 之间的移动式起重机　具有与该业务有关的移动式起重机操作员执照的人员或接受不满 5t 技能讲习人员　　　　　《安全卫生法第 61 条》

另外，起重机操作人员还要熟练掌握以下技能：

①自己操作的机械及其性能；

②临时道路路基等的检查和保养；

③整个施工的内容及组装步骤；

④公司内部的安全规则等。

此外，《起重机等的安全规则》中，还规定了开工时检修机械和每月检修机械的义务。因此，施工人员必须根据起重机的类型制定适当的"起重机检修表"，保证顺利进行检修工作。

2 构件的组装作业

进行构件组装作业时，必须彻底贯彻执行作业指挥人的各项命令，施工时还要符合组装图、组装工序及施工要领书。为了防止施工事故，必须严格执行构件组装的施工顺序。

1）作业检查

在组装构件前，必须检查吊装用铁件、连接用铁件及钢筋等，以保证组装中及组装后的构件接合部不会出现故障。墙板侧面或下面的灰尘、污垢等，如果在组装前不清除，组装后将很难清除，会影响后续防水工程等的施工效果。因此，有必要在组装前将其清除干净。组装时，如果连接构件的铁件或钢筋上有水泥浆、锈迹、油垢等，会严重降低结构性能，必须组装前认真检查、彻底清除。另外，吊装用铁件有质量问题时，不仅会延迟组装作业的施工进度，还会在组装工程中引发事故，所以在生产构件时，有必要制定检查表，以防遗漏。

2）构件组装用的支架

组装构件前，要根据临时计划搭设临时支架。构件的种类、形状不同所要求的支架位置或数量也不同，所以要严格执行制定的计划。决定支架位置时，上下楼层位置必须一致。另外，还要确认构件组装时的荷重能否保证组装精确。

3）构件的组装

组装构件时，根据楼板上的墨线及标准线，用斜向支架支撑，用螺栓或焊接等进行临时连接。H-PC 工法的柱、梁构件用螺栓进行连接。楼板构件根据需要用接合钢筋等进行连接。墙构件按照标准线安装到指定位置后，立即安装锚桩。一般情况下，锚桩要采用抗压、抗拉的组装用斜向支架，在确认支架的安装状况与插入销固定牢固之前，不能拆除连台线。

墨线通常会有误差，再加上生产及组装构件时的误差，就更加不容忽视，所以组装前必须认真核对标准墨线，核对后将构件组装在正确的墨线位置，充分注意组装（垂直）精确度，防止上下构件位置发生偏心现象。

此外，要保证用于调整构件组合组装的吊锤的效率、精确度不受风力影响。

归根到底，最好要保证组装精确度不影响结构承载力、防水、装修、设备等，而在一般的实际设计中，围墙的竖向接合部为1个宽度为16mm左右的接缝，天花板的接缝最小宽度为10mm左右。

另外，从外观上看，整座建筑物的接缝宽度要大体相同，这必然要求很高的精度。

水平接合部水平方向的上下、左右容许宽度差为10mm左右，但在施工时如果不注意，可能会影响结构质量。另外，水平方向的较大误差可能会使用于接合部的添加板（钢板）上下方向的焊接长度不足，必须改变添加板的大小（高度）。使用套筒接合方式时，套筒内的钢筋埋入长度不足。无论哪种情况都会造成结构性能上的重大缺陷，必须充分注意。

影响构件组装作业的天气因素为风和雨，尤其是风对安全的影响最大，因此必须进行充分管理。一般采取下列措施：

①在构件组装场地附近设置风速仪，保证能够随时测定风速；

②发生风速10m/s以上强风或阵风时，停止构件的组装作业；

③预计可能发生台风或阵风时，在组装过程中要设置支架支撑墙壁构件，防止其倒塌，同时还要把塔式起重机设为允许旋转状态，把履带式起重机的塔收起，防止起重机倒塌。

组装构件前，一定要确认下层接合部结构上的安全。使用W-PC工法并且1台起重机只用于组装1栋建筑物时，为了提高起重机的开工率而提高组装速度时，必须确保不会影响建筑物的结构，更不会产生安全问题。

使用H-PC工法时，进行型钢柱和PC大梁的组装作业时，每3层作为一节一起进行组装，但墙壁、楼板原则上要从下层开始逐层进行组装，在接合部浇筑混凝土之后再进行上面楼层的施工。另外，楼板使用预制混凝土构件时，在下节柱的混凝土浇筑完成之前，开始组装下一节的型钢。

要按照工程监理人员的要求处理组装时开裂或破损的构件。组装时导致开裂或破损的主要原因如下：

①焊接温度的影响

焊接时产生的高温有时会使焊接部位附近的混凝土构件产生裂缝，但可以通过分次焊接来减少高温影响。

②组装过程中的使用不良等问题

除了组装机械的功能故障，处理使用不慎也会导致裂缝产生。有时施工不仔细也会影响水平接合部接合用铁件的配合，需要更改铁件，因此须特别注意。

照片3.5.2.1～照片3.5.2.6为各种预制混凝土构件的组装实例。

照片3.5.2.1　楼梯构件实例

照片3.5.2.2　悬臂板构件实例

照片 3.5.2.3　墙壁构件实例

照片 3.5.2.4　反梁构件实例

照片 3.5.2.5　连续梁构件实例

照片 3.5.2.6　柱构件实例

3.5.3　构件的接合

1　一般规定

1）构件的接合部具有所需的功能，并且没有质量问题。

构件的接合部是有效连接各种构件、确保结构体整体性能的主要部位，其质量直接影响建筑物的结构承载力。接合部必须具有与建筑物整体结构相同的结构性能（承载力、变形性能）以及耐火、耐久性等性能指标，施工时也要确保接合部满足设计上的性能要求，不会影响施工质量。

构件的接合方法主要有如下几种：

a. 在构件端部填充混凝土进行连接；

b. 将构件混凝土中锚固的钢板或钢筋焊接在一起进行连接；

c. 在构件混凝土中埋入洞孔或钢制套筒，插入钢筋后填充灌浆材料进行连接；

d. 将钢板或轧制钢作为结点板锚固在构件的混凝土之中，使用高强螺栓进行连接；

e. 通过钢制套筒连轴器或添加钢板的压接、压实、焊接等将锚固于构件混凝土中的钢筋互相连接在一起；

f. 其他接合方法。

2）为确保混凝土构架的耐久性，须在注意事项或设计图中规定构件接合部金属配件等的混凝土或砂浆保护层厚度。

2　焊接接合

1）焊接接合用金属配件或钢筋进行连接的方法多用于直接决定建筑物结构承载力的主要接合部，但进行质量管理时很难确认这种方法的可靠性，因为主要依靠实际施工时的焊接技术人员（焊接工）的技术。

为了保证焊接部位的质量，必须设置专门的焊接管理技术人员设计、管理整个焊接工序，指挥焊接技术人员进行焊接工作，并需要制定专门的焊接部位确认表。除了要根据焊接的种类、部位及方法选择合适的焊接钢材、钢筋、焊条、焊接机器、施工工具等，还必须确认焊接技术人员的技术水平。

2）在进行电弧手动焊接及半自动焊接时，焊接技术人员必须通过 JIS Z 3801（焊接技术鉴定标准）及 JIS Z 3841（半自动焊接技术鉴定标准）水平的技术认定考试。预制构件焊接接合的重要特征在于使用闪光焊，从事 PC 工法接合的人员必须是 PC 工法焊接管理技术人员、PC 工法电弧焊接技术人员、PC 工法半自动焊接技术人员。焊接的质量好坏在很大程度上取决于焊接技术人员的技术水平和认真程度，必须根据焊接方法、作业方法、板厚等选择合适的焊接技术人员。

3）根据木材的种类和尺寸、焊接的形状、方法及其他施工条件决定焊条和焊接电线的种类和直径。在进行电弧焊接时，根据对象选择焊接材料非常重要，其主要选择条件如下：

a. 焊接部位的机械性能不次于母材的机械性能；

b. 焊接部位不会出现气泡、裂缝等；

c. 能够确保足够的溶深；

d. 易于施工；

e. 焊缝形状美观。

4）接合用金属配件等发生错位时，要根据工程负责人的指示及时进行处理。

接合用金属配件的错位是由于生产误差和组装误差累积的结果，往往会影响焊接质量，接合用钢筋在运输和组装过程中很容易发生变形。因此，在组装时要确保焊接部位与指定的形状、大小相吻合，还要保证连接用钢筋相互之间、连接用钢筋和连接用金属配件之间以及连接用金属配件相互之间没有缝隙。

5）组装构件后立即进行焊接。

各个构件在自身重量作用下，在临时组装状态下发生地震时，很容易倒塌。另外，湿接缝接合方式中的填充混凝土需要经过一段时间才能产生预期强度，但同时进行焊接可以保证组装时的稳定性。此外，正式焊接之前的临时焊接要控制在最小范围内，以后成为正式焊接一部分时要避开容易产生集中应力的部位，同时还必须要保证焊接质量。所以，虽然是临时焊接，施工人员也必须是通过 JIS 及 WES 规定的技术认定考试人员，或者具有同等技术水平的焊接技术人员。

大风时，原则上要停止焊接工作。不得已必须在雨天或高温条件下继续施工时，由于焊条吸潮或潮湿容易产生泡沫或裂缝，所以必须充分保证焊接部位及焊条、焊接电线等焊接材料的干燥。另外，强风时焊接电弧不稳定、防风板不足等原因很容易使焊缝产生泡沫，这会影响焊接质量，所以电弧焊接时一般要求风速小于 10m/s，使用煤气防风板电弧焊接时，风速一般要求小于 2m/s。高空作业时强风还会危及施工人员的人身安全，必须准备遮风设备。此外，气温低于 0℃时不能进行焊接作业。在不得不进行焊接作业时，要把焊接部位周围 10cm 范围内提前加热至 36℃以上，这是为了防止混凝土表面急剧升温导致开裂，影响焊接质量。

3 机械式接头

注意事项或设计图中还包含机械式接头使用的材料及施工方法。

机械式接头通过制定性能评估机构的"钢筋接头性能评估"时的条件记录在注意事项或设计图中。此外，下面为使用机械式接头之一——套筒式连接时的注意事项：

a. 必须确保套筒内接合用钢筋具有足够的锚固长度；

b. 确保灌浆注入口与排出口充分畅通。

另外，还要保证套筒内无其他异物。

c. 确保套筒内填充的灌浆材料的抗压强度大于质量管理上要求的强度，还要保证灌浆材料的质量。

d. 接合用钢筋表面没有水泥浆、油垢、锈迹等污垢。

e. 将接合用钢筋的中心错位和倾斜控制在不影响接头部位性能的范围之内。

4 高强螺栓连接

高强螺栓连接的材料及施工方法参照 JASS6（钢结构工程），记录在注意事项中。

使用高强螺栓时，构件突出的接合用金属配件不容易变形，另外由于构件刚度高很难抵消构件生产时的误差，所以对施工时的精度要求很高。

确保接合部性能的各项规定参照 JASS6（钢结构工程），高强螺栓的材料、施工方法记录在注意事项或设计图中。

此外，同时使用焊接和高强螺栓两种连接方式时，与 H-PC 工法的柱-梁交叉部位一样，如果先进行焊接，连接用钢材在焊接时发生变形，使构件的接合面即使安装了螺栓也不能紧密接合形成摩擦连接，所以必须在焊接之前固定高强螺栓。

注意，为了防止焊接热度引起高强螺栓松弛，或高强螺栓产生焊接热度应变引起的不可预测的某种应力，必须保证高强螺栓的温度低于 250℃，因此需让焊接部位与螺栓之间保持适当的距离。

5 其他连接

其他连接的种类、部位及施工方法请参考注意事项或设计图。

6 填充混凝土

1）接合部使用的填充混凝土的设计标准强度大于构件混凝土的设计标准强度，其数值请参照注意事项。

2）填充混凝土使用的材料可以参照 JASS10。

水泥应尽量避免使用早期强度形成较慢的矿渣水泥，使用时也只限于具有与一般混凝土相同性能的矿渣水泥 A 类。另外，填充混凝土使用部位的截面面积小、连接用钢筋多造成浇筑混凝土困难，因此骨料颗粒的大小应控制在 15mm 或 10mm 以下，最好使用小砾石制成的预拌混凝土。在不影响填充的前提下，骨料可以增大至 20mm。

3）注意事项中根据使用目的及部位规定了填充混凝土的调配。

有关 W-PC 工法中使用的填充混凝土标准，JASS10 作了如下规定：

a. 单位水量小于 $185 kg/m^3$；

b. 水灰比小于 55％，坍落度小于 20cm；

c. 单位水泥用量的最小值为 $330 kg/m^3$。

4）在浇筑混凝土之前，需打扫浇筑场地、清除异物，将水洒到模板及构件的接合部使其湿润。

5）浇筑时，要保证混凝土填满构件之间的所有角落，以获得厚实的混凝土。

填充混凝土用在结构上的重要部位或隔声、防水的关键部位，填充不良会严重影响住户之间的隔声效果，所以须特别注意。另外，竖向接合部截面小，需从高处向下进行浇筑，所以在浇筑时充分夯实的同时，还必须用木锤等击打模板侧面充分进行振捣。

6）气温过低有可能对混凝土结构造成损害时，必须参考 JASS5.14（低温下的混凝土）进行适当的保温养护。另外，夏季为了防止急剧干燥引发裂缝，应根据需要进行洒水等适当的养护。

7 铺设砂浆

1）铺设砂浆的设计标准强度大于构件的设计标准强度，其数值请参考注意事项。

2）铺设砂浆用材料可以参考 JASS10。

3）铺设砂浆的施工稠度请参考注意事项。

4）为了获得要求的砂浆强度和施工稠度，必须确定砂浆的调配方法。由于在现场搅拌砂浆，很难得到合适粒度分布的砂浆，所以在调配时必须使用事先准备的砂浆进行试搅拌，确保砂浆强度满足注意事项中规定的设计标准强度，并且保证施工稠度能够确保构件之间填满砂浆。

5）在制作砂浆之前，要清扫构件表面并用水湿润。另外，要确保整个构件接合部都能充分灌入砂浆。

3.6 质量管理及测试、检查

预制钢筋混凝土工程中的构件生产工厂及施工现场质量管理方面的测试、检查原则主要依据日本建筑学会的建筑工程标准施工细则 JASS10《预制混凝土工程》（1991 年修订第 3 版），JASS10 正在修订中，以前的施工细则的主要内容为 W-PC 建筑的有关细则，为了将适用范围扩大至 WR-PC 建筑及 R-PC 建筑等框架式预制混凝土建筑，也为了规定建筑标准法及相关法令修改之后的性能要求，预计于 2003 年 2 月出版最新的施工细则（2003 年修订第 4 版）。

该协会发行了主要针对 W-PC 建筑的《壁式预制钢筋混凝土工程施工技术指南》（1993 年修订第 3 版，以下简称《施工技术指南》），在发行 JASS10 第 4 版的基础之上，于 2003 年组织成立了"技术指南修改特别委员会"，着手开始进行修订工作。因此，在这里参照 JASS10 第 4 版的有关规定，下面介绍质量管理及测试、检查的主要事项，本书中没有规定的有关事项建议参考现行的 JASS10 及《施工技术指南》。另外，该协会根据 PC 构件质量认定制度制定的认定标准包含了符合 ISO 9000s 的构件在质量管理、生产管理（生产设备、构件管理）及构件生产等方面的质量要求。这些内容请参考表 3.2.4.1。

3.6.1 质量管理

为了确保使用预制构件的建筑物的质量，构件生产的质量管理人员做成《质量管理计划书》进行质量管理。该计划充分显示了预制施工方法的主要特征，包括了构件生产、出厂、运输、组装、接合及接合部防水等方面的质量管理规定。其中，构件生产过程中的测试、检查工作在生产管理的自主管理之下进行，所以要明确管理体制。

3.6.2 测试、检查

1 材料及零部件的测试、检查

1）从生产构件到工程结束的任意时刻，都要保证混凝土和砂浆使用的水泥、骨料、搅拌用水及混合材料记录在材料厂家或预制混凝土厂家提交的测试指标书中的各项指标数值与设计图纸（或者另外的质量规定等，以下相同）保持一致。

2）对于钢筋、焊接金属网、钢筋网格等，在构件开始生产前与接收材料时，要随时将制造工艺规程表、刻印、每束材料的数值等与盖章、署名的接收单进行对照，并且要确保直径、长度等的测定数值与设计图纸保持一致。

3）关于其他钢材、各种金属配件及后期零部件，要根据各自的质量要求确保其形状、大小和强度等与设计图纸保持一致。

2 构件生产过程中的测试、检查

1）混凝土浇筑前的检查包括模板、配筋及金属配件、后期零部件的检查等。除了要在重新制造生产构件模板时要进行检查，在重新配置相关模板或产品检查中发现异常时也必须要检查形状、大小等。另外，在生产构件过程中，在工作台（定盘）每生产 100 个构件或用相关模板每生产 50 个构件时就要进行一次检查。如果能够严格执行这些检查，平时可以通过目视来检验模板组装固定情况、卫生清扫状况及脱模剂的涂抹状况。在布置钢筋时，可以通过对照配筋图或目视来确认钢筋的直径、数量、间隔及保护层厚度。另外，也可以通过对照构件生产图或目视来确定各种金属配件及后期零部件的种类、数量及固定程度。上面所述的构件生产过程中的质量管理规定及测试、检查项目请参照图 3.6.2.1。

2）生产预制混凝土构件时使用的混凝土为低坍落度混凝土，一般要进行加热养护，通常取构件的脱模时、出厂日、质量保证日的抗压强度与现浇混凝土进行比较，可以测试、检查的项目及判定标准等均不相同。表 3.6.2.1 中引用了 JASS10 的修正案，可以作为参考。

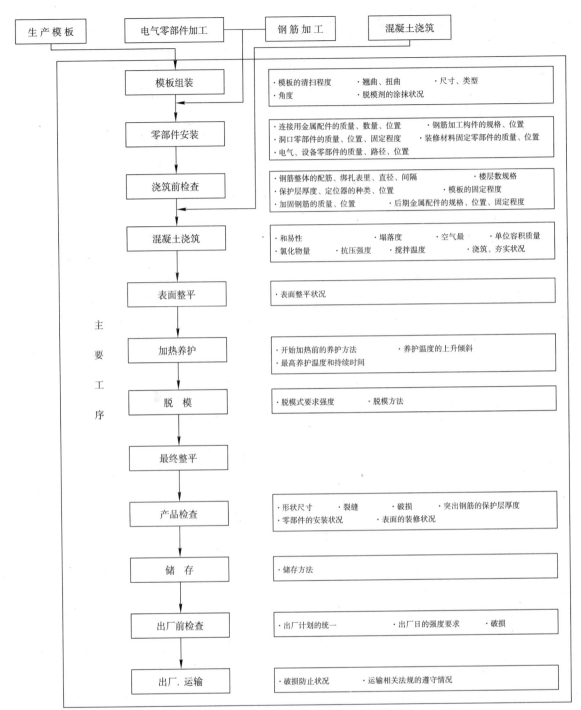

图 3.6.2.1 构件生产工程中的试验、检查

混凝土的试验、检查   表 3.6.2.1

项目	试验方法	时期、次数	判定标准
测试材料采集	JIS A 1115	—	—
和易性及新拌混凝土	目测	开始生产构件及浇筑过程中随时进行	和易性好 质量均一、稳定
坍落度	JIS A 1101	1) 调配管理中，采集抗压试验用产品时或采集构件混凝土强度试验用产品时 2) 浇筑过程质量发生变化时	容许具有下列误差 1) 坍落度小于 8cm 时：±1.5cm 2) 坍落度在 8cm 和 12cm 之间时：±2.5cm

122

项目	试验方法	时期、次数	判定标准
空气量	JIS A 1116 JIS A 1118 JIS A 1128	1) 调配管理中，采集抗压试验用产品时或采集构件混凝土强度试验用产品时 2) 浇筑过程质量发生变化时	容许差在±1.5%之内
轻质混凝土的重度	JIS A 1116	同上	与调配计划中的数值之差在±3.5%之内
浇筑温度	温度计	同上	在注意事项中的数值范围之内
调配管理使用的抗压强度	JIS A 1108 养护为标准养护	样品的采集时间：浇筑日 样品的采集方法：浇筑过程中各阶段的不同批次中共提取3个样品 强度试验样品：成品后28天	3个样品的抗压强度的平均值大于质量标准强度[1]
构件和统一养护的实验品的抗压强度	JIS A 1108 养护为构件和同一养生	样品的采集时间：浇筑日 样品的采集方法：在浇筑过程的不同阶段各提取3个样本 强度测试时期：脱模时、出厂日以及抗压强度的保证日	脱模时：3个样品抗压强度的平均值大与脱模时要求强度 出厂日：3个样品抗压强度的平均值大于出厂日要求强度 抗压强度的保证日：3个样品抗压强度的平均值大于质量标准强度
氯化物量	JASS 5T-501 或 JASS 5T-502	1) 使用海砂等有可能含有氯化物的骨料时，在开始浇筑或150m³时要进行检测 2) 其他情况时，至少每天1次	氯化物离子含量小于0.30kg/m³
含碱量[2]	根据材料的测试指标书、调配报告书及混凝土生产管理记录进行确认	浇筑日	使用 $R_t = 0.01 \times R_2O \times C + 0.9 \times Cl^- + R_m$ 进行计算时，应小于3.0kg/m³ 使用 $R_t = 0.01 \times R_2O \times C$ 进行计算时，应小于2.5kg/m³

(1) 使用预拌混凝土时，大于名义强度的强度值。

(2) 测试、试验含碱量时，使用 JIS A 5308 附属资料1中的B类骨料，作为控制碱性骨料的方法适用于控制每立方混凝土中的含碱总量。

3) 预制混凝土构件产品检查的主要项目包括形状、大小、裂缝、破损、金属配件和后期零部件的安装状态、构件表面的完工状态以及保护层厚度等。脱模后立刻将构件临时放置在检查场地或将构件储藏在储藏工厂时要进行检查，最好是在专设的、能够使用起重机的检查场地进行检查，以免影响后续施工。此外，出厂时还必须用肉眼再次进行检查。

形状、大小的检查时，可以使用钢卷尺、水平线等测量构件的边长、厚度、不均匀度及弯曲程度等。开始生产前要对模板进行一次检查，以后每生产100个构件进行一次检查，满足产品规格要求时为合格。

检查裂缝时，可以使用裂缝仪、千分尺等实际测量全部构件。另外，构件的破损情况可以通过目视来确认。检查中发现的不符合判定标准的产品，通过修复达到质量、性能要求时也一定要再次进行该项检查，符合标准者为合格产品。

在检查连接用金属配件、后期零部件的安装状态时，可以通过肉眼来判断构件的种类、数量是否与构件生产图一致、是否安装在正确的位置。另外，检查构件表面的完工状况时，可以通过肉眼来确定装修种类是否与构件生产图一致、完工状况是否优于极限样本。

保护层厚度可以通过肉眼检查外观，检查是否有钢筋外露或保护层厚度明显不足，发现有必要进行冉次确认的部位一定要进行非破坏检查。根据检查的结果，确定不合格产品并将之废弃。

3 构件接收时的检查

在现场接收构件时，在确认构件符号、生产日期、检查标记等的同时，还要用肉眼观察构件在运输过程中是否开裂、破损或变形，如果发现有的部位需要进行检查时，可以使用钢卷尺或裂缝仪进行测量。有裂缝或破损等不符合产品规格的构件现场不能接受，应将其返回生产厂家废弃。

4 构件组装精度的检查

应该在后续构件组装之前，对组装过程中暂时固定的构件进行精度检查。所有构件的测试项目为"组建位置"和"顶端高度"，此外，柱及剪力墙还应加上"上下倾斜"。应该通过用钢卷尺测定楼板上的标准墨线来检查柱、梁、剪力墙的组装精度，通过用光卷尺测定梁、墙壁上的搭接处来检查楼板的组装精度。另外，通过水平仪来测定构件顶端的高度。通过下摆和坡度仪等来测定上下倾斜度。

5 构件接合的试验、检查

构件的接合方式根据施工方法、部位和构件以及竖直、水平方向的不同而各不相同，必须谨慎选择适当的接合方式。下面简要介绍主要接合试验、检查的注意事项。

1）焊接接合

W-PC 建筑的各接合部或 H-PC 建筑的钢框架和构件接合部多使用焊接接合，WR-PC 建筑及 R-PC 建筑的钢筋接头和构件接合部也使用焊接接合。另一方面，预制施工方法特有的焊接接合采用钢筋的闪光组焊。这种闪光组焊还没有相关公用规范，所以最好要对从事焊接工程的焊接技术人员进行钢筋焊接的测试以确认其技术水平。

预制装配建筑协会在日本焊接协会的帮助下制定了《PC 工法焊接技术人员的资格认定标准(WES8105-1998)》，这两个协会依此对 PC 工法焊接技术人员自主进行认定。另外，进行焊接检查的焊接管理技术人员检查过程中应能够根据实际情况及产生的实际问题迅速作出正确的指示和判断。预制装配协会在日本焊接协会的帮助下，除了制定焊接技术人员的认定标准以外，还根据《PC 工法焊接工程质量管理标准》（1997 年版，以下简称《焊接标准》），组织实施焊管理接技术人员的认定资格考试、资格认定及其更新等。

在焊接作业前、作业中和作业后都要进行焊接检查，各主要检查项目如下：

①焊接作业前的检查

焊接材料质量及状况，检查焊接机器、器具等。

②焊接作业中的检查

焊接顺序、焊接棒和焊接电线、电流、电压、电弧、各层间楼板去除、余热、喷嘴角度、运棒法等。

③焊接作业后的检查

ⅰ）外观检查

尺寸检查：焊接有效长度、脚长、焊喉厚度、加固等。

目视检查：焊接部位的缺陷（咬边、重叠、气泡、凹坑、裂缝、焊接不足、楼板喷溅去除、焊接不均等）。

ⅱ）表面缺陷检查

磁粉探伤试验、渗透探伤试验。

ⅲ）内部缺陷检查

放射线透析试验、超音波探伤试验（非破坏试验）。

2）机械式接头

第4章曾介绍过，机械式接头包括注入灌浆套接头、压接接头、螺纹接头及焊接接头等许多种类。这些接头方式以前被视为特殊材料、特殊施工方法，需要通过大臣认定或日本建筑中心的一般认定，但是 2000 年的建筑标准法的修订版中废除了这一规定。

冲嘉，2000 年建设省告示第 1403 号（钢筋接头构造力决的有关规止）中规止下耦合器等接合部劳的承载力、砂浆、灰浆的材料强度、螺母转矩的导入轴力及压接接合部的固定方法等，所以对各种接合方式进行质量管理时，可以参考其中的相关规定。另外，接头开发者和厂家在通过上述认定或评估时的各种资料也具有相当大的参考价值，所以事前也可参考这些材料。

3）气压焊接头

从事气压焊工程的压焊技术人员（气焊工）必须具有日本气焊协会按照 JIS A 3881 标准（气焊

技术认定的考试方法及判定标准）发行的资格证书，所以事前必须确认压焊工的施工资格。对所有产品进行检查时，可以进行目视检查、也可以在压接完成后立即用尺子、外观检查夹具进行外观检查，还可以使用热压拔法进行外观检查。进行抽样检查时可以采用无损超音波探伤法和破坏型的拉伸测试法，应根据特记事项来决定采用的检查方法。另外，应根据工程负责人的指示来指定抽样检查的对象。

4）高强螺栓连接

高强螺栓连接的主要管理项目为：

①高强螺栓现场交货时的接收检查；

②固定作业开始前确认固定施工方法及固定状况；

③固定结束后进行全部检查时，可以参照 JIASS 6.6（高强螺栓连接）。

5）填充混凝土

W-PC 工法的竖向接合部等截面面积小、接合用钢筋错综复杂部位使用的填充混凝土在浇筑时必须谨慎施工，但是使用的混凝土与 JASS5 中规定的混凝土基本相同。因此，填充混凝土的试验、检查项目及试验方法、判定标准可以参照 JASS5.13.4（使用混凝土的试验、检查）及 JASS5.13.9（结构体混凝土强度检查）等。

6）铺设砂浆

W-PC 工法中剪力墙水平接合部等处使用的砂浆的试验、检查项目主要有新砂浆的施工稠度和保证年限的抗压强度。前者依据 JASS10T-101（砂浆的施工稠度测试方法），后者依据 JASS10T-102（砂浆的抗压强度测试方法），分别进行检查。

7）填充灰浆

柱底部水平接合部及套筒接头（机械式接头）等处使用的填充灰浆根据使用目的不同而不同，应该根据测试或可靠资料确定质量要求，根据注意事项来选择不影响施工的产品。进行测试、检查时，除了遵循 2000 年建设省告示第 1463 号，还可以参考通过认定或评估的接头厂家等机构制定的测试检查项目、测试方法及判定标准等。此外，上述告示中，用于机械式接头的灰浆、灌浆材料或其他类似材料的强度必须大于 $50N/mm^2$。

6 现浇混凝土的试验、检查

本资料中研究的预制钢筋混凝土施工方法的现浇混凝土部位的钢筋工程、模板工程及混凝土工程的试验、检查主要参照 JASS5.13（质量管理、检查）。

7 接合部的防水试验、检查

接合部的防水材料主要有天花板材料、带状密封材料、液体密封材料及防水用玻璃密封材料等。接收这些材料和施工开始前的试验、检查可以参照相关 JIS 及都市基础整备公团 KMK 标准（案）中的试验方法及质量标准值，还可以进一步参照本次正在修改中的 JASS10 附录中的参考数值。其他如羊皮纸防水等现浇混凝土部位使用的防水材料的试验、检查主要参照 JASS8。

第4章　预制构件的接合部

4.1　前言

钢筋混凝土构造物的预制钢筋混凝土施工方法于20世纪50年代后半期开始用于建筑领域的壁式结构（W-PC工法）公共住宅，其后迅速普及，到了70年代，由于人们对高层公共住宅的需求增加，这种工法开始普及到框架结构（WR-PC工法、R-PC工法）。

预制装配施工方法在刚刚开发出来时，由于有质量高、工期短、安全性能好等优点而被广泛使用。近年来，由于熟练劳动者数量不足，为了提高施工效率和生产质量，人们仍多采用这种工法。另外，在刚刚到来的21世纪，这种工法由于有利于保护环境，仍将作为建造高质量、使用寿命长建筑物的有效方法之一而被广泛采用，这种预制钢筋混凝土施工方法，主要特征在于与现浇混凝土施工方法不同，构件之间或构件本身设有接合部。本来，组装单一产品的预制钢筋混凝土施工方法，可以实现单一产品的大型化，可以尽可能简化接合部。但是，由于接合部的简化不利于实现结构性能，所以预制钢筋混凝土工法会导致接合部出现应力集中和位移不连续等。为了解决这一工法中接合部存在的问题，必须通过理论及实验研究来掌握接合部的性能并确立接合部的抗震设计方法。

日本建筑学会等各种机构制定的标准及指南中关于使用预制混凝土构件的具体施工方法的相关规定非常少，这是目前建筑行业的动向。但是，已发行的汇总政府、学校、企业的各种试验和研究成果的《预制钢筋混凝土机构的设计与施工》（日本建筑学会编）、《预制混凝土钢架式结构的相关研究报告书》（原建设省建筑研究所编）等书中介绍了接合部设计的基本思路。

另外，壁式结构（W-PC工法）的设计标准可以参照《壁式预制钢筋混凝土建筑设计标准及解说》（日本建筑学会编），《壁式钢筋混凝土建筑设计施工指南》（日本建筑中心编）。

日本建筑学会于今年发行出版了主要研究框架式结构（W-PC工法）的《现浇同等型预制钢筋混凝土结构设计指南（案）及解说（2002）》，其中介绍了接合部的设计方法，具体设计方法的标准正在逐步确立起来。

另一方面，（社）预制装配建筑协会也于20世纪70年代开始研究、开发预制装配施工方法，主要研究壁式结构（W-PC工法）和框架式施工方法（R-PC工法、H-PC工法等）中构件的预制化，在建筑行业发挥了先驱作用。1984年出版发行了《壁式预制钢筋混凝土建筑设计手册》，1997年又出版发行了汇总各种实验、研究成果的《高层壁式钢结构预制钢筋混凝土建筑设计、施工指南》，这些成果在都市基础整备公团定购构件时发挥了很大的作用。

到目前为止，我国开发了许多预制钢筋混凝土接合部的施工方法，其中大多数工法通过改进钢筋锚固和接头接合部等现浇混凝土工法细节，提高了施工效率而被广泛使用。

接合部的类型大体上可分为"湿接缝接合型"和"干接缝接合型"两种，应当根据接合部的位置、应力种类、塑性变形能力和施工性等选择采用合适的接合方式。框架式结构（WR-PC工法、R-PC工法）一般采用"湿接缝接合型"的接合方式，而壁式结构（W-PC工法）或二次构件一般根据细节的不同选择使用"湿接缝接合型"或"干接缝接合型"接合方式。

壁式结构和框架式结构采用不同的结构设计方法，两者的应力分析方法、构件及接合部的设计思路也各不相同。参照前述各种标准及指南类，保证接合构件具有适当的强度和变形能力，构件到达极限强度时变形不会集中在接合部，即相当于接合部"整体浇筑同等的性能"，这是使用框架式机构的前提。另一方面，壁式结构通常要确保使用极限及损伤极限时设计应力的整体性，一般"湿接缝接合型"的接合方式，对极限状态下的设计应力，容许高韧性的屈服和变形集中在接合部，即具有相当于整体性结构

126

的强度。注意，壁式结构的应力水平很小时，也可以采用依靠钢筋、钢材等强度的"干接缝接合型"接合方式。

壁式结构和框架式结构的接合部并不相同，本章将分别介绍，但两种结构在性能要求、设计原则及应力传递要素方面的共同内容将统一介绍。但是，为了使读者更好地理解接合部的接合形式、接合方法及应力传递模式，本章将分别介绍壁式结构和框架式结构的有关内容。

本章的主要构成如下：

4.1节 前言

4.2节 接合部的设计

4.3节 预制构件的接合

4.4节 应力传递要素的力学特性

4.5节 接合部的应力传递模型及强度式

在4.2节的"接合部的设计"中，为了使读者理解如何设计接合部，在介绍预制钢筋混凝土工法中接合部的性能要求的同时，还简要介绍了设计接合部时的基本思路和设计方法原则。

在4.3节的"预制构件的接合"中，分别介绍壁式结构和框架式结构的预制构件之间采用的接合方式以及接合部的具体接合方法，还将介绍现在一般采用的预制构件的接合情况。

在第4.4节的"应力传递要素的力学特性"中，将简要介绍剪切强度公式的基础——传递要素、该要素的基本思路、传递强度基础的实验数据的记载以及使用上的问题等。

在第4.5节的"接合部的应力传递模型及强度式"介绍4.3节中各接合部采用何种应力传递要素，通过图形解说其应力传递机构，介绍采用的剪切强度方式。此外，除了介绍通常使用的剪切强度方式，还介绍了现在各种文献中推荐的剪切强度方式，以供读者参考。

以前，在设计预制钢筋混凝土时，要确保其具有与现浇混凝土结构相同的性能。另外，确认接合部性能的研究主要为实验性研究，以掌握其承载力和变形性能。

本章也采取与以前相同的思路，为了使初学者更好地理解本章内容，将预制钢筋混凝土结构分为壁式结构和框架式结构，简明易懂地介绍各施工方法中接合部的设计方法。

预制构件接合部的细节及设计方法在建筑业政府、学校、企业的合作下不断充实完善，但还很难说已经达到最好。

今后，为了发挥预制构件接合部的特性，既要确保其结构性能，还必须要开发更加简单的接合部施工方法，同时必须在实验研究的基础之上，对接合部的应力传递进行理论上的详细研究。

［接合部］

第4章主要介绍预制构件的接合部，下面介绍"接合部"、"接合要素"及"应力传递要素"等关键词的意义和使用方法。

接合部：

构件之间或构件内部，由一个以上的接合要素组合构成的不连续部分（部位）的总称。注意，在弯曲、轴力、剪切中至少能够传递一种应力。

如果与这些接合部邻接的构件或叠合构件采用预制钢筋混凝土建造时，这些接合部就为"预制结构的接合部"。在第4章中，将"预制结构的接合部"简称为"接合部"，但有时也限定称为"预制接合部"。

预制接合部有时只有一个接合面（梁的水平接合部等），但大多数情况下具有多个接合面，在接合面之间设立接合钢筋等接头（剪力墙竖向接合部等）。这时，接合面周围的部分（接合面、接合钢筋、填充混凝土或接合砂浆）总称为"接合部"。

接合要素：

接合部传递应力的路径，主要包括以下要素：

• 接合面 不同时期浇筑的混凝土等接触时产生的面的总称，为了明确其作用，有时也称为浇筑面、边界面、接触面、界面等。第4章中的"接合面"为带有力学意义的称法，1个接合面能够完成接合的部位称为"接合部"。

• 接合钢筋　贯穿接合面的钢筋的总称，为了明确其布置位置有时称为边界正交钢筋、销筋等。

• 填充混凝土连接用砂浆　为了能够传递剪切，在接合面与接合面之间现浇的混凝土或砂浆。包括后浇混凝土、砂浆等。

• 接合用金属配件　在接合部，为了决定施工时预制构件的位置、帮助传递应力而设置的金属配件。包括配置垫、节点板等。

应力传递要素：

该叫法主要显示了构成接合部的接合要素所带有的力学特征，抗剪键等具有多个特征（剪切、支撑）的要素可替换为其功能名称。此外，根据应力传递要素的组合，可将接合部传递应力的机构叫做"应力传递机构"。例如，主要有以下几种应力传递要素，详细情况请参考4.4节"应力传递要素的力学特性"。

• 混凝土与混凝土之间　　剪切摩擦、销子、抗剪键等
• 钢筋与混凝土之间　　　锚固
• 钢筋与钢筋之间　　　　机械式接头、闪光组焊接、搭接接头等
• 钢板与钢板之间　　　　螺栓、焊接
• 其他　　　　　　　　　钢板与钢筋间的焊接、混凝土与带头双头螺栓

［文献的略称］

第4章中，引用或介绍强度公式或思路等的标准、指南、参考文献中，使用频率较高名词的简称如下：

• 壁式预制钢筋混凝土建筑设计标准及解说（1984年3月）

编辑：（社）日本建筑学会

简称：学会壁式预制标准

• 壁式钢筋混凝土建筑设计施工指南（2003年）

编辑：（财）日本建筑中心

简称：中心壁式指南

• 预制钢筋混凝土结构的设计与施工（1986年10月）

编辑：（社）日本建筑学会

简称：学会预制的设计与施工

• 预制混凝土框架结构的相关研究报告书（1992年）

编辑：原建设省建筑研究所、（社）建筑业协会、（社）预制装配建筑协会、（财）日本建筑中心

简称：PRESS

• 现浇同等型预制钢筋混凝土结构设计指南（案）及解说（2002）（2002年10月）

编辑：（社）日本建筑学会

简称：学会预制装配指南案

• 预制建筑技术资料丛书、第1册～第4册

编辑：（社）预制装配建筑协会

简称：本技术资料（丛书）

第1册　预制建筑总论　　　　　　简称：总论
第2册　W-PC的设计（W-PC指南）　简称：W-PC的设计
第3册　WR-PC的设计（WR-PC指南）　简称：WR-PC的设计
第4册　R-PC的设计（R-PC指南）　简称：R-PC的设计

4.2 接合部的设计

4.2.1 接合部的性能要求

1 接合部的性能

预制构件接合部要求的性能除了包括强度、刚度、回复力特性等主要结构性能，还包括使用寿命、耐火性能等。

结构构件的性能要求主要体现在满足"使用极限"、"损伤极限"、"安全极限"等三种极限状态下的各自性能目标。在设计预制构件的接合部时，其中使用极限和安全极限两个极限状态下，要满足以下性能目标以确保结构构件所要求的性能。

各极限状态下接合部的性能目标   表 4.2.1.1

各极限状态	性能目标
使用极限	不会产生由接合部错位或裂缝引起的、影响结构构件日常使用的故障
安全极限	不会产生接合部受损引起的、直接危害人员生命安全的倒塌、坍塌

接合部设计中，不需要考虑损伤极限的理由如下：在考虑计算容许应力等时的短期容许应力或计算极限承载力时的损伤极限时，如果能够确保接合部附近的构件截面小于短期容许应力，就可以间接保证贯穿接合部的接合钢筋或混凝土等材料小于短期容许应力。另外，接合部发生局部错位或变形时，只要不是人为允许接合部发生塑性变形的结构，就不会产生超过安全极限的过大错位，所以不需要考虑安全极限下的某一点——损伤极限。

注意，在下列情况下必须考虑接合部的损伤极限。例如，设计时认为，抗剪键等缺乏韧性的应力传递要素在损伤极限时遭受破坏，然后传递到其他应力传递结构发挥安全极限时的性能。在这种情况下，人为允许接合部发生塑性变形，必须考虑抗剪键的损伤极限。

使用寿命和耐火性与结构形式或接合部位置没有关系，为了确保具有与现浇混凝土同等的性能，原则上要确保接合部接合钢筋的保护层厚度不低于现浇混凝土结构。接合部的具体施工方式与传统的现浇混凝土相同，通过确保规定的保护层厚度来保证其基本性能。注意，像壁式预制结构的基础处理方式那样，接合部从建筑框架漏出时，通过填充保护砂浆、覆盖耐火材料等方式，来延长接合部的使用寿命、提高其耐火性能。另外，有必要时还可以在接合部的边缘包上防水薄膜。

2 各极限状态下接合部的设计目标

后面的"4.4 应力传递要素的力学特性"中还将详细介绍，各种应力传递要素在达到最大承载力时具有各自不同的变形量和韧性能，所以现在各接合部的强度公式中不需要固定地采用各应力传递要素的变形性能。因此，在设定各极限状态下的设计目标数值时，大都很难设定接合部错位变形的具体数值目标。但是，通过适当掌握、判断应力传递要素的力学特性来考虑接合部的变形仍然是相当重要的。

在本章中，把各极限状态下设计的目标值作为接合部的实际状况进行介绍。像前面叙述的那样，接合部的设计目标主要设计使用极限和安全极限这两种极限状态。"安全极限"实际上是表示确保构件安全性的极限状态，例如，竖向荷重支撑构件的支撑能力为危及人类生命安全的极限等。实际进行设计时，一般将某个量能够设定的最大范围设定为极限状态，未必为确保安全性的极限状态。因此，以后在本章中，将接合部的安全极限表示为"承载能力极限"。

另外，累加使用韧性能各不相同的多个应力传递要素时，一般都比较危险，所以，"4.4 应力传递要素的力学特性"中阐述的应力传递要素，对各极限状态进行设计时，原则上只使用其中的一种。另外，某些方法如果能够适当考虑多个应力传递要素的特性评价承载力，必须确认该评价方法的适用范围等。

1）使用极限状态

使用极限状态的目标性能要求为在正常使用的荷载作用下，接合部产生的错位或裂缝等不会影响构件的正常使用。荷载使用长期荷载。构件的挠度、振动等使用方面的相关限制数值可以参考 RC 标准的各项数值。

使用极限状态下接合部的设计目标　　　　　　　　　　　　　　　　表 4.2.1.2

接合部的应力、变形状态	为弹性状态，接合部基本上不发生错位
推荐的应力传递要素	接触面压应力传递、摩擦、抗剪键、剪切摩擦
接合部材料的应力水平	长期容许应力以下
裂缝宽度	通过附近构件截面的裂缝宽度来考虑弯曲引起的接合面的裂缝宽度。限制值使用 RC 标准的各项值。接合部的混凝土不会产生剪切裂缝

楼板、次梁和主梁等水平构件的竖向接合部和水平接合部等因长期荷载而产生应力的接合部以及剪力墙的竖向接合部需要进行使用极限设计。而柱和剪力墙的水平接合部因为基本上没有平时作用的水平力，所以不需要考虑这个问题。注意，受到平时作用的土压等水平力的构件需要考虑这个问题。在产生长期应力的接合部，要使用刚度高的应力传递要素，将接合部的变形控制在最小范围内。在评价构件的挠曲、裂缝等性能时，框架结构中在接合部的附加变形较小的前提下，可以使用与现浇混凝土结构相同的计算方法。壁式预制结构使用干接缝接合方式进行计算时，须注意接合部的刚度与整体浇筑不同这一点。

使用抗剪键、接触面应力传递或摩擦等应力传递形式时，基本上不会产生使构件达到极限强度的错位变形，所以工程上一般忽略不计。

但是，梁的水平接合部等应力传递要素有时需依靠与接合面正交的抗剪钢筋的"剪切摩擦"。这种剪切摩擦在发生错位变形时才开始发挥其强度。因此，使用极限设计时，为了控制接合面的错位变形，应使用低于最大强度的强度值。在学会预制指南（案）的设计实例中，剪切摩擦的错位变形的设计目标值在 0.3mm 以下，从剪切摩擦形式的错位和剪应力的关系来看，设计使用极限时的作用剪力小于极限强度的 1/2。本资料同样也建议在使用剪切摩擦时，错位量小于 0.3mm。

2）承载力极限状态

承载力极限状态的目标性能要求为，在建筑物的使用期间有可能发生的最大地震或设计中设定的异常竖向荷载作用下，不会发生构件的倒塌、坍塌或部分结构构件的脱落等。

所有的接合部都需要进行承载力极限状态设计，特别是对于承受地震力的柱、主梁、剪力墙的竖向接合部和水平接合部来说，更是至关重要。即使是次梁或楼板等只承受竖向荷载的构件，也需要考虑竖向荷载的承载力极限。

接合部的承载能力极限设计目标　　　　　　　　　　　　　　　　　表 4.2.1.3

接合部的应力、变形状态	极限强度以下时，接合部基本上不发生错位
推荐的应力传递要素	接触面压应力传递、摩擦、剪切摩擦、销
接合部材料的应力水平	除塑性铰域外，其他均小于长期容许应力

框架式预制结构等构架抗震性能依靠韧性的结构中，设计前提为构件不仅有承载力，还有适合各种构件的韧性或设计承载能力极限时所必需的变形能力，所以除了要实现上面所示的接合部的设计目标之外，原则上还要求预制结构的性能与现浇混凝土结构相同。因此，即使构件发生塑性变形，结构构件的

变形也不会集中在接合部。

注意，在许多预制结构中，接合部产生的错位变形会使构架产生若干附加变形，所以，严格来说，其结构性能并非完全与现浇混凝土结构相同。使预制结构与现浇混凝土结构具有相同的目标性能的方法，在第2章《预制结构构件的目标性能》中已有所阐述。

另一方面，壁式预制结构等抗震性能依靠构架强度的强度抵抗型结构中，因为有时不能确保明确的极限状态，在结构倒塌前没有必要具有与现浇混凝土结构相同的工作状态。注意，为了确保构架的强度，必须满足表4.2.1.3中接合部的设计目标。具体来说，在壁式结构所必需的强度范围内，能够确保接合部的应力小于承载力极限强度。

此处的设计目标为保证接合部不会产生过大错位，但使用摩擦和接触面压应力传递时，达到极限强度之前，基本上不会产生错位变形，所以设计上没有必要考虑这一点。剪切摩擦达到最大强度时的错位变形量在0.5~0.75mm之间，承载力极限状态下，错位变形在容许范围内。

销子达到最大强度时的错位变形量在1~2mm之间，有时会大于该数值，必须注意错位量的大小。超过损伤极限的构件如果其后能够进行大规模修复，可以允许几毫米的错位变形。当必须控制错位量时，有必要降低混凝土的承压强度来计算承载力极限强度，见"4.4应力传递要素的力学特性"。

4.2.2 设计方法

1 接合部的设计思路

壁式结构和框架式结构的抗震设计指南并不相同，所以两者使用预制结构方法时接合部的设计思路在本质上并不相同。

在设计壁式预制结构时，一般根据剪力墙的平均剪应力计算设计应力。到目前为止，除了规定壁量以外，还要设定剪力墙的平均剪应力的限值，在设计5层建筑1楼的短期容许应力时，其值为4.0kgf/cm²（0.39kN/mm²）。因此，极限时的设计剪力一般采用标准剪力系数0.2时数值的2.5倍，所以剪力墙的极限平均剪应力为10.0 kgf/cm²（0.98kN/mm²），在短期容许剪应力范围之内。

壁式预制结构的接合部采用强度型设计方法，即保证接合部的强度大于设计剪力，以确保其安全性。先后有多种接合方式被发明，供设计与施工选择。

另外，当进行抗震设计的框架是预制结构时，构件不但要有足够的强度，还必须要有足够的变形性能和能量吸收性能，所以必须要正确评价接合部对预制构件（框架）刚度和变形量的影响。采用干接缝接合方式时，预制构件的塑性变形主要集中在接合部，对其接合部的强度和变形能力以及地震力的评估都存在很大困难。因此，预制结构中很少采用干接缝接合方式。而采用湿接缝接合方式时，预制框架结构能获得与现浇混凝土结构相同的强度、刚度和变形性能。从这种意义上来说，预制框架结构也可以称作"现浇同等型框架式预制结构"[注1]。

现浇同等型框架式预制结构中接合部的一大特征在于接合部细节因开发公司不同而不同，传递的应力为弯曲、剪切、轴力的复合应力，应力传递方法和建模非常复杂。例如，通过多个竖向接合部和水平接合部将连层墙板接合在一起构成剪力墙，然而剪力墙的性能很难简单地与各个接合部的性能联系在一起。另外，设置在塑性铰区域内主梁端部的竖向接合部，极限时允许几毫米的错位量，另一方面，梁主筋起连接作用，处于屈服状态，可能会压坏混凝土。这时的应力传递机构和到达极限之前的应力传递机构不同，必须确保极限时能够传递剪力。

从上面可以看出，壁式预制结构和现浇同等型框架式预制结构的接合部设计存在本质区别。但是，根据以往的研究成果，在明确应力传递要素在多大程度的应变时能够发挥效果之前，预制结构施工方法

注1：以后，除有特别说明外，本书将"现浇同等型框架式预制结构"表述为"框架式预制结构"。

中接合部的性能能够归纳为前一节中介绍的目标性能。

接合部的性能要求是在使用极限状态下基本不会在接合面发生应变、极限状态下接合面不会产生过大应变和破坏。在设计接合部时，要确认这些性能要求。也就是说，无论是壁式预制结构，还是现浇同等型框架式预制结构，在接合部各极限状态下设计目标的确认事项及接合部的设计强度在基本思路上是没有本质区别的。

2 接合部的设计原则

1）基本原则

预制结构接合部的设计，为了使接合部能满足前面规定的各极限状态下的性能要求，需参照以下步骤：

①根据接合部的性能要求，假定能对接合部应力有效传递的接合要素组合和配置。

②考虑到施工步骤和产品误差及荷载类型等的影响，为了保持接合要素应力传递机构的力的平衡，应将构件应力替换为适合接合要素的设计应力。

③考虑到构件的材料特性和结构特性，在接合要素的应力传递要素变形的适用范围内计算出接合要素的强度。

④确保各极限状态下接合要素的强度大于设计应力，保持满足接合部的性能要求。

2）设计应力

根据结构分析中计算出的接合部产生的构件应力来计算各极限设计时接合要素的设计应力。另外，还要参照接合要素的材料强度决定的应力、施工条件决定的应力和局部应力。

如何计算构件应力取决于结构设计人员采用何种设计方法来确保设计的预制构造物的性能，所以不能规定采用统一的计算方法。例如，壁式预制结构极限时的构件应力是采用标准剪切系数为 0.2 时数值的 2.5 倍，还是采用非线性渐增荷载分析的数值，在很大程度上取决于设计人员的选择。

本资料研究对象的构件应力，原则上考虑到以下项目：

①所研究对象的应力为弯矩、剪力、轴力或组合应力。

在适当考虑各极限设计状态下的应力组合和荷载系数时，要参照建筑标准法施行令、钢筋混凝土结构计算标准及解说（RC 标准）及 ACI318-95 的规定。

- 建筑标准法施行令第 82 条　（计算容许应力等时的各应力组合）
- RC 标准第 15 条　（剪切设计的相关规定）
- ACI318-95 的规定　（竖向荷载作用时承载力极限状态下的荷载系数）

恒载大于 1.4，活载大于 1.7

②在结构分析中，要充分考虑适合预制构件特点的刚度和变形性能。

在确定结构分析的思路和方法时，要参照本技术资料《W-PC 的设计》、《WR-PC 的设计》或《R-PC 的设计》。

③剪力墙竖向接合部的剪力

在壁式预制结构中，原则上根据具有满足壁量的剪力墙的平均剪应力进行计算。在框架式预制结构中，由于将剪力墙视为复合构造体，所以假定的应力传递机构的模型不同，剪力墙竖向接合部的设计剪力也各不相同。因此，设计剪力主要取决于设计人员的选择。请参照本资料的《WR-PC 的设计》或《R-PC 的设计》适当进行选择。

构件极限状态下接合要素的设计应力中，根据结构分析中的构件应力，原则上采用如下计算方法。此外，具体的计算方法，请参照《W-PC 的设计》、《WR-PC 的设计》或《R-PC 的设计》。

①梁水平接合部的剪力

- 使用极限状态：根据梁构件的设计剪力使用弹性梁理论进行计算。
- 承载力极限状态：根据梁构件的最大弯矩（适当考虑楼板钢筋和主筋的强度增加引起的应力增加）引起的钢筋拉伸力，根据一定区间内应力平衡方程式推导出的方程式进行计算。

②楼板端部竖向接合部的剪力

楼板的面内剪力可以分为两种，一种作为局部应力进行计算，另一种作为对相邻构架的传递剪力进行计算。

• 局部应力：基本上不会产生构架间剪力传递的悬臂楼板等将局部震度用于支配面积部分的重量进行计算。局部震度大于1.0或Ai分布中确定的数值。

• 传递剪力：有壁阶楼层的楼板、桩基部分的上下楼板等产生构架间剪力传递时，根据机构分析中各构架的分担剪力进行计算。

③考虑结构施工顺序的半预制梁和半预制板的剪力

计算半预制构件的设计剪力时，要考虑出现叠合构件性能之前的外围防护设施的设置状况（支撑条件、拆除时间等）及荷载条件（单一构件的竖向荷载、施工荷载）对叠合构件的应力的影响。

3）假定接合部的接合要素组合和布置时的注意事项

①在满足接合部的性能要求上，选择的接合要素（应力传递要素）具有适合框架整体各应力水平变形性能的强度或韧性。

• 设计正常使用极限时，使用刚度高的应力传递要素。

• 设计承载力极限时，除允许部分破坏的壁式预制结构外，缺乏韧性的应力传递要素同时缺乏强度。

②满足充分发挥接合要素强度的设定条件。

• 考虑材料强度、弯曲和剪切的复合状态等。

• 使塑性铰区域的接合要素有足够的强度，防止变形集中在接合要素。

③施工时要注意充分发挥接合要素的强度。

• 生产及施工中出现的误差要满足设计人员注意事项或日本建筑学会编的《建筑工程标准说明书及解说 JASS10 预制混凝土工程》中的尺寸容许差和组装位置的精确度。

• 在施工阶段，要确保构件的挠曲等不会降低接合部的性能。

④随着构件之间接合部的增加，构件整体的错位也会增加，框架回复力特性中滑动变形的比例就会增加。因此，要注意构件之间接合部的数量。

3 接合部的设计流程图

1）壁式预制结构

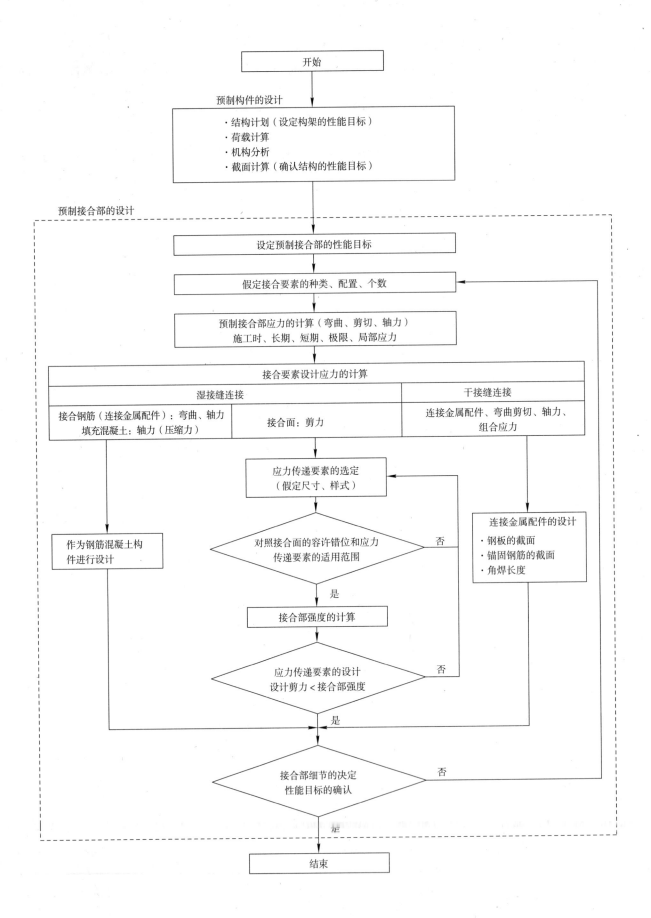

134

2）现浇同等型框架式预制结构

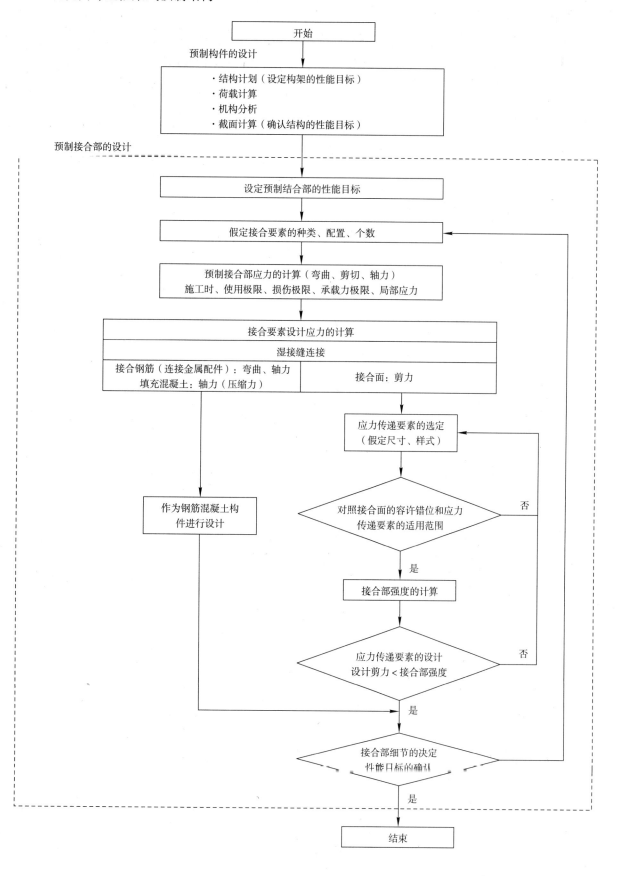

4.3 预制构件的接合

预制混凝土工法的接合部可以考虑多种接合形式，如壁式预制结构和框架式预制结构等。

在此，将各预制接合部使用的标准接合形式和接合方法分为壁式预制结构和框架式预制结构。

4.3.1 壁式预制结构的接合部

1 接合部的位置和分类

壁式预制结构由剪力墙、楼板、栏杆和其他预制构件构成。在施工现场，通过湿接缝接合方式或干接缝接合方式将构件连接成整体。

图 4.3.1.1 为壁式预制结构中接合部的位置。

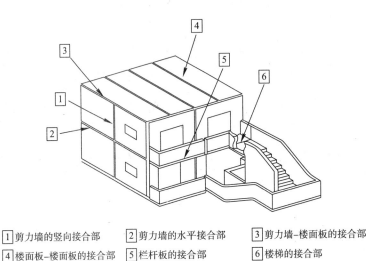

1 剪力墙的竖向接合部　　2 剪力墙的水平接合部　　3 剪力墙–楼面板的接合部

4 楼面板–楼面板的接合部　　5 栏杆板的接合部　　6 楼梯的接合部

图 4.3.1.1　壁式预制结构中接合部的位置

竖向接合部是指横向相连的墙板及楼板与楼板之间的接合部，水平接合部是指上下楼层的墙板之间以及墙板和楼板的接合部。第 4 章中壁式预制结构接合部的名称表示为构件（墙板、楼板）、方向（竖直、水平）的组合。

各个接合部进一步可分为墙板之间或楼板之间在同一平面内连接在一起的平面连接和正交墙板、楼板等采用 L 形、T 形、十字形连接在一起的交叉连接。另外，接合方法包括使用填充混凝土应力传递的湿接缝接合方式和混凝土应力传递的干接缝接合方式。

2 接合形式和接合方法

1）剪力墙的接合部

①竖向接合部

剪力墙的竖向接合部是指将同一楼层横向相连的墙板之间连接在一起的部位。

［接合形式］

竖向接合部的形式包括图 4.3.1.2 中的第一种类型平面连接和第二种类型交叉连接。交叉连接除了图中的 T 形之外，还有 L 形、十字形。

［接合方法］

虽然有时也使用干接缝接合方式，但是，一般情况下，主要采用湿接缝接合方式，接合要素接合面中使用抗剪键及接合钢筋。

一般采用将预制构件中伸出的钢筋焊接在一起，或在预制构件中安装环状钢筋，将它们搭接在一起锚固连接，然后在接合部浇筑填充混凝土。

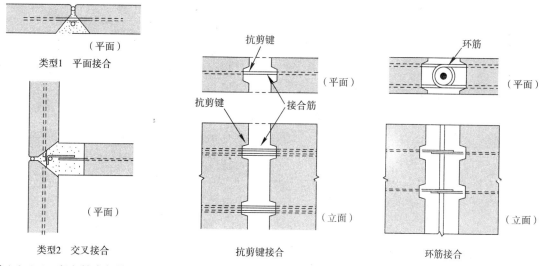

类型1 平面接合

图 4.3.1.2 竖向接合部的形式

抗剪键

接合筋

类型2 交叉接合

环筋

抗剪键接合

环筋接合

图 4.3.1.3 竖向接合部接合方法的一种示例

在接合部浇筑不低于预制混凝土设计标准强度的混凝土或砂浆。

采用环筋焊接方式时，由于不能确定焊接对竖向接合部的抗剪强度或拉伸强度的影响，需要进行实验。另外，在地下外墙等处设置接合部时，还必须考虑土压对面外应力的影响以及通过添加防水橡胶等来解决接合部的防水问题。接合方法示例见图 4.3.1.3。

②水平接合部

剪力墙的水平接合部连接上下楼层的墙板，在接合形式上属于平面接合。

［接合形式］

外墙的接合部一般采用图 4.3.1.4 中的类型 1，内墙一般采用图 4.3.1.4 中的类型 2。

［接合方法］

铺设砂浆并安装预制构件后，连接上下楼层的墙板。

接合方法一般采用直接接合和钢板接合，近年来主要采用直接接合。接合方法示例见图 4.3.1.5。

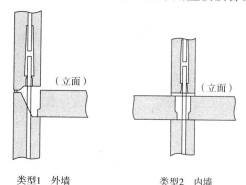

类型1 外墙　　　　类型2 内墙

图 4.3.1.4 水平接合部的形式

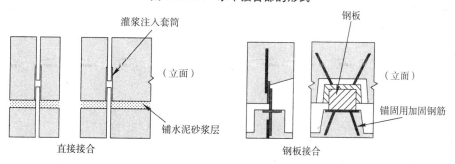

直接接合　　　　钢板接合

图 4.3.1.5 水平接合部的接合方式示例

137

2）楼板的接合部

楼板的接合部大体上可以分为剪力墙—楼板、楼板—楼板的连接。另外，楼板又可分为屋顶板与一般楼板。在壁式预制结构中，楼板大多采用预制板，所以在本章中只介绍预制板的接合部。

①剪力墙—楼板

剪力墙—楼板的接合部作用是将楼板产生的剪力传递给剪力墙。

［接合形式］

剪力墙—楼板的接合部包括图4.3.1.6中设置在屋顶板的第一种类型和设置在一般楼层的第二种类型。此外，为了使楼板和外墙的接合部能够突出出来，通常在使用时不将楼板分割开来。

［接合方法］

为了将楼板产生的剪力传递到剪力墙，用混凝土设置抗剪键，将预制楼板和剪力墙伸出的钢筋或钢板连接在一起，或者通过填充混凝土将剪力墙伸出的销子钢筋连为一体。以前主要使用钢筋进行接合，但从施工性能来看，今后使用销子钢筋的方法将会增加。使用钢筋进行接合时，通过搭接接头或闪光组焊接以后，浇筑混凝土将钢筋连接在一起，使用销子钢筋进行接合时，剪力墙上的钢筋的伸出长度应在 $8d$ 以上。在顶楼，为了防止接合部脱落，最好通过焊接将销子钢筋和楼板接合钢筋连接在一起。进行钢板连接时，将设置在缺口部的钢板焊接在一起后，为了确保其使用寿命，还需要填充砂浆。另外，通过剪力墙隔开楼板部位的重叠部分传递竖向剪力。

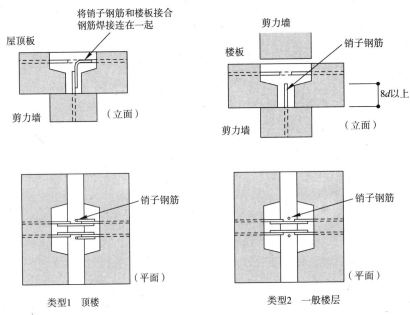

图 4.3.1.6　剪力墙—楼板接合部的形式

②楼板—楼板

楼板—楼板的接合部为平面接合，将同一楼层的楼板固定在一起。

［接合形式］

关于楼板与楼板的接合部，大多原封不动地在楼板下面进行装修，下面的接合部之间留有裂缝般大小的间隔，接合部设置在楼板上面。

［接合方法］

接合方法包括钢筋的连接、钢板的连接以及钢筋和钢板的连接，大多采用钢筋的连接。

钢筋的连接如图4.3.1.7所示，将从预制板突出的楼板水平钢筋通过搭接接头或闪光组焊接连在一起以后，填充混凝土将钢筋连为一体。另外，使用钢板接合方式时，将缺口部的钢板连接在一起以后，再填充混凝土。此外，采用钢筋和钢板接合时，将钢筋焊接在钢板上并填充混凝土将其连成整体。

138

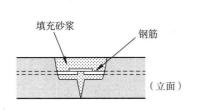
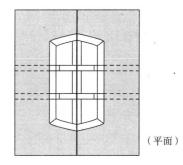

（立面）

（平面）

图 4.3.1.7 楼板—楼板接合部的形式

3）其他接合部

①栏杆的接合部

栏杆的预制构件可以采用各种各样的方法，可以将楼板与栏杆连为一体，也可以组装金属栏杆等。这里主要介绍预制的栏杆墙与走廊和外走廊的悬壁板顶端的连接。

［接合形式］

栏杆接合部多采用在悬壁板顶端突出部位上放置栏杆板，使其形成一个整体。

［接合方法］

因为要在有限的顶端突出部位设置接合部，所以限制较多，接合方法一般采用图 4.3.1.8 中的套筒形式。

②楼梯的接合部

楼梯的接合部包括楼梯平台和楼梯板、楼梯板和楼梯板、楼梯平台和楼梯平台、栏杆和楼梯板等多处接合部，这里主要介绍楼梯平台和楼梯板的连接。

［接合形式］

接合形式为同一面内的接合部，所以多采用放置在楼梯平台的形式。

［接合方法］

在发生地震时，该层阶梯板产生的剪力集中在楼梯平台与楼梯板的接合部，因此楼梯平台与楼梯板的接合部多采用图 4.3.1.9 所示的钢板接合方式。

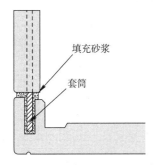
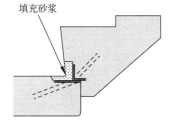

图 4.3.1.8　栏杆接合部一种示例　　　　图 4.3.1.9　楼梯接合部一种示例

4.3.2　现浇同等型框架式预制结构的接合部

1　接合部的位置与分类

框架式预制结构由结构柱、梁、剪力墙等预制构件或空心外壳预制构件以及楼板构成，在现场安装预制构件和组装接合部位置的接合钢筋之后，通过浇筑混凝土使它们形成整体。

在第 4 章中，将各接合部称为构件（柱、梁等）、位置（端部、中间部位等）以及接合面的方向（竖向、水平）的组合。本章中介绍的框架式预制结构的接合部位置见图 4.3.2.1。

此外，本章中将柱-梁交叉部位作为柱端部水平接合部或梁端部竖向接合部的一部分来处理，而不作为独立的接合部。但是，为了弄清楚柱与梁的水平接合部的形状，本书中介绍了它的位置、接合形式及接合方法。

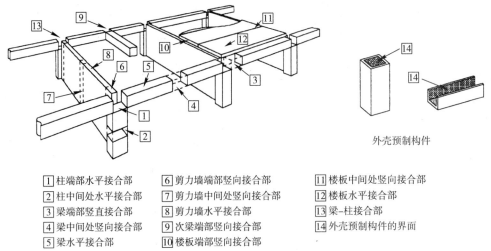

1 柱端部水平接合部	6 剪力墙端部竖向接合部	11 楼板中间处竖向接合部
2 柱中间处水平接合部	7 剪力墙中间处竖向接合部	12 楼板水平接合部
3 梁端部竖直接合部	8 剪力墙水平接合部	13 梁-柱接合部
4 梁中间处竖向接合部	9 次梁端部竖向接合部	14 外壳预制构件的界面
5 梁水平接合部	10 楼板端部竖向接合部	

图 4.3.2.1　框架式预制结构的接合部位置

如表 4.3.2.1 所示，框架式预制结构的接合部可以根据接合面轴线方向（正交方向、平行方向），分为通过接合部的结构作用将不同构件连成整体的接合部和将构件本身连成整体的接合部。

框架式预制结构接合部的分类　　　　　　　　　　　　　　　　　　　　　　表 4.3.2.1

接合面的方向 ＼ 结构作用	将不同构件连成整体	将构件本身连成整体
轴线正交接合部	1 柱端部水平接合部 3 梁端部竖向接合部 8 剪力墙水平接合部 9 次梁端部垂竖向接合部 10 楼板端部竖向接合部	2 柱中间处水平接合部 4 梁中间处竖向接合部 11 楼板中间处竖向接合部
轴线平行接合部		5 梁的水平接合部 6 剪力墙端部竖向接合部 7 剪力墙中间处竖向接合部 12 楼板水平接合部 14 外壳预制构件的界面[注1]

注1：所谓外壳预制构件，是指使用间作模板的薄壳预制构件而形成的叠合构件。

2　接合形式和接合方法

1）柱的接合部

如图 4.3.2.1 所示，柱构件之间的连接位置包括（1）柱端水平接合部和（2）柱中水平接合部。柱构件中所含有的接合部越多，再加上接合部的错位，结构发生滑动变形的几率也就越大。

接合部的混凝土接触面和横切接合部连续传递拉力的柱主筋为传递弯曲、轴向力以及剪力的接合要素。此外，柱主筋在所有的接合面处都连接在一起。考虑到接合部的柱主筋的施工性能，通常情况下主要使用满足 A 级接头性能以上的注浆套筒接头。

①柱端水平接合部

［接合形式］

柱端部水平接合部主要位于柱脚和柱头部两个部位。柱主筋的接头一般情况下设置在柱脚。构件分割方向为轴线的正交方向，通过接合部在轴线方向形成统一整体。接合形式一般采用图 4.3.2.2 中的两种类型。

类型1在下一层的现浇混凝土楼板之上铺设调整标高用的砂浆，然后将预制柱放在上面。通过砂浆在下层柱和上层柱的边界面各形成一个接合部。

类型2在柱底面设置凸凹的混凝土，然后灌浆。通过套筒接头内的灌浆材料在下层柱和上层柱的边界部各形成一个接合部。

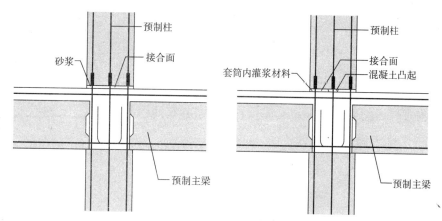

图4.3.2.2 柱顶部水平接合部（立面）

［接合方法］

图4.3.2.3中的类型1和类型2都要求下层柱主筋从楼板面上突出规定的长度，然后将内含套筒接头的预制柱插入其中。类型1在套筒接头内填充灌浆材料，类型2在套筒接头内和上下楼层的缝隙内填充灌浆材料。另外，安装预制柱时，这两种类型都要求使用楼板面上的斜撑等支撑以确保预制柱的竖直程度。如图4.3.2.4所示，WR-PC墙柱中，在墙柱截面的外周配置保持箍筋用的架立筋，在架立筋的内侧配置墙柱主筋，墙柱主筋的接合方法与R-PC柱相同。架立钢筋使用D13以上的钢筋。在上下墙柱之间，架立钢筋没有必要连在一起，可以在楼板顶端切断。WR-PC墙柱之所以如此配筋，是由于墙柱主筋接头使用大直径的套筒接头，为了确保保护层厚度，将墙柱主筋设置在内侧。

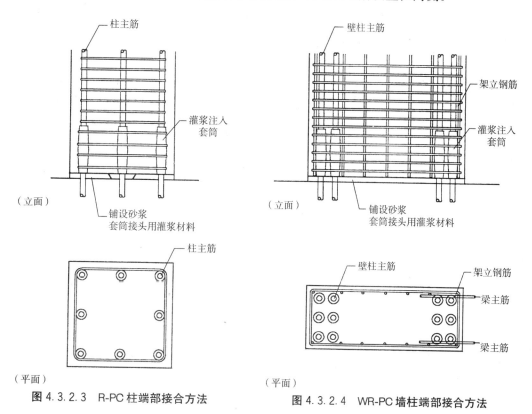

图4.3.2.3 R-PC柱端部接合方法　　　　**图4.3.2.4 WR-PC墙柱端部接合方法**

②柱中水平接合部

[接合形式]

框架式预制工法的柱中间处水平接合部的接合形式主要采用图4.3.2.5中的3种类型。这3种类型的构件分割方向为与轴线正交，预制栓通过这个接合面在轴线方向形成统一整体。

类型1主要用于最低层建筑，建造规定高度的现浇混凝土柱，并在其上面设置预制柱，以形成柱构件。在特别重视1楼柱底部铰接的弯曲屈服时的变形能力时，主要使用这一类型。

类型2主要用于一般楼层，建造规定高度的预制柱，并在其上面放置预制柱以形成柱构件。

类型3是将柱或主梁预制成十字形，也就是所谓的列树型，建造规定高度的预制柱，并在其上部设置十字形的预制柱或预制主梁。

3种类型的接合部都位于铺设砂浆或套筒接头内灌浆材料的柱中间部位。

[接合方法]

由于柱中接合部形状大多与柱端接合部形状相同，所以其接合方法与柱端接合方法相同。

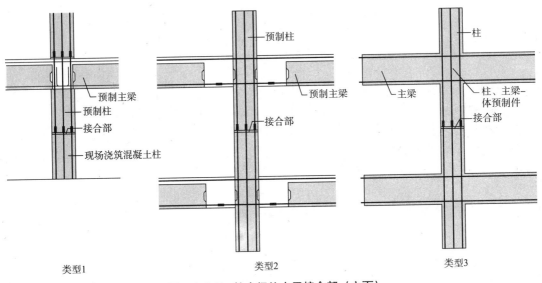

图 4.3.2.5 柱中间处水平接合部（立面）

2）主梁的接合部

如图4.3.2.1所示，主梁的接合部主要包括（3）梁端竖向接合部、（4）梁中竖向接合部和（5）梁的水平接合部。由于框架式预制结构要考虑构件间或构件本身的一体性，所以在增加接合部的数量时一定要考虑增加的错位量。

①梁端竖向接合部

梁端竖向接合部一般与构件轴线正交。

[接合形式]

梁端竖向接合部的接合形式一般有图4.3.2.6中所示的2种类型。

• 类型1

在柱—梁交叉处内部设置钢筋接头、浇注混凝土的接合形式。

• 类型2

当柱为包含柱—梁交叉部在内的整体预制构件时，在预制构件梁的端部设置钢筋接头、现浇混凝土的接合形式。接合面位于柱和梁的边界面以及梁的预制部分和现浇部分的边界面两个部位。

[接合方法]

接合方法仅限于湿接缝接合。另外，通常在接合面连接梁主筋。无

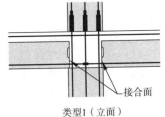

类型1（立面）

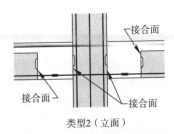

类型2（立面）

图 4.3.2.6 梁端竖向接合部

论哪种类型，梁主筋都在接合部内部设置钢筋接头，通过现浇混凝土将构件连接在一起。原则上，须在接合面上设置抗剪键。施工时通过支架支撑预制梁，但在类型1中，也可以通过隔撑或预制柱直接支撑预制梁。

类型1在柱—梁交叉处内部用钢筋进行连接。如图4.3.2.7所示，可以使用焊接接头（全部溶化）、螺纹接头、灌浆接头以及带90°或180°弯钩的搭接接头等。在类型1中，梁柱连接部分受剪区的应力传递形式非常复杂，目前还有许多不明之处，所以一般通过结构实验确定其性能。类型2的钢筋接头使用与类型1相同的焊接接头（全部溶化）、灌浆接头以及带90°或180°弯钩的搭接接头等。

焊接接头（全部溶化）　　　灌浆套筒接头　　　带弯钩的搭接接头

图4.3.2.7　梁端钢筋接头（立面）

②梁中竖向接合部

梁中竖向接合部设在跨中附近，接合面与构件轴线正交。

［接合形式］

采用图4.3.2.5中的第3种类型柱和梁连为一体的列树型等，在梁的中间部位将预制构件连在一起的接合形式。如图4.3.2.8所示，在梁中设置钢筋接头的现浇混凝土部分共有两处接合面。

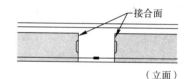

（立面）

图4.3.2.8　梁中竖向接合部

［接合方法］

在接合部内部安装梁主筋的钢筋接头，通过现浇混凝土将梁构件连接成整体的方法。因为地震荷载作用时的弯矩非常小，所以大多在接合面上设置抗剪键。如图4.3.2.9所示，梁下端钢筋的接头可以使用灌浆套筒接头等。

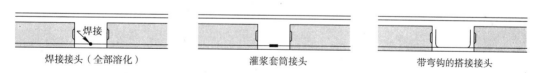

焊接接头（全部溶化）　　　灌浆套筒接头　　　带弯钩的搭接接头

图4.3.2.9　梁中间处位的钢筋接头（立面）

③梁水平接合部

梁水平接合部的设置方向与构件轴线平行，是在楼板上浇注混凝土使之与预制部分接合的浇注接缝面。

［接合形式］

梁水平接合部一般采用图4.3.2.10中的两种接合形式，即半预制梁形式和完全预制梁形式。因为这两种形式都是通过梁水平接合部将预制部分和上面的现浇混凝土部分连为一体，所以连接以后能够发挥整体构件的性能。

• 半预制梁形式

将预制梁上端主筋设置在上面的现浇混凝土部分，然后使抗剪钢筋从预制梁上伸出作为连接钢筋，将梁和楼板连接在一起的形式。

• 完全预制梁形式

在梁主筋的上端钢筋和下端钢筋都设在预制部分的完全预制梁的上部形成楼板，将附加钢筋作为连接钢筋来使用。与半预制梁形式相同，这种形式通过上部的现浇混凝土将梁和楼板连成整体。

［接合方法］

接触面使用刷子刷毛或设置销筋。在半预制梁中，箍筋兼作连接钢筋，而完全预制梁中由附加钢筋作连接钢筋。在箍筋或附加钢筋的内侧设置梁上端主筋或加固钢筋等之后，通过在预制梁的上面现浇混凝土使构件形成整体。

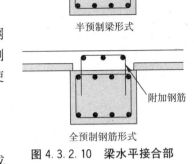

图 4.3.2.10　梁水平接合部

3）剪力墙的接合部

①剪力墙接合部概要

在框架式预制结构中，很难将剪力墙的墙板和周围的柱、梁制作成整体型的预制构件，通常将柱和梁、剪力墙等分割成不同的预制构件，然后在施工现场通过接合部将它们组装在一起，称为预制叠合剪力墙。

预制剪力墙的接合部可以分为设置在柱和墙板之间或墙板与墙板之间的竖向接合部和设置在墙板或柱和楼板之间的水平接合部。图 4.3.2.11 为典型的预制剪力墙的接合部实例。此外，连层剪力墙内部是否设置梁取决于剪力墙的破坏模式和冗余度，这里可以不考虑梁的有无，而只需布置充足的水平接合钢筋（连头钢筋），以防止剪力墙特有的分离破坏。

［接合形式］

本书介绍的预制剪力墙原则上适用于连层设置。预制剪力墙的接合形式取决于预制构件设置的部位。接合形式的好坏，还与成本、工程工期、起重计划和预制件工厂的生产状况等因素有关，所以不能一概而论。另外，在同一建筑物内可以采用不同的接合形式。例如，开口种类很多，不适合使用预制件的山墙可以采用现浇，这样的可选项很多（图 4.3.2.12）。

［接合方法］

为了将预制剪力墙制作成整体墙，在接合部使用了各种各样的接合方法。但是，并非所有的方法在力学原理上都很合理。预制框架原则上要和现浇框架具有同等的性能，所以不使用壁式预制结构经常使用的连接金属配件方法。另外，使用预制件的接合方法也有可能是有效的接合方式，但本书中未将其作为研究对象，这里不作介绍。预制剪力墙接合方法实例见图 4.3.2.13。

②一般情况下经常使用的接合形式和接合方法的组合

如前所述，预制剪力墙中可以使用各种各样的接合形式和接合方法，但如果考虑到施工的难易度和预制时的优缺点等，在现实中能够使用的接合形式和方法很少。本书将着重介绍下列 4 种经常使用的接合形式和接合方法。

a）仅将墙板（含梁）预制的情况（图 4.3.2.14）

预制化部位只有墙板，但有梁时，大多将梁也进行预制。

竖向接合部使墙壁的水平钢筋和梁主筋从预制部位伸出并预留出固定长度，然后将其锚固在现浇的柱和柱—梁交叉处上。此外，为了确保竖向接合部的承载力，在墙壁边缘设置抗剪键。

在水平接合部铺设砂浆或灰浆形成接头，然后用竖向连接钢筋将上下预制墙连成整体。

用设置在上部预制墙内部的套筒接头连接竖向连接钢筋。

设置抗剪键虽然有利于确保水平接合部的承载力，但是由于施工困难，也可以不设置抗剪键。

b）将墙板（含梁）和柱预制的情况（图 4.3.2.15）

预制部位为墙板和柱，但是如果有梁，多将其与墙板制作成整体预制件。

竖向接合部是指在确保固定宽度的现浇混凝土部位，通过搭接接头或闪光组焊将墙壁的水平钢筋和预留固定长度、埋设在预制柱内部的水平连接钢筋连接在一起。墙壁的水平钢筋有时也使用预留固定长度、埋设在墙板内的水平连接钢筋。

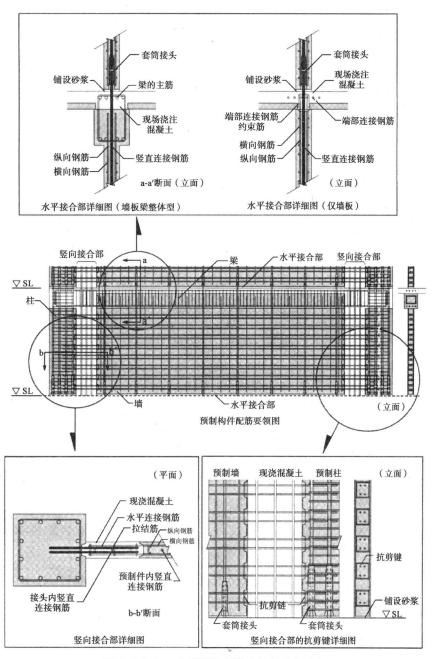

水平接合部详细图（墙板梁整体型）　　水平接合部详细图（仅墙板）

预制构件配筋要领图

竖向接合部详细图　　　竖向接合部的抗剪键详细图

图 4.3.2.11　典型的预制剪力墙接合部实例

145

预制部位		预制部位	
仅墙板	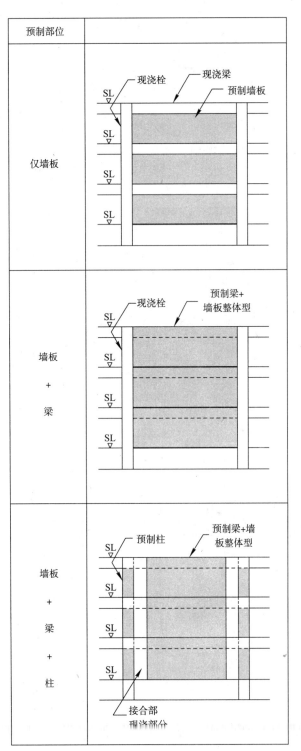	仅柱	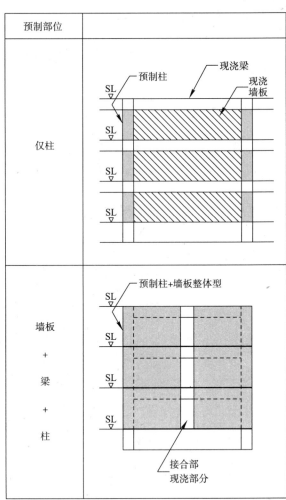
墙板 + 梁		墙板 + 梁 + 柱	
墙板 + 梁 + 柱			

图 4.3.2.12 一般接合形式

接合方法		接合方法	
仅靠抗剪键	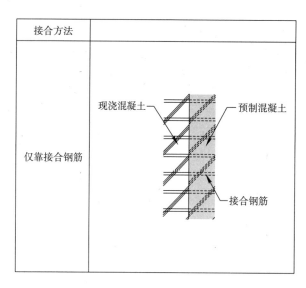	仅靠接合钢筋	
接合钢筋 + 抗剪键			

图 4.3.2.13　预制剪力墙接合方法实例

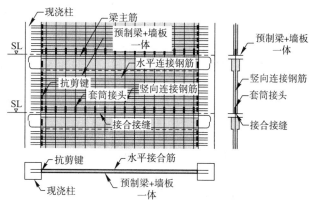

图 4.3.2.14　一般的组合实例（1）
接合方式　竖直　抗剪键＋水平连接钢筋
　　　　　水平　接头＋竖向连接钢筋

　　梁筋或连头筋预留固定长度之后，锚固在现浇的柱—梁交叉处。为了确保竖向接合部的承载力，在墙壁端部和柱面设置抗剪键。

　　水平接合部的墙板和柱均与 a）相同。

　　c）将墙板（含梁）和柱预制（省略水平连接钢筋）的情况（图 4.3.2.16）

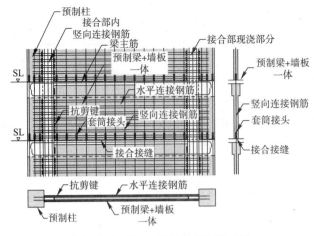

图 4.3.2.15　一般的组合实例（2）

接合方式　竖直　现浇混凝土＋抗剪键＋水平连接钢筋

水平　接头＋竖向连接钢筋

预制部位与 b) 相同，该方式在竖向接合部可以省略施工繁杂的墙壁水平连接钢筋。

必需的水平连接钢筋主要为梁筋或连头钢筋。为了保持竖向接合部的承载力，要在墙壁端部和柱面设置抗剪键，在竖向接合部浇注水泥浆。

水平接合部的墙板与柱均与 a) 相同。

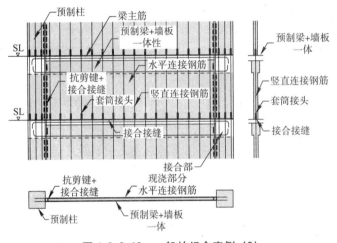

图 4.3.2.16　一般的组合实例（3）

接合方式　竖直　接头＋抗剪键

水平　接头＋竖向连接钢筋

d）将墙板（含梁型）和柱整体预制的情况（图 4.3.2.17）

预制部位为整体的墙板和柱如果含有梁，大多将其与其他部位作为整体进行预制。这种方式由于受起重能力的限制，多在跨度中央设置竖向接合部。

另外，设在跨中的竖向接合部的形式在 a）～c）中，也用于由于受起重机限制而将墙板分割的情况。

在保持一定幅度的现浇混凝土部分，通过搭接接头或闪光组焊将墙壁的水平钢筋连接在一起。墙壁的水平钢筋有时候为预留固定长度、预埋在墙板内的水平连接钢筋。

梁筋在竖向接合部内部通过机械式接头进行连接。为了保持竖向接合部的承载力，要在墙壁边缘设置抗剪键。

水平接合部的墙板、柱均与 a）相同。

148

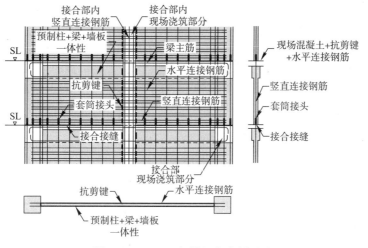

图 4.3.2.17　一般的组合实例 (4)

接合方式　竖直　现浇混凝土＋抗剪键＋水平连接钢筋
水平　接头＋竖向连接钢筋

4）次梁的接合部

次梁端竖向接合部

次梁端竖向接合部接合面设置在与轴线正交的方向。

［接合形式］

次梁端部的接合形式一般由以下两种方式：主梁—次梁交叉部位的主梁中间处预留现浇混凝土空间，在次梁安装后，在主梁中间处浇注混凝土使它们形成整体的方式（类型 1）和次梁搭接的主梁为预制件时，只在主梁—次梁交叉部位上浇注混凝土的方式（类型 2）。

［接合方法］

a）类型 1

该方式是指次梁搭接主梁的位置为现浇混凝土的方式，它主要可以使用两种方法，即在边界面设置抗剪键或将销筋等与有效传递剪力的边界面正交的钢筋固定在次梁搭接主梁位置的现浇混凝土部分。另外，如果能够确保次梁端部下端能够不产生拉力，有时也可以不固定作为抗弯钢筋使用的次梁下端钢筋。

• 弯曲固定型

在模板上切开预制次梁的嵌入部分，安装次梁，用支架支撑，再调整位置。进行配筋时，先配置主梁的主筋，再配置次梁上端钢筋、楼板钢筋，最后浇筑混凝土，使它们形成整体。

• 抗剪键型

建造方法与图 4.3.2.18 中的弯曲固定型相同，但由于没有下端钢筋的固定，所以预制构件的生产和建造方法的施工性能良好。

• 销筋型

建造方法与图 4.3.2.18 中的弯曲固定型相同。在预制次梁时，销筋延伸到模板外。另外，销筋除了可以采用图 4.3.2.20 中的直线固定之外，还可以采用 U 型固定或在销筋的端部进行固定。

b）类型 2

在次梁搭接主梁的接合面为预制件时，作为剪力的传递要素，通过焊接或螺栓将次梁连接在节点板上。这种类型不能固定次梁的下端钢筋，所以只适用于次梁端部下端一侧不产生拉力的情况。

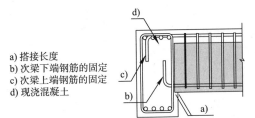

a) 搭接长度
b) 次梁下端钢筋的固定
c) 次梁上端钢筋的固定
d) 现浇混凝土

图 4.3.2.18　弯曲固定型

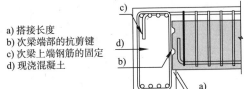

a) 搭接长度
b) 次梁端部的抗剪键
c) 次梁上端钢筋的固定
d) 现浇混凝土

图 4.3.2.19　采用抗剪键的类型

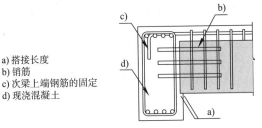

a) 搭接长度
b) 销筋
c) 次梁上端钢筋的固定
d) 现浇混凝土

图 4.3.2.20　采用销筋的类型

- 节点板型

通过螺栓将预制次梁固定在预制主梁的节点板上。按照次梁上端钢筋、楼板钢筋的顺序进行配筋。然后再浇注混凝土，使之形成整体（图 4.3.2.21）。

用螺栓将预制构件连接在一起，可以根据次梁跨度省略支护结构。

- 台座型

将预制次梁吊放到预制主梁的缺口部位，然后调整位置；再按照次梁上端钢筋、楼板钢筋的顺序进行配筋；最后浇注混凝土使它们形成整体（图 4.3.2.22）。

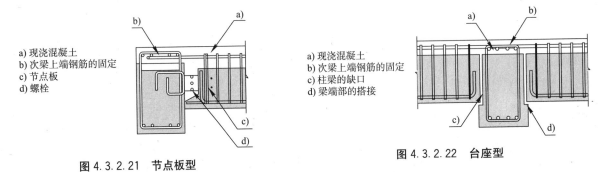

a) 现浇混凝土
b) 次梁上端钢筋的固定
c) 节点板
d) 螺栓

图 4.3.2.21　节点板型

a) 现浇混凝土
b) 次梁上端钢筋的固定
c) 柱梁的缺口
d) 梁端部的搭接

图 4.3.2.22　台座型

5）楼板的接合部

楼板包括全预制楼板和半预制叠合楼板。全预制楼板是将楼板的整个截面预制，而半预制叠合楼板则是将楼板的一部分截面预制，预制板兼作模板，通过现浇混凝土使预制板和现浇混凝土形成整体。

①楼板边缘竖向接合部

［接合形式］

楼板端部的竖向接合部主要位于楼板、主梁、次梁等水平构件或剪力墙的交叉部位，目的在于使它们和楼板形成整体。

接合形式主要有全预制楼板和半预制叠合楼板两种。

［接合方法］

- 全预制楼板

将楼板端部搭接在水平构件上。如图 4.3.2.23 所示，在楼板和水平构件等的交叉部位，将楼板的一部分上端钢筋用作连接钢筋确保一定的搭接长度，进行闪光组焊以后，在楼板和水平构件等的交叉部

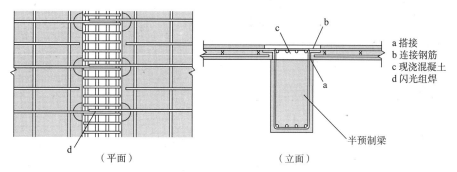

图 4.3.2.23　全预制楼板和水平构件的搭接部位

位浇注混凝土。

· 半预制叠合楼板

将楼板端部搭接在水平构件的上面。如图 4.3.2.24 所示，将楼板和水平构件的搭接部位打通，以确保半预制板上面具有足够的固定长度。楼板上端钢筋的布置方法与传统方法相同。在楼板的现浇部分和搭接部位同时浇注混凝土，使它们形成整体。

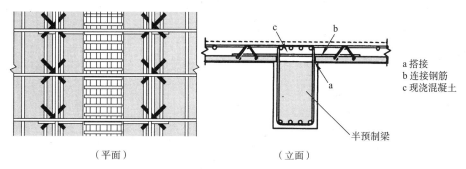

图 4.3.2.24　半预制叠合楼板的楼板和水平构件的交叉部位

②楼板中部竖向接合部

[接合形式]

楼板中部竖向接合部的目的在于使楼板和楼板形成一个整体。它和楼板端部竖向接合部相同，主要有两种类型，即使用全预制型和半预制型。

[接合方法]

· 全预制楼板

如图 4.3.2.25 所示，全预制楼板通过钢筋将固定于相邻楼板之间的钢板焊接在一起。为了防止钢板外漏，须用砂浆等物将缺口填平。

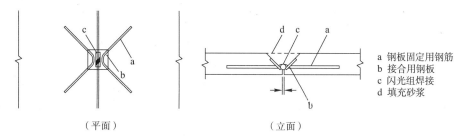

图 4.3.2.25　全预制楼板的楼板与楼板之间的竖向接合部

· 半预制合成楼板

为了使相邻的楼板连接在一起，将连接钢筋布置在半预制板的上面。半预制板的侧面有时为平滑面，为了使现浇混凝土流入也会设置抗剪键。楼板上端钢筋的布置方法与以往的方法相同。在楼板上面

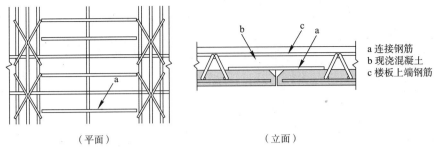

图 4.3.2.26 半预制楼合成楼板间的竖向接合部

a 连接钢筋
b 现浇混凝土
c 楼板上端钢筋

（平面）　　　　　　　　　（立面）

浇筑混凝土使其形成整体。

③楼板水平接合部

［接合形式］

楼板的水平接合部位于半预制板和它上面的现浇混凝土之间，使预制部分跟现浇部分形成一个整体。

［接合方法］

• 类型 1

如图 4.3.2.27 所示，在半预制板的上面设置抗剪键，然后通过浇注混凝土使楼板形成整体。

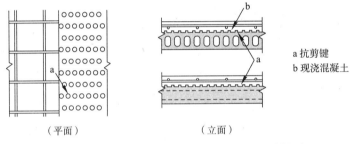

a 抗剪键
b 现浇混凝土

（平面）　　　　　　　　　（立面）

图 4.3.2.27 半预制楼板的水平接合部（抗剪键型）

• 类型 2

如图 4.3.2.28 所示，在半预制板的上面设置桁架钢筋，然后浇注现浇混凝土使楼板形成整体。

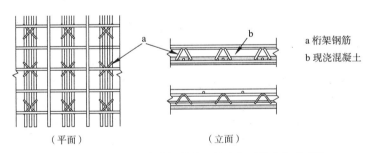

a 桁架钢筋
b 现浇混凝土

（平面）　　　　　　　　　（立面）

图 4.3.2.28 半预制楼板的水平接合部（桁架钢筋型）

6）柱—梁交叉处

在柱—梁交叉处，为了使构件之间形成一个整体，构件边缘接合部位于交叉部位周围。

［接合形式］

柱—梁交叉处的接合部主要有以下 4 种方式，见图 4.3.2.29。

• 现浇型

在柱—梁交叉处浇注现浇混凝土的方式，其上下左右分别设有柱端水平接合部及梁端竖向接合部。

• 柱贯通型

多层楼层的柱采用预制构件，在柱—梁交叉处的左右两侧设有梁端竖向接合部。

· 梁贯通型

在柱—梁交叉处及与柱搭接的梁为整体的预制构件，在柱—梁交叉处的上下均设有柱端部水平接合部。

· 列树型

柱—梁交叉处和柱及梁均采用整体预制构件，在柱—梁交叉处不设置构件之间的接合面。

〔接合方法〕

· 现浇型

为了柱—梁交叉处浇注现浇混凝土，使柱和梁形成整体，没有必要使用特殊接合方法。梁土筋的锚固、接头可以使用各种各样的方法，主要使用在前面的2）主梁的接合部中介绍的方法。各开发公司使用独自的方法，通过结构实验等来确定其可靠性。

· 柱贯通型

以预应力压焊施工方法为代表的接合方法，有时使用图4.3.2.5（类型2）中的方法在梁的端部浇注混凝土。

· 梁贯通型

用套管等将有主筋用贯通孔的柱—梁交叉部和梁端部整体成型构件从柱上面落下，在柱顶部和交叉部位的柱主筋（套管）灌入砂浆，使其形成整体。

· 列树型

一般将预制构件的接合设在一体化的柱或梁的中间部位。

7）外壳预制构件的界面

在外壳预制构件中，为了使外壳预制构件和现浇混凝土形成整体，要在外壳预制件的界面设置抗剪键等。在外壳预制件和现浇混凝土之间设置接合部（面）。

〔接合方法〕

界面的接合形式主要有以下5种，见图4.3.2.30。

①使用抗剪键型

· 连续抗剪键

基本上在整个界面，均一设置抗剪键的方式，从形状上看，主要有连续带状、均一配置（等间隔）的正方形、圆形等。一般情况下，生产时多在内部框架内贴上抗剪键的模板进行加工。

· 部分抗剪键

外壳预制件使用离心成形时，为了便于生产，只在4个角落附近配置抗剪键。4个角落以外的其他部位通过冲洗等方法使表面粗糙。

②使用插筋型

抗剪钢筋以外的其他钢筋伸出界面，所以不需要在结构承载力上进行专门考虑。另外，也可使用抗剪钢筋端部的弯钩预留长度。

③内含芯筋型

外壳预制件含有的芯筋可以起到与插筋同样的作用。另

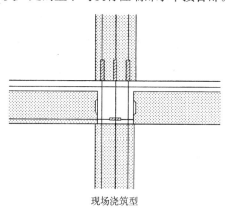

现场浇筑型

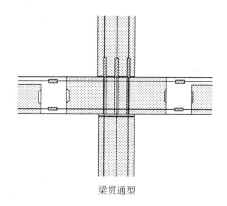

柱贯通型

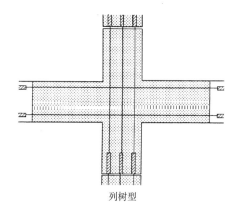

梁贯通型

列树型

图 4.3.2.29　柱—梁交叉处

153

外，芯筋在结构承载力上可以起到抗剪钢筋的作用。

④分割外壳预制件实例

将外壳预制件分割为几部分时，预制件之间会形成接合部。可以设置抗剪键或者在接合部设置45°左右的缺口。

⑤增加粗糙度型

用刷子刷或者通过冲洗在界面形成连续凹凸。有时要预埋设金属网、钢板等，同时它们也兼作制造时的内框架。

外壳预制构件的主筋在外壳部分时，有时要对现浇混凝土进行现场配筋。但是，在以往的研究中，对外壳部分内含主筋的构件进行的实验非常少，基本上都是对现场配筋的构件进行实验。此外，在外壳预制构件的施工实例中，基本上也都是现场配筋的构件，所以本书中也将着重介绍现场配筋构件。

在以往的研究中，界面的接合形式主要采用各公司自己开发的方法，所以形状、尺寸、方式等各不相同。因此，必须通过外壳预制构件界面剪切性能的相关实验或外壳预制构件（柱梁、剪力墙）的结构实验来确认其目标性能。

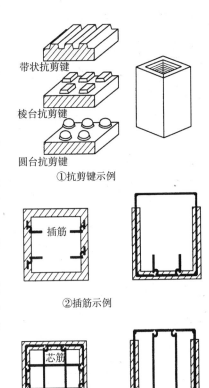

①抗剪键示例

②插筋示例

③内含芯筋的示例

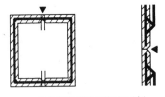

④分割外壳预制件的示例

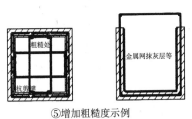

⑤增加粗糙度示例

图 4.3.2.30　界面的接合形式

4.4　应力传递要素的力学特性

预制构件接合部的应力传递主要发生在混凝土和混凝土、钢筋和混凝土、钢筋和钢筋、钢板和钢板以及其他部位的钢板和钢筋之间，而所有这些部位所依靠的应力传递要素主要为摩擦、承压、附着、焊接等。也就是说，接合部的强度取决于接合部接合形式所具有的应力传递要素。在设计接合部时，既要充分考虑构件的生产和施工，又必须采用合适的接合形式，选择能够满足接合部性能要求的应力传递要素，确定构件的尺寸和形状。因此，要充分了解各应力传递要素的力学特性。

下面介绍各应力传递要素的力学特性概要和传递强度。

4.4.1　混凝土和混凝土之间的应力传递

在预制混凝土结构中混凝土和混凝土的接合面，不能期待混凝土之间的拉应力传递，只能期待剪力和应力传递或剪应力和压应力的组合传递。混凝土和混凝土之间的应力传递要素为：①摩擦、②接触面压应力传递、③剪切摩擦，可以忽视边界面大小、凹凸等同样传递剪应力的要素、④抗剪键和⑤销筋，依靠抗剪键和销筋传递剪应力、在边界面传递形式不同、⑥支承力。这里主要介绍一下设计接合部时的强度和变形特性等基本力学特征。

1）应力传递要素

①摩擦

在混凝土面之间产生压力、该边界面发生滑动时，式（4.4.1.1）中的作用力（即摩擦力）。作用于边界面的剪力小于摩擦力时，不会产生错位变形。摩擦系数取决于边界面的状态（粗糙度），AC1318-95时取表4.4.1.1中的数值[1]。另外，认为设定凹凸面实例请参照照片4.4.1.1。

$$P = \mu \cdot N \qquad\qquad (4.4.1.1)$$

式中，P——传递剪切力（N）；

N——正压力（N）；

μ——摩擦系数。

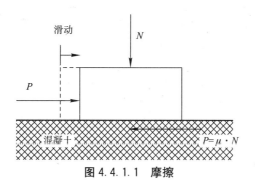

图 4.4.1.1　摩擦

摩擦系数 μ　　　　　　　　　　　　　　　　表 4.4.1.1

边界面状态	摩擦系数 μ
未处理先期浇注混凝土表面与后浇混凝土的边界面	0.6λ
在先期浇注的混凝土边界面上进行清除浮浆等清理工作，且人为设置 5mm 左右的凹凸	1.0λ
适用于没有浇注接缝面的整体浇注混凝土时	1.4λ

注：λ—轻型混凝土时为 0.75，普通混凝土时为 1.0。

② 接触面压应力传递

在产生弯曲、轴力及剪力的轴线正交接合部，在混凝土面与混凝土面的边界面，根据作用于该接合部的应力，产生相应的压应力 σ 和剪切应力 τ。如图 4.4.1.2 所示，剪切应力 τ 小于直接压应力 σ 与摩擦系数之积时，接合部附近的混凝土不会发生错位变形，具有与现浇混凝土同样的性能。这种剪切传递即为接触面压应力传递。

该图中还表示了实验中边界面的应力状态及实验结果[2]，σ 与 τ 的组合会产生图中的破坏曲面，分为沿边界面的错位破坏模式和混凝土的压缩破坏模式。如果在破坏曲面的极限范围内，接合面附近混凝土的性能与没有边界面的整体浇注混凝土相同。这种极限表示为 σ 与 τ 的组合，即式（4.4.1.2）。

$$\tau = \mu \cdot \sigma \tag{4.4.1.2}$$

式中　τ——剪切应力（N/mm²）；

　　　σ——压应力（N/mm²）；

　　　μ——摩擦系数。

μ 为接触面应力传递的摩擦系数，其数值取决于边界面的光滑状况，取表 4.4.1.1 中的数值[1]。

此外，接触面压应力传递表示为压应力 σ 与剪切应力 τ 的关系，但也可以替换为作用于边界面的合力与合力的关系。例如，可以替换为边界面产生的混凝土接触面压力 N 和作用于此处的剪力 V_u，在混凝土边界面能够传递的剪力 V_u 请参照式（4.4.1.3）。

$$V_u = \mu \cdot N \tag{4.4.1.3}$$

式中　V_u——传递剪力（N）；

　　　N——接触面压力（N）；

　　　μ——摩擦系数。

不产生滑动的条件请参照式（4.4.1.4）。

$$V_u \leqslant \mu \cdot N \tag{4.4.1.4}$$

式（4.4.1.4）中所给出的条件为图中的剖面线部分，直接压应力为零时也有剪切应力的传递（锚固或黏着产生的剪切传递）。如果考虑这些，可以参考式（4.4.1.5）。

$$\tau = \mu_e \sigma + \tau_o \tag{4.4.1.5}$$

155

（1）花纹钢板的凹凸

（2）水流喷射冲洗形成的凹凸

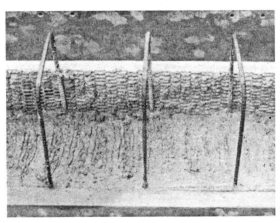

（3）钢板形成的凹凸

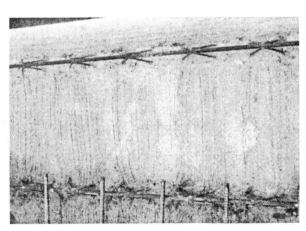

（4）刷子拉毛形成凹凸

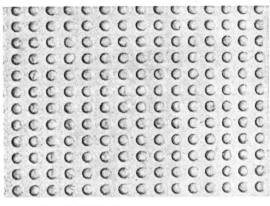

（5）小型圆柱抗剪键形成的凹凸

（6）柱底部抗剪键形成的凹凸

照片 4.4.1.1 人为凹凸的示例

式中　τ——剪切应力（N/mm²）；

　　　σ——压应力（N/mm²）；

　　　μ_e——等效摩擦系数。

等效摩擦系数 μ_e 为图中的虚线弯曲，数值不易发生变化，通过表 4.4.1.1，可以充分确定其安全性。

③ 剪切摩擦

混凝土与混凝土的边界面有充分的锚固力，并有正交钢筋时，边界面的应力传递形式一般为剪切摩

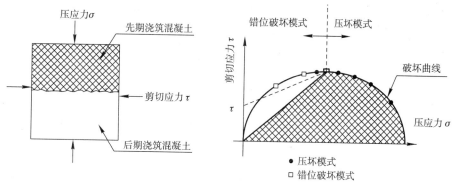

图 4.4.1.2　接触面压应力传递

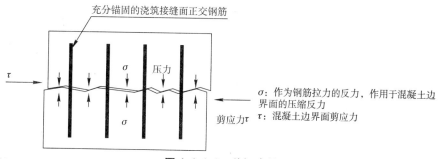

图 4.4.1.3　剪切摩擦

擦。如图 4.4.1.3 所示，根据混凝土边界面的错位变形，边界面会产生相应的裂口。这样，在横切边界面的正交钢筋会产生拉力，而其反力压力则发生在边界面。

因此，能够传递的剪切应力为边界面压应力 σ 乘以摩擦系数 μ_e 得出的值。

$$\tau = \mu_e \cdot \sigma = \mu_e \cdot f_y \cdot p_s \tag{4.4.1.6}$$

注意，

$$\tau \leqslant 0.3 f_c^{\prime\,3)}$$

式中　μ_e——摩擦系数；

f_y——正交钢筋的屈服强度（N/mm²），注意，当使用超过 $f_y \leqslant 785$N/mm² 的高强钢筋时，取 $f_y = 785$N/mm²，关于高强钢筋，将在 4）中介绍；

p_s——正交钢筋截面积比；

$f_c^{\prime}$——混凝土的抗压强度（N/mm²）。

另外，外部的轴应力 σ_n 作用于边界面时，请参照式（4.4.1.7）。

$$\tau = \mu_e \cdot \sigma = \mu_e (f_y \cdot p_s + \sigma_n) \tag{4.4.1.7}$$

如果在边界面产生若干处滑动或裂口，正交钢筋不产生拉应力，剪切摩擦就不会传递剪切应力。也就是说，期待传递产生的剪应力时，在边界面产生若干变形，还要注意在以往的实验中，如图 4.4.1.4 所示，在最大承载力时会产生几毫米的滑动[4]。另外，为了保证正交钢筋达到应力之前不会产生锚固破坏，必须将其锚固在边界面两侧的混凝土之中。之所以在方程式中将钢筋应力的上限屈服强度设定为 785N/mm²，是因为如果使用超过 785N/mm² 的高强钢筋时，为了使钢筋拉应力达到其屈服强度，必然会在边界面产生过大滑动变形。

另一方面，Mattock 等人根据实验结果提出了推算剪切摩擦强度的式（4.4.1.8）[3]。

$$\tau = 1.4 + 0.8(f_y \cdot p_s + \sigma_n) \tag{4.4.1.8}$$

$$\tau \leqslant 0.3 f_c^{\prime}$$

$$1.4 \leqslant f_y \cdot p_s + \sigma_n$$

式中　τ——剪切应力（N/mm²）；

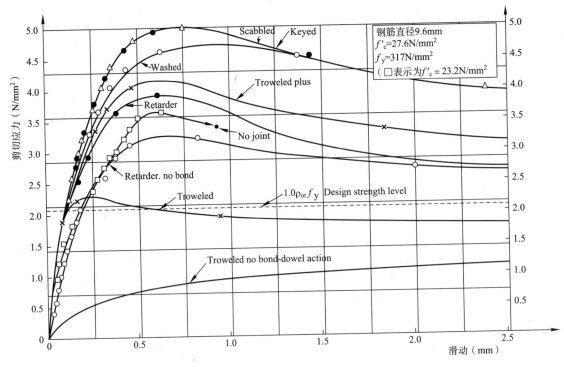

图 4.4.1.4　剪切摩擦滑动与剪切应力[4)]

σ——压应力（N/mm²）；

μ_e——等效摩擦系数；

f_y——正交钢筋的屈服强度（N/mm²）；

p_s——正交钢筋比；

σ_n——轴向应力（N/mm²）；

f'_c——混凝土的抗压强度（N/mm²）。

该方程式中包括混凝土的承受部分，当受到反复剪切应力作用时，有报告表明，边界面的粘结作用很容易消失，承载力本身在单调荷载时，考虑具有良好粘结作用时承载力降低 20%，不考虑良好粘着能力时承载力降低 40% 左右。因此，加上反复应力时，采用式（4.4.1.6）和式（4.4.1.7）。此外，为了充分发挥剪切摩擦所必需的钢筋屈服时拉力，必须确保足够的固定长度。

图 4.4.1.5 为壁式预制结构的竖向接合部剪切传递的相关实验结果与式（4.4.1.7）和式

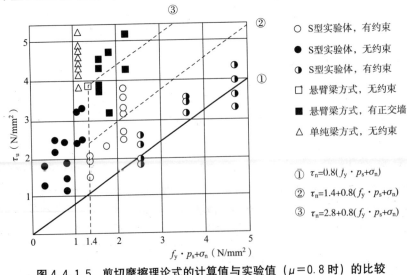

○　S型实验体，有约束

●　S型实验体，无约束

◑　S型实验体，有约束

□　悬臂梁方式，无约束

■　悬臂梁方式，有正交墙

△　单纯梁方式，无约束

① $\tau_n = 0.8(f_y \cdot p_s + \sigma_n)$

② $\tau_n = 1.4 + 0.8(f_y \cdot p_s + \sigma_n)$

③ $\tau_n = 2.8 + 0.8(f_y \cdot p_s + \sigma_n)$

图 4.4.1.5　剪切摩擦理论式的计算值与实验值（$\mu = 0.8$ 时）的比较

（4.4.1.8）的计算值之间的比较图[5]。图中纵轴为实验结果，横轴为 $f_y p_s + \sigma_n$，摩擦系数为 0.8 时的实验结果。式（4.4.1.7）的计算结果与 S 型实验体的实验值一致，基本为下限值。另外，式（4.4.1.8）的计算值接近实验结果的 mean 式[5]。图中还包括 Mattock 等人修改式（4.4.1.8）以后的提案式（4.4.1.9），作为事先使剪切面发生裂缝的钢筋混凝土的剪切传递实验中得出的实验结果的 mean 式[6]。

$$\tau_u = 2.8 + 0.8(f_y \cdot p_s + \sigma_n) \tag{4.4.1.9}$$

$$\tau_u \ (\text{N/mm}^2) \qquad f_y \cdot p_s + \sigma_n \ (\text{N/mm}^2)$$

④ 销筋

不能确保横切边界面的正交钢筋具有足够粘结力时，就不会形成剪切摩擦的剪切传递形式，如图 4.4.1.6 所示，作用于边界面的剪力传递要依靠钢筋本身错位变形引起弯曲的销筋来完成。每根钢筋的强度请参考式（4.4.1.10）。另外，图 4.4.1.7 为销筋的相关实验值与式（4.4.1.10）的计算值之间的比较图[7]。

$$D_u = 1.3(d_b)^2 \cdot \sqrt{f_c \cdot f_y} = 1.65 a_v \cdot \sqrt{f_c \cdot f_y} \tag{4.4.1.10}$$

式中　D_u——每根销筋强度（N）；

　　　d_b——钢筋的直径（mm）；

　　　f_c——混凝土的抗压强度（N/mm²）；

　　　f_y——销筋的屈服强度（N/mm²）；

　　　a_v——钢筋截面积（mm²）。

此外，异形销筋的单侧粘结长度大于 $8d_b$。

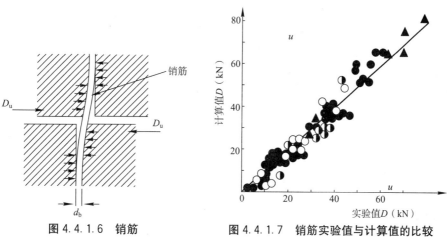

图 4.4.1.6　销筋　　　　　图 4.4.1.7　销筋实验值与计算值的比较

在销筋产生与混凝土压应力或钢筋应力相应的错位变形这一前提下，必须谨慎评价销筋的剪切传递力。图 4.4.1.8 显示，销筋达到最大强度时的错位变形从 1.0mm 到 2.0mm，取决于钢筋直径，钢筋的直径越大，达到最大强度时的变形也相应的要求越大[8]。

此外，销筋同时承受轴向力时，钢筋的全塑性力矩下降且销筋的强度降低，钢筋的拉应力 $\sigma_s = \alpha \cdot f_j$（$\alpha < 1$）时，销筋的强度请参照式（4.4.1.11）[6]。

$$D = 1.3(d_b)^2 \sqrt{f_c \cdot f_y(1 - \alpha^2)} = 1.65 a_v \sqrt{f_c \cdot f_y(1 - \alpha^2)} \tag{4.4.1.11}$$

必须注意式（4.4.1.11）中假定混凝土产生压缩破坏（抗压强度为 $5f_c$）或钢筋发生屈服，且产生一定程度的错位。但是，因为很难量化流错位量，对不容许发生过大错位的部位，应降低混凝土的抗压强度。混凝土的抗压强度降为 $2.5f_c$ 时的销筋强度请参考式（4.4.1.12）。

$$D = 0.9(d_b)^2 \sqrt{f_c \cdot f_y(1 - \alpha^2)} = 1.17 a_v \sqrt{f_c \cdot f_y(1 - \alpha^2)} \tag{4.4.1.12}$$

期望在外侧钢筋出现销筋时，为了防止图 4.4.1.9 所示的混凝土保护层剥离或割裂时产生破坏，销筋设置正交钢筋时，应将充足的正交钢筋 a_v 尽可能靠近边界面设置，这些钢筋通过 135°或 180°的标准弯钩捆扎销筋。

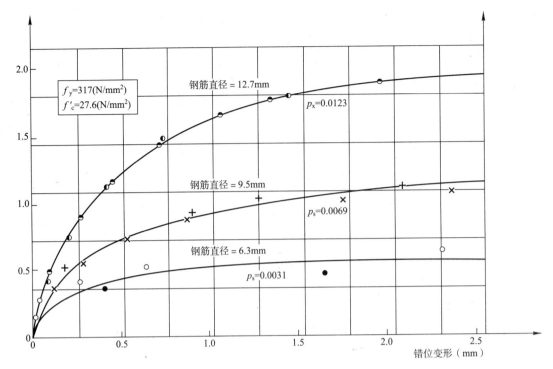

图 4.4.1.8　销筋的错位变形

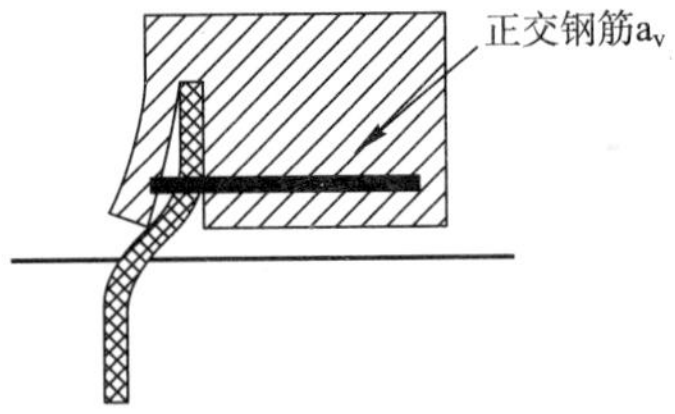

不能确保边界面的正交钢筋具有充足的锚固力，不会形成前面讲述的剪切摩擦剪切传递，作用于边界面的剪力依靠钢筋本身的弯曲剪切变形进行传递。因此，在销筋产生与混凝土的压应力或钢筋应力相应的错位变形这一前提之下，必须慎重评价剪切传递力。

⑤ 抗剪键

通过在混凝土边界面人为设置凹凸传递剪力的应力传递要素叫做抗剪键。抗剪键通过凹凸混凝土的咬合传递剪切，如图 4.4.1.10 所示，边界面的错位变形非常小。因此，要求错位变形低于一定量时才有效果的销筋等剪切传递要素与抗剪键不能组合在一起。

图 4.4.1.9　销筋引起的混凝土剥离

抗剪键破坏决定的剪切强度与抗剪键表面混凝土的抗压强度决定的剪切强度之中的较小值为抗剪键的剪切传递力。在图 4.4.1.11 的状态之下，左侧抗剪键的破坏决定的剪切强度为 Q_1，右侧抗剪键的破坏决定的剪切强度为 Q_2，两者中的较小数值就是这个抗剪键的剪切强度 Q_{sk}，请参考式（4.4.1.13）。

$$Q_{sk} = \min(Q_1, Q_2)$$

(4.4.1.13)

式中　Q_1——左侧抗剪键的受剪承载力（N）；

Q_2——右侧抗剪键的受剪承载力（N）；

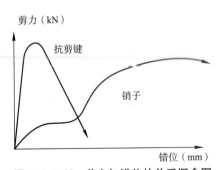

图 4.4.1.10　剪力与错位的关系概念图

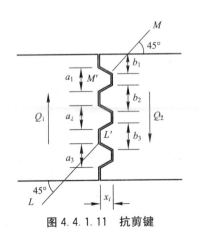

图 4.4.1.11　抗剪键

Q_1 和 Q_2 请分别参照下列表达式。

$$Q_1 = \min (Q_{1s}, Q_{1b})$$

$$Q_2 = \min (Q_{2s}, Q_{2b})$$

$$Q_{1b} = \alpha \cdot f'_{c1} \sum_{i=1}^{n} (w_i \cdot x_i)$$

$$Q_{2b} = \alpha \cdot f'_{c2} \sum_{i=1}^{n} (w_i \cdot x_i)$$

$$Q_{1s} = 0.5 \sqrt{f'_{c1}} \sum_{i=1}^{n} (a_i \cdot w_i)$$

$$Q_{2s} = 0.5 \sqrt{f'_{c2}} \sum_{i=1}^{n} (b_i \cdot w_i)$$

式中　　n——前面发生承压应力的抗剪键个数；

$\quad\quad w_i$——抗剪键的宽度；

$\quad\quad x_i$——抗剪键接触面的高度（mm）；

$\quad\quad f'_{c1}$——边界面左侧混凝土的抗压强度（N/mm^2）；

$\quad\quad f'_{c2}$——边界面右侧混凝土的抗压强度（N/mm^2）；

$\quad\quad \alpha$——承压系数，等于 1.0；

$\quad\quad a_i$——抗剪键底部长度（mm）；

$\quad\quad b_i$——抗剪键底部长度（mm）。

其中，抗剪键的剪切强度为 $0.5\sqrt{f'_c}$（N/mm^2）。根据过去的研究，抗剪键本身的剪切强度如图 4.4.1.12 所示，分布不均，为 $0.09 f'_c$[9]、$0.2 f'_c$[10]、$0.28 f'_c$[11] 等多个值。

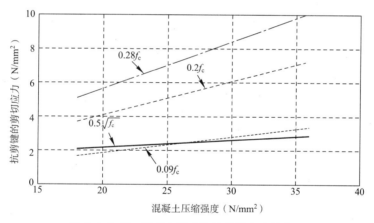

图 4.4.1.12　混凝土强度和抗剪键强度的关系

另外，如图 4.4.1.11 所示，最外面的抗剪键有可能沿破坏面 M-M′和 L-L′破坏，所以这里使用相当于混凝土抗拉强度的数值。

在只需要抗剪键起剪切传递作用的边界面，抗剪键的角度 θ 必须在 0°～30°（对应的 $\mu=0.58$）范围之内。如图 4.4.1.13（a）所示，当抗剪键的角度超过该范围时，倾斜面容易发生滑移破坏。图 4.4.1.13（b）为改变抗剪键角度的以往实验结果[12]，从中可以发现，当角度超过 30°时，接合部的强度会降低。

如图 4.4.1.14 所示，抗剪键部分受到反复剪力时，会产生斜向裂缝。产生斜向裂缝后，为了传递剪力，轴向力需要与斜向裂缝方向的压力匹配。因此，在这样的部位，如果不能确保轴向压力相应的拉力，则需要配置边界面正交钢筋。

161

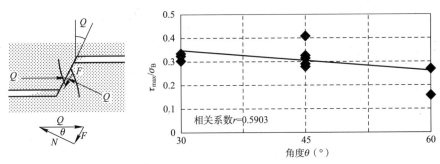

（a）抗剪键的角度和应力传递的概念　　　　（b）抗剪键的角度和接合部强度的并系[12]

图 4.4.1.13　抗剪键角度的影响

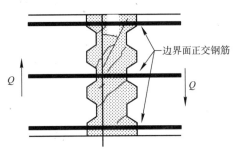

图 4.4.1.14　受到反复剪力的抗剪键

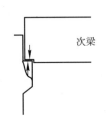

图 4.4.1.15　次梁的搭接

⑥ 支承

图 4.4.1.15 中的预制构件次梁的搭接等被用作施工时的搭接，通过支承传递剪力。这时，需要分析搭接混凝土的支承力以及支承力正交方向产生的拉应力。

2）应力传递要素的组合

①接触面压应力传递或边界面正交钢筋

在接触面压应力传递时，错位量极小。因此，在计算其强度时，不能考虑其他正交钢筋的效果。

②抗剪键或边界面正交钢筋的剪切传递

抗剪键中含有充分锚固的正交钢筋时，抗剪键所在的边界面的剪切强度会增大。综合使用抗剪键或正交钢筋等应力传递要素时，因产生剪切传递效果的错位量各不相同，所以要通过实验等确定各种情况下错位量与传递性能的关系。到目前为止，人们都是通过许多实验来确定剪切强度。

这里介绍抗剪键和正交钢筋组合时使用的强度计算公式，以供大家参考。

（a）日本建筑学会壁式预制钢筋混凝土设计标准中的计算公式

壁式预制钢筋混凝土构件竖向接合部的剪切力 V_u 等于抗剪键的剪切传递与边界面正交钢筋剪切传递之和，请参照式（4.4.1.14）。

$$V_u = 0.10 f'_c A_{sc} + f_y \sum a_s \qquad (4.4.1.14)$$

式中　f'_c——混凝土的抗压强度（N/mm²）；

　　　A_{sc}——抗剪键的截面积之和（mm²）；

　　　f_y——边界面正交钢筋的屈服强度（N/mm²）；

　　　$\sum a_s$——边界面正交钢筋的截面积（mm²）。

有报告显示根据该方程式计算的数值中，如图 4.4.1.16 所示，$f_y \sum a_s$ 的数值较大时，容易放大其效果，不能如实反映接合部的工作情况[10],[11]。

（b）望月、桢谷等人提议的公式

望月、桢谷等人根据极限分析或实验结果，提出了组合使用抗剪键的剪切传递、销筋、剪切摩擦的受剪承载力计算公式[13]。

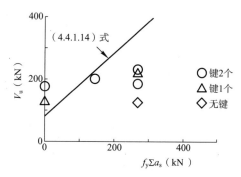

图 4.4.1.16 式 (4.4.1.14) 的计算值与实验值的比较[10]

$$Q = 0.09A_{as} \cdot f_c' + 1.28 \sqrt{f_c' \cdot f_y} + 0.84(0.64A_s \cdot f_y + \sigma_n \cdot A) \quad (4.4.1.15)$$

式中　A_{as}——边界面抗剪键接合部面积总和（mm²）；

f_c'——混凝土抗压强度（N/mm²）；

A_s——正交钢筋截面积的总和（mm²）；

f_y——正交钢筋的屈服点（N/mm²）；

σ_n——边界面平均压应力（N/mm²）；

A——边界面面积（mm²）。

注意，与剪切摩擦时相同，边界面剪切应力的上限为 $0.3f_c'$。这是因为在正交钢筋数量很多时，要防止混凝土压缩束的压缩破坏。

图 4.4.1.17、图 4.4.1.18 将式（4.4.1.14）和式（4.4.1.15）的计算值和望月等人的实验值进行了比较[11]。有报告指出，式（4.4.1.14）的计算值中，过大评价实验值[13]。

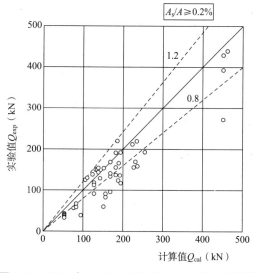

图 4.4.1.17　式 (4.4.1.14) 和实验结果的比较[13]

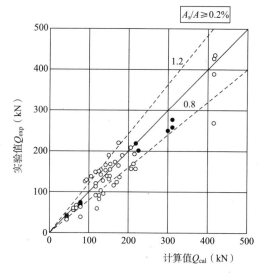

图 4.4.1.18　式 (4.4.1.15) 和实验结果的比较[13]

3）对应力传递要素组合中错位变形的评价

在预制构件的接合部考虑应力传递要素的组合时，例如剪切摩擦和抗剪键，因为效果发挥最大时的各传递要素错位量各不相同，所以单纯累加强度会放大其效果[8),9]。

另外，学会的式（4.4.1.14）或望月等人提议的式（4.4.1.15）等均为应力传递要素组合时的方程式，所以它们是否稳妥要取决于实验结果。这些强度为不同应力传递要素在同一错位量下的强度单纯累加值，但达到强度时的错位量未必明确。因此，有报告指出使用提议的方程式计算时不能反映构件的实际工作状况[10),11]。

163

在预制构件的设计中，为了明确性能要求，必须量化接合部传递应力与错位量的关系。

以前虽然进行了许多有关预制构件或接合部的结构实验，但这些实验的主要目的是确认强度或极限破坏性状，有关接合部错位的定量研究非常少。

最近，松崎、槙谷等人就以往提议的代表方程式和实验中剪切强度和错位量的关系进行了研究[14)、15)]。图 4.4.1.19 中对已有的提议式的计算值和实验中错位量为 2mm 时的承载力进行了比较，没有考虑错位量的各种提议方程式中，往往过大评价实验结果[15)]。

大渊等人在抗剪键和销筋的剪切传递中，提出了考虑错位量的剪切承载力评价方法。图 4.4.1.20 中将使用考虑错位量评价方法的计算值和各错位量时承载力进行了比较，图中显示实验结果和计算结果保持一致[16)]。

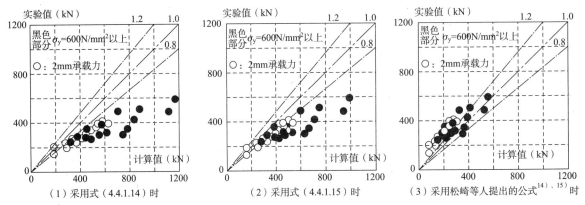

图 4.4.1.19　提议方程式的计算值和实验中错位量为 2mm 时承载力的比较[14)、15)]

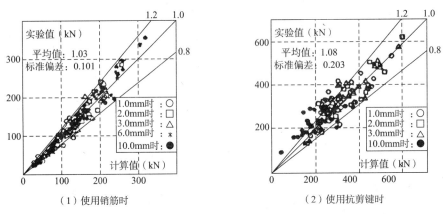

图 4.4.1.20　考虑错位量评价方法的计算值和实验结果的比较[16)]

另外，香取等人通过使用小型接合部的实验，用激光变位计测定接合部混凝土接合面的粗糙度并制成粗糙度曲线将其定量化，研究了接合面粗糙、摩擦系数、剪切承载力和错位量的相关性[17)]。图 4.4.1.21 为接合面粗糙度评价方法的概念图[17)]，图 4.4.1.22 表示接合面粗糙度的评价系数 R_k 和错位时摩擦系数及承载力的关系[18)]。

4）使用高强材料接合部的剪切应力传递

近年来，考虑到使用材料的高强度化、结构系统的

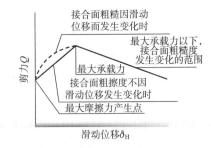

图 4.4.1.21　接合面粗糙度评价方法的概念图[17)]

多样化，冈本等人[19)]、河野等人[20)]使用40N/mm² 以上的高强混凝土，将高达 800N/mm² 的高强钢筋用作正交钢筋，进行了旨在研究使用高强材料时的剪切传递性能的直接剪切实验。

图 4.4.1.23 为冈本等人的实验结果。因为以往的剪切摩擦强度公式过大评价使用高强钢筋接合部

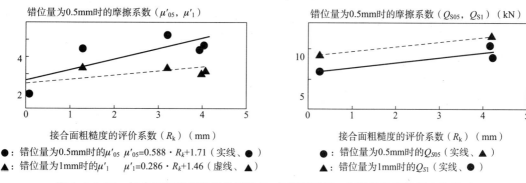

●：错位量为0.5mm时的μ'_{05}　$\mu'_{05}=0.588\cdot R_k+1.71$（实线、●）
▲：错位量为1mm时的μ'_1　　$\mu'_1=0.286\cdot R_k+1.46$（虚线、▲）

●：错位量为0.5mm时的Q_{S05}（实线、▲）
▲：错位量为1mm时的Q_{S1}（实线、●）

图 4.4.1.22　接合面粗糙度的评价系数 R_k 与摩擦系数、各错位量时承载力的关系

的性能，所以冈本等人根据实验结果，提出了考虑正交钢筋的屈服强度、有效度和接合面处理方法的接合部剪切承载力方程式[19]。

河野等人对图 4.4.1.24 中比较平滑的接合面及有各种凹凸的某个间接面，与以往提议的方程式一样分别提出了用一次方程式近似计算的承载力计算方程式[20]。如图 4.4.1.25 所示，正交钢筋的加固量越大，最大抗剪强度时的错位量也就越大，这就意味着在实际用于设计构件接合部时，要充分注意这一点[21]。另外，还有报告指出在比较平滑的接合面，如果使用高强正交钢筋，错位量变小时，销筋的作用会增大。但是，目前，在使用高强钢筋的接合部，需注意以往提出的方程式不能正确评价强度，错位量会受到影响[20]。

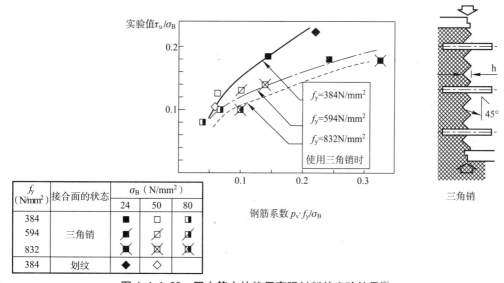

f_y (N/mm²)	接合面的状态	σ_B（N/mm²）		
		24	50	80
384		■	□	◧
594	三角销	◪	◩	◨
832		⊠	⊠	⊠
384	划纹	◆	◇	

图 4.4.1.23　冈本等人的使用高强材料的实验结果[19]

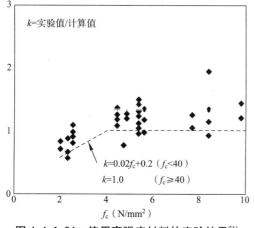

图 4.4.1.24　使用高强度材料的实验结果[21]

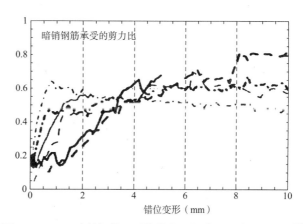

图 4.4.1.25　暗销钢筋承受的剪力比与错位量的关系实例[20]

165

4.4.2　钢筋与混凝土之间的应力传递

一般认为，钢筋和混凝土之间的应力传递主要依靠钢筋固定在构件端部。考虑接头部固定时，可以采用图 4.4.2.1 中的固定方法。一般情况下，主要有图 4.4.2.1 中的（1）直线固定要充分确保直线固定长度的固定方式、（2）L 形固定确保接头内的投影固定长度大于接头构件截面整个直径 0.75 倍的挠曲固定方式等，原则上都要满足日本建筑学会 RC 标准。使用没有满足学会 RC 标准的固定方法时，必须充分考虑其特殊性。另外，预制结构中经常使用的（5）中使用固定金属配件的机械式固定同样也需要在使用前考虑其特殊性。

1) ACI318（1995），Building Code Requirement for Strctural Concrete（ACI318-95）and Commentary（ACI318-95），Farmington Hills，Michigan，USA

2) 塩原等、左薙幸史：「コンクリート打ち継ぎ面の簡易型一面せん断試験」、コンクリート工学年次論文報告集、vol1.13-2、pp.437～442，1991

3) A. H. Mattock and N. H. Hawkins：'Shear Transfer in Reinfoced Concrete Recent Research'，PCI Jounal，March-April，1972

4) R. Park and T. Paulay：Reinforced Concrete Structures，A Wiley-Interscience Publication，John Wiley & Sons，pp.328-345

5) 日本建築学会：「壁式プレキャスト構造の鉛直接合部の挙動と設計法」、pp.191、1997.6

6) Mattock，Alan H.，L. Johal and H. C. Chow：Shear Transfer in Reinfoced Concrete with Moment or Tension Acting Across the Shear，PCI Jornal，July-August 1975，pp.76-93

7) Vintzeleou，E. N.，and Tzssios，T. P.：'Mathematical Models for Dowel Action under Monotonic and Cyclic Conditions'，Magazine of Concrete Research（London），Vol.38，No.134，March 1986.pp.13-22

8) Vintzeleou and T. P. Tassios：'Behavior of Dowels under Cyclic Deformations'，ACI Structural Journal，Vol.84.No.3，January-February，1987，pp.18-30

9) 日本建築学会：「壁式プレキャスト鉄筋コンクリート設計指針」、1994.8

10) 宮内靖昌、菅野俊介、岡本和雄、石井修、井ノ上一博、伊藤栄俊：「プレキャスト鉄筋コンクリート小梁端部の接合法に関する実験的研究（その4シャーコッターを用いた接合部の一面せん断実験）」、日本建築学会大会学術講演梗概集、C構造、pp.685～686、1991.9

11) 松崎育弘、佐俣紀一郎、高橋啓：「プレキャスト部材接合面におけるせん断伝達に関する実験研究（その1～2）」日本建築学会大会学術講演梗概集、C構造Ⅱ、pp.759～762、1992.8

12) 香取慶一、林静雄、乗物丈巳、：「形状の違いと複数個配置されることがプレキャスト接合部のシヤキーのせん断挙動におよぼす影響（第一報：シヤキーの形状と耐力および破壊性状との関係）プレキャスト接合部のせん断挙動に関する研究」、日本建築学会構造系論文集、第518号、pp.71～78、1999年4月

13) 望月重、槇谷栄次、永坂真也：「壁式プレキャスト構造鉛直接合部のせん断耐力－ダウエル効果および圧縮拘束力を考慮した場合」、日本建築学会構造系論文集、第424号、pp.11～22、1991年6月

14) 南尚吾、松崎育弘、中野克彦、大淵英夫、鈴木基晴：「プレキャスト部材接合面の性能評価に関する研究（その2）－既往の耐力評価式とずれ変位量との関係（一面せん断力の場合）」日本建築学会大会学術講演梗概集、CⅡ構造Ⅳ、pp.645～646、1995.9

15) 槇谷栄次、松崎育弘、吉野次彦、石橋一彦、永坂真也：「プレキャスト部材接合部の性能評価に関する研究（その3）－既往の耐力評価式とすべり変位の関係について（接合幅を有する場合）」日本建築学会大会学術講演梗概集、CⅡ構造Ⅳ、pp.647～648、1995.9

16) 大淵英夫、鈴木基晴、南尚吾、中野克彦、松崎育弘：「ずれ変形を考慮したプレキャスト部材接合面におけるせん断伝達に関する研究」、日本建築学会構造系論文集、第491号、pp.97～104、1997.1

17) 香取慶一、林静雄、槇谷貴光、牛垣和正：「コンクリート接合面の粗さを用いた接合面せん断耐力の推定と滑り変位挙動－プレキャスト接合部のせん断挙動に関する研究－」日本建築学会構造系論文集、第507号、pp.107～116、1998.5

18) 香取慶一、林静雄、牛垣和正、乗物丈巳：「直交鉄筋が配筋されたコンクリート接合面のせん断挙動と接合面表面粗さとの関係－プレキャスト接合部のせん断挙動に関する研究－」日本建築学会構造系論文集、第508号、pp.101-110、1998.6

19) 岡本晴彦、菅野俊介、村井和雄、宮内靖昌：「プレキャスト部材と現場打ちコンクリートとの接合面のせん断耐力に関する研究－三角形コッターと高強度材料を用いる場合の実験的検討－」日本建築学会大会学術講演梗概集、構造ⅡC、1992

20) 河野進、柳田豊彦、田中仁史：「高強度材料を用いた接合面におけるせん断力伝達性能の評価」コンクリート工学年次論文報告集、Vol.20-3、pp.631～636、1998年

21) 河野進、柳田豊彦、長尾奈宜、田中仁史：「高強度材料を用いた接合面におけるせん断耐力評価」コンクリート工学年次論文報告集、Vol.21-3、pp.871～876、1999年

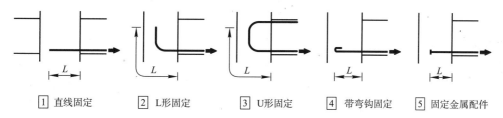

①直线固定　②L形固定　③U形固定　④带弯钩固定　⑤固定金属配件

图 4.4.2.1　固定的种类

1) 一般固定方法的检讨

一般的固定方法为图 4.4.2.1 中的（1）直线固定或（2）L 形固定，除了要确保学会 RC 标准规定的必要固定长度，还要满足固定的相关规定。在这里，主要介绍学会 RC 标准规定的直线固定方式和 L 形固定方式中必要固定长度的计算方程式。

①直线固定方式的必要固定长度

决定直线固定方式的必要固定强度时，要确保接头端的固定长度大于该异形钢筋的必要粘结长度。

$$L_{ab} = \sigma_t \cdot A_s / (K \cdot f_b \cdot \phi) \tag{4.4.2.1}$$

式中　L_{ab}——必要固定长度（mm）；

σ_t——接头端的钢筋实际应力（N/mm²），无论长期还是短期，原则上都使用该钢筋的短期容许应力；

A_s——该钢筋的标称截面面积（mm²）；

ϕ——该钢筋的周长（mm）；

f_b——容许单位粘结应力（N/mm²），按照学会 RC 标准，使用对其他钢筋的短期容许单位粘结应力；

K——保护层厚度或加固钢筋的放大系数，对不会发生割裂的接头进行直线固定时为 2.5。

②L 形固定方式的必要固定长度

L 形固定方式的必要固定长度要大于在钢筋端部设置学会 RC 标准的标准弯钩时的必要投影固定长度。

$$L_{ab} = S \cdot \sigma_t \cdot d_b / (8 f_b) \tag{4.4.2.2}$$

式中　L_{ab}——必要固定长度（mm）；

f_b——容许单位粘结应力（N/mm²），使用对其他钢筋的短期容许单位粘结应力；

S——侧面保护层厚度必要投影固定长度的修正系数，对标准弯钩的侧面保护层厚度大于钢筋直径的 2.5 倍时 $S=0.9$，大于 3.5 倍时 $S=0.8$，大于 4.5 倍时 $S=0.7$，大于 5.5 倍时 $S=0.6$。其他情况时 $S=1.0$；

σ_t——接头面的钢筋实际应力（N/mm²），无论长期还是短期，原则上都使用该钢筋的短期容许应力；

d_b——异形钢筋的标称直径（mm）。

2) 对挠曲部承压破坏的检讨

在预制结构中，与传统的整体浇注型对细节的处理不同，在柱-梁交叉处有时要使用考虑装入钢筋的预制结构特有的固定方法。这时，必须充分考虑其特殊性之后，再进行适当的检讨。本节将介绍图 4.4.2.1 中的（2）L 型固定和（3）U 型固定的挠曲固定时不使用标准弯钩时的固定强度检讨方法，也就是 PRESS 中记载的在城等人的研究基础之上的挠曲部位支撑压力破坏的检讨方法。

如果钢筋挠曲部位的内侧半径很小，在其内侧就会产生很大的支撑压力。这种局部承压应力的大小取决于钢筋挠曲内侧半径，根据式

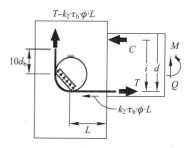

图 4.4.2.2　挠曲部位承压破坏

（4.4.2.3）求挠曲部位承压破坏固定承载力，确保挠曲部位不会发生局部破坏。

$$P_c = k_1 \cdot F_c \cdot d_b \cdot r + k_2 \cdot \tau_b \cdot \phi \cdot L \tag{4.4.2.3}$$

式中　P_c——挠曲部位承压破坏时每根钢筋的固定承载力（N）；

　　　k_1——抗压强度放大系数（$=4.5$）；

　　　F_c——混凝土的设计标准强度（N/mm²）；

　　　d_b——异形钢筋的标称直径（mm）；

　　　r——挠曲内侧半径（mm）；

　　　k_2——粘结强度有效系数；

　　　τ_b——粘结强度（N/mm²）；

　　　ϕ——钢筋轴长（mm）；

　　　L——直线部位固定长度（mm）。

另外，式（4.4.2.3）中的第 2 项要根据梁的状况确定。例如，梁端产生塑性铰时，水平固定部位就不会发挥作用。相反，梁端不会产生塑性铰时，水平固定部位就能发挥一定的作用。因此，在这里，当梁端产生铰时，要忽略式（4.4.2.3）中的第 2 项，不产生铰时，推荐使用学会 RC 标准的短期单位粘结应力的数值作为 $k_2 \cdot \tau_b$ 的数值。另外，还必须确保大于钢筋直径的 10 倍作为挠曲部位的余长。

3）对使用固定金属配件时的检讨

在预制结构中，我们也经常使用图 4.4.2.1 中的（5）使用固定金属配件的固定方法。使用固定金属配件时，必须使用从实验等得出的方程式进行检验。现在，获得日本建筑中心和日本建筑综合实验所一般认定或性能证明的施工方法有钢板螺母施工方法（东京钢铁）和螺纹螺母施工方法（共英制钢）。

设计金属配件固定方法的有关极限强度时，要确保①混凝土的侧面剥离破坏的固定强度和②混凝土的锥形破坏的固定强度均大于固定钢筋的实际屈服强度。其固定强度公式如下（引自东京钢铁的钢板螺母施工方法设计施工指南）：

$$P_{a,u} > \sum T_y \quad 或 \quad P_{c,u} > \sum T_y$$
$$\sum T_y = \sum A_b \cdot f_y \cdot \alpha$$

式中　$\sum T_y$——受拉固定钢筋的承载力总和（N）；

　　　$P_{a,u}$——混凝土的侧面剥离破坏决定的固定承载力（N）；

　　　$P_{c,u}$——混凝土的锥形破坏决定的固定承载力（N）；

　　　A_b——每条固定钢筋的截面面积（mm²）；

　　　f_y——固定钢筋的标准屈服强度（N/mm²）；

　　　α——设计者考虑安全性能而定的放大系数。

①侧面剥离破坏决定的固定强度

$$P_{a,u} = \sum (\sigma \cdot A_b \cdot \beta) \tag{4.4.2.4}$$

式中　σ——固定钢筋的固定承载力时的应力（N/mm²），按下式计算

$$\sigma = \kappa \cdot \sigma_{std}$$

　　　β——折减系数（$=0.8$）；

　　　κ——表示影响的系数，按下式计算

$$\kappa = \kappa_1 \cdot \kappa_2 \cdot \kappa_3$$

　　　κ_1——承压面积比的影响系数，使用固定金属配件时，$\kappa_1 = 1.0$；

　　　κ_2——侧面保护层厚度的影响系数，按下式计算

$$\kappa_2 = 0.96 + 0.01 \, (C/d_b)$$

　　　C——最外侧固定钢筋中心到混凝土表面的距离（mm）；

　　　d_b——异形钢筋的标称直径（mm）；

　　　κ_3——抗剪钢筋的影响系数，按下式计算

$$\kappa_3 = 62.5 p_{wjc} - 1.22 p_{wjc} (F_c - 27.2) ; (p_{wjc} \leq 0.004)$$

$$\kappa_3 = 1.25 - 0.005 (F_c - 27.2) ; (p_{wjc} > 0.004)$$

p_{wjc}——只用柱-梁交叉处外围加固钢筋计算出的抗剪钢筋比；

F_c——混凝土的设计标准强度（N/mm²）；

σ_{std}——固定用标准混凝土强度（N/mm²），按下式计算

$$\sigma_{std} = 101 \sqrt{F_c} \quad \text{注意，} 21 \leq F_c \leq 60$$

② 混凝土的锥形破坏的固定强度

$$P_{c,u} = \beta \cdot \phi \cdot 0.313 \sqrt{F_c} \cdot A_c + k_w \cdot a_w \cdot f_{wy} \tag{4.4.2.5}$$

式中　β——弯曲裂缝的折减系数，$\beta = 0.6$；

　　　ϕ——$\phi = 1.0$；

　　　A_c——锥形破坏面的有效竖向投影面积（mm²），请参照图 4.4.2.3 中的例子；

　　　（有效竖向投影面积要参照日本建筑学会各种合成结构设计指南）

　　　k_w——抗剪钢筋有效系数，等于 0.7；

　　　a_w——配置在固定钢筋正上方和正下方的 2 组抗剪钢筋的截面积之和（mm²）。注意，固定柱钢筋时，只需考虑梁的 1 组箍筋；

　　　f_{wy}——抗剪钢筋的标准屈服强度（N/mm²）。

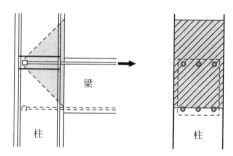

图 4.4.2.3　有效竖向投影面积示例

4.4.3　钢筋和钢筋之间的应力传递

钢筋之间拉伸或压缩的应力传递主要有钢筋直接传递的直接接头和借助混凝土的间接接头两种方式。

1）直接接头

直接接头的种类主要有机械式接头、闪光组焊接头和压接接头等。在选用这些钢筋接头时，要使用适合使用部位性能的接头种类。表 4.4.3.1 为直接接头的分类，图 4.4.3.1 为代表性直接接头的概念图。接头部分强度原则上要大于母料强度。

直接接头分类　　　　　　　　　　　　　　　　　表 4.4.3.1

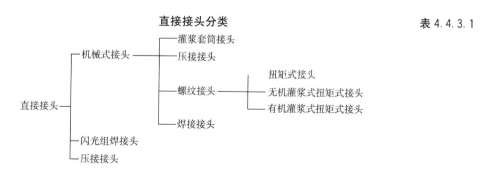

169

①各接头形状

灌浆接头从套筒侧面注入孔注入填充无收缩灰浆，通过无收缩灰浆的剪切强度和套筒的抗拉强度抵抗应力，使插入套筒内的钢筋和钢筋连接成整体。

压接接头用特殊油压千斤顶在套筒外侧施加压力，使套筒内侧咬住钢筋肋或钢筋节，将插入套筒内的钢筋连接在一起。

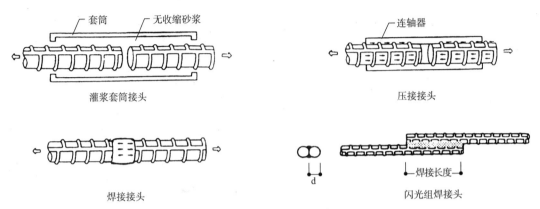

图 4.4.3.1　直接接头概念图

螺纹接头是指通过各种方法将螺丝钉固定在钢筋上，然后通过连轴器安装钢筋，将钢筋连在一起。螺纹接头的形状多种多样，有的只使用连轴器，有的通过连轴器固定连轴器两端的螺母、有的将楔子插入连轴器内，还有的将灰浆灌入连轴器内等。

灌浆接头连轴器内使用的灌浆材料有无收缩灰浆等无机材料和使用材料等的有机质树脂。由于有机质树脂的耐火性能不好，所以使用有机灌浆接头时，要充分考虑钢筋的保护层厚度。

近年来，人们开始综合使用上面的几种接头。主要有灌浆接头＋压接接头、灌浆接头＋螺纹接头、压接接头＋螺纹接头、螺纹接头（扭矩式）＋螺纹接头（灌浆式）等。

焊接接头是指为了防止熔融金属漏出而在钢筋和钢筋之间覆盖铜或磁质焊料，通过焊接将钢筋连在一起。焊接接头在进行焊接时，钢筋会产生几毫米的收缩，这一点也要注意。

闪光组焊是指在钢筋和钢筋搭接的部位侧面，通过闪光组焊将钢筋连在一起。

压接接头乙炔气焊将钢筋和钢筋的边缘加热（不必加热至溶化），然后用油压机将钢筋压接在一起。

关于焊接以外的机械式接头，目前对套筒和连轴器的粘结性能还有许多不明之处，在检讨混凝土的粘结性能时，一般忽略机械式接头的粘结性能，所以，在使用机械式接头时，要充分注意它们的不同结构性能。

② 接头使用部位

机械式接头大多用于柱-梁交叉处附近、连层剪力墙最下层的水平部分等需要反复发生塑性变形的部位或者梁的中央部位等在塑性范围里不会反复发生变形的部位，这些部位往往在拉伸和压缩两个方向受力。在柱接头部位或连层剪力墙最下层的水平部分主要使用 A 级接头以上的灌浆套筒。而在梁的接头部位，考虑到费用和施工等因素，一般选用 A 级以上的压接接头、螺纹接头或焊接接头。

闪光组焊主要用于 2 次构件等在塑性范围内不会反复发生变形的部位，这些部位只受拉力或只适用销筋固定。为了使闪光组焊接头传递钢筋的屈服拉力，必须确保足够的焊挤厚度和长度，焊挤厚度和长度的必要数值请参考相关标准或指南。

压接接头被广泛应用于现浇混凝土的钢筋连接，压接时的钢筋收缩量为钢筋直径的 0.8～1.0 倍，比焊接接头大。在预制结构中，构件连接大多通过钢筋进行连接。采用压接连接时，与钢筋连为一体的构件很沉，仅靠钢筋收缩量很难将构件连在一起，因此很难取得良好的连接状态。此外，即使压接状况良好，但由于钢筋的收缩，构件会发生移动，进而会影响建造精度。因此，在预制结构中不使用压接接头。

③ 机械式结构性能判定标准

日本建筑中心在《钢筋接头性能判定标准（1982）》一书中规定了机械式接头结构性能的确认试验方法，用这种方法来测试各种接头的性能。《钢筋接头性能判定标准（1982）》中规定的方法后来被《告示　平成12年建告第1463号　钢筋接头结构方法的有关规定》所继承，其后又被国土交通省住宅局建筑指导科、日本建筑主事会议和财团法人日本建筑中心编的《2001年版　建筑物的结构相关技术标准解说书》所沿用。机械式接头性能的判定主要使用个体测试判定法或构件测试判定法。个体测试判定法的测试项目主要有单向拉伸测试、单向反复测试、弹性范围正负反复测试和塑性范围正负反复测试等4个项目，根据强度、刚度、韧性和滑动量的判定标准来综合判定钢筋接头的性能。该测试法测试的机械式接头的连接性能分类如下：

Ⅰ　SA级接头　强度、刚度、韧性等与母料基本相同的接头
　　　　　　　各测试项目中的滑动量都小于0.3mm

Ⅱ　A级接头　强度和刚度大体与母料相当，其他各项指标略逊于母料的接头
　　　　　　　塑性范围正负反复测试中的滑动量小于0.6mm，其他测试中的滑动量小于0.3mm

Ⅲ　B级接头　强度大体与母料相当，其他各项指标略逊于母料的接头
　　　　　　　没有关于滑动量的规定

Ⅳ　C级接头　强度、刚度等都低于构件的接头
　　　　　　　没有关于滑动量的规定

在构件的塑性铰部位使用A级接头时，国土交通省住宅局建筑指导科、日本建筑主事会议和财团法人日本建筑中心编的《2001年版　建筑物的结构相关技术标准解说书》中指出通过计算途径Ⅲ来计算极限水平承载力时，构件级别会降低。但是，有报告指出，使用A级接头以上接头的构件测试，包括接头全部位于铰域时，该测试中的构件性能不逊于不使用任何接头而只使用连续钢筋的构件性能。因此，对使用A级以上接头的构件进行测试，确认接头部位安全性能时，可以认为与没有接头的连续钢筋相同。

其他特殊钢筋接头必须为《建设省住宅局建筑指导科通令平成3年31号　钢筋接头性能判定标准》（修订版）中规定的钢筋接头或通过日本建筑中心认定的钢筋接头，还要满足接头使用部位的各项性能要求。

本书将特殊钢筋接头分类中通过A级接头以上认定的接头附加在书末，以供大家参考。

2）间接接头

间接接头主要有搭接接头、内锁接头等。表4.4.3.2为间接接头的分类示意图。

间接接头分类　　　　　　　　　　　　　　　表4.4.3.2

在搭接接头中，钢筋和钢筋的应力传递主要依靠混凝土，所以被广泛应用于现浇混凝土的钢筋连接。如图4.4.3.2所示，间接接头有直线接头、90°弯钩接头和180°弯钩接头等。

将搭接接头用于铰接范围外时，请参考日本建筑学会编的《钢筋混凝土结构设计标准及解说》、相关标准及指南中的搭接接头。在预制结构中，不得不将搭接接头用于铰接范围内时，要通过测试、实验等来确认搭接接头工作状况的安全性。关于搭接接头用于铰接部位时的工作状况，可以参考林等人进行的各种实验[1]。

如图4.4.3.3所示，内锁接头把钢筋端部弄成环状，依靠插入环状部分的插筋传递拉力。

内锁接头是一种预制工法中非常有效的一种钢筋接合方式，但是，目前环状部分的弯曲半径、插筋及混凝土抗压强度等对接头强度的影响还不明确，还有待进一步研究。

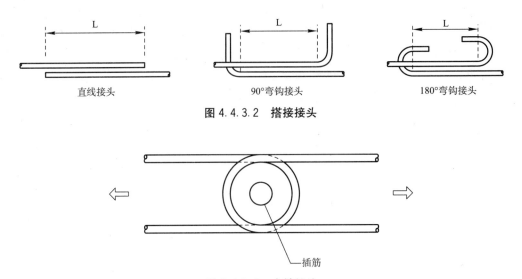

直线接头   90°弯钩接头   180°弯钩接头

图 4.4.3.2　搭接接头

插筋

图 4.4.3.3　内锁接头

4.4.4　钢板和钢板之间的应力传递

钢板和钢板之间的应力通过直接连接钢筋来进行传递。接合方法多采用螺栓连接和焊接连接，在预制结构中，多用于主梁和次梁的接合部、墙壁和次梁的接合部等。应力为拉应力和剪应力，因主要应用于上述部位，所以下面着重介绍剪力的强度公式。

1）螺栓连接

螺栓连接包括图 4.4.4.1 所示的普通螺栓连接（在普通螺栓上直接施加压力，通过承压来连接）和图 4.4.4.2 所示的高强螺栓连接（在螺栓上导入轴向力，通过钢板之间的摩擦来连接）。

①普通螺栓连接

$$R_a = \min(P_1, P_2) \tag{4.4.4.1}$$
$$P_1 = {}_b\sigma_s \cdot A_{be}$$
$$P_2 = A_e \cdot f_s$$

式中　R_a——普通螺栓的受剪承载力（N）；

　　　${}_b\sigma_s$——螺栓的剪切应力（N/mm²）；

　　　A_{be}——螺栓的剪切有效截面面积（mm²）；

　　　A_e——钢板的等效截面面积中的较小值（mm²）；

　　　f_s——钢板剪切应力（N/mm²）。

② 高强螺栓连接

$$R_s = m \cdot \mu \cdot N_i \tag{4.4.4.2}$$

式中　R_s——高强螺栓的受剪承载力（N）；

　　　m——剪切面的数量；

　　　μ——接合面的滑动系数（$\mu = 0.45$）；

　　　N_i——高强螺栓的初期导入轴向力（N）。

1）牛垣和正、大村哲矢、東健二、香取慶一、林静雄：「鉄筋コンクリート梁のヒンジゾーンにおける主筋の重ね継ぎ手の強度に関する実験研究（その1　実験概要及び実験結果）」日本建築学会大会梗概集、C－2 構造Ⅳ、pp7～pp8、1995.8

大村哲矢、牛垣和正、東健二、香取慶一、林静雄：「鉄筋コンクリート梁のヒンジゾーンにおける主筋の重ね継ぎ手の強度に関する実験研究（その2　実験結果の検討）」日本建築学会大会梗概集、C－2 構造Ⅳ、pp9～pp10、1995.8

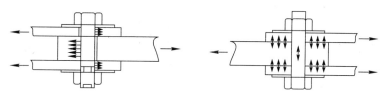

图 4.4.4.1　普通螺栓连接　　　　图 4.4.4.2　高强螺栓连接

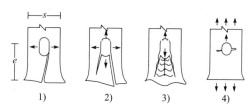

图 4.4.4.3　板构件的破坏方式

　　此外，无论采用普通螺栓还是采用高强螺栓，螺栓和钢板的连接强度取决于板构件 1）边缘拉伸断裂、2）边缘剪切断裂、3）承压破坏、4）有效截面的拉伸断裂（图 4.4.4.3）等因素的强度和螺栓剪切强度中的最小值。

$$R_u = \min(P_b, P_1, P_2, P_3, P_4) \tag{4.4.4.3}$$

式中　R_u——螺栓和钢板的连接承载力（N）；

　　　　P_b——螺栓的受剪承载力（N）；

$$P_b = {}_b\sigma_s \cdot A_{be}$$

　　　　P_1——钢板边缘部位的拉伸断裂承载力（N）————1）；

$$P_1 = {}_b\sigma_t \cdot e \cdot t$$

　　　　P_2——钢板边缘部位的剪切断裂承载力（N）————2）；

$$P_2 = {}_b\sigma_s \cdot 2 \cdot e \cdot t$$

　　　　P_3——钢板的承压破损承载力（N）————3）；

$$P_3 = {}_p\sigma_b \cdot D \cdot t$$

　　　　P_4——钢板有效截面的拉伸断裂承载力（N）————4）；

$$P_4 = {}_b\sigma_t \cdot (S-D) \cdot t$$

式中　${}_b\sigma_s$——螺栓的剪切应力（N/mm²）；

　　　　A_{be}——螺栓的剪切有效截面面积（mm²）；

　　　　${}_b\sigma_t$——钢板的抗拉强度（N/mm²）；

　　　　${}_b\sigma_s$——钢板的剪切强度（N/mm²）；

　　　　${}_p\sigma_b$——钢板的承压强度（N/mm²）。

　2）焊接连接

　焊接连接包括图 4.4.4.4 所示的对焊和图 4.4.4.5 所示的角焊。它们各自的承载力公式如下：

　①对焊连接

　对焊连接的受剪承载力为连接钢板的受剪承载力。

$$Q_r = A_b \cdot F \tag{4.4.4.4}$$

式中　Q_r——对焊连接的受剪承载力（N）；

　　　　A_b——钢板的有效截面面积（mm²）；

　　　　F——钢板的标准强度（N/mm²）。

　②角焊

$$Q_r = a \cdot L_e \cdot F/\sqrt{3} \tag{4.4.4.5}$$

式中　Q_r——角焊的受剪承载力（N）；

　　　L_e——焊接部位的有效长度（mm）（$L = L - 2 \cdot s$）；

　　　L——焊接长度（mm）；

　　　k——焊接宽度（mm）；

　　　s——尺寸（mm）（$= 0.7 \cdot k$）；

　　　a——厚度（mm）（$= 0.7 \cdot s$）；

　　　F——钢板的标准强度（N/mm²）。

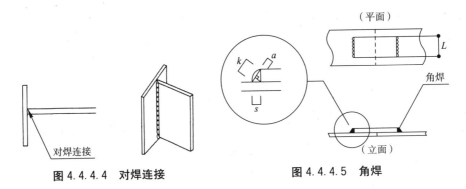

图 4.4.4.4　对焊连接　　　　　　图 4.4.4.5　角焊

4.4.5　其他的应力传递要素

1　钢板和钢筋之间的应力传递

此处通过闪光组焊并确保必要的焊接长度，由钢筋的轴向力把剪切应力从闪光组焊部位传递到钢板（图 4.4.5.1）。

为了确保钢筋的抗拉强度，需满足下列承载力公式。

$$Q_w > T_r$$
$$Q_w = a \cdot L_e \cdot f_w = 0.7s \cdot L_e \cdot f_w = 0.49k \cdot L_e \cdot f_w \qquad (4.4.5.1)$$

式中　Q_w——闪光组焊的受剪承载力（N）；

　　　L_e——接合部的有效长度（mm）（$L - 2 \cdot s$）；

　　　L——连接长度（mm）；

　　　k——焊接宽度（mm）；

　　　s——尺寸（mm）（$= 0.7 \cdot k$）；

　　　a——厚度（mm）（$= 0.7 \cdot s$）；

　　　f_w——抗剪强度（N/mm²），使用极限状态下为 $F/1.5\sqrt{3}$，承载力极限状态下为 $F/\sqrt{3}$。

　　　F——钢材的标准强度；

　　　T_r——钢筋的拉力（N）。

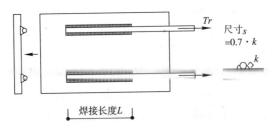

图 4.4.5.1　钢板和钢筋之间的应力传递

2 混凝土和双头螺栓之间的应力传递

目前，混凝土和双头螺栓之间应力传递形式的理论基础还不清楚。设计时，一般采用通过结构实验得到的剪切传递承载力值。

关于锚固在混凝土上的单个双头螺栓的容许剪力 q_s，请参考日本建筑学会的《各种合成结构设计指南及解说（1996年发行）》（图4.4.5.2）。

$$q_s = \phi_{s1} \cdot \{0.0052 \cdot {}_{sc}a \sqrt{F_c \cdot E_c}\} \tag{4.4.5.2}$$

式中　q_s——双头螺栓的剪切容许剪力；

ϕ_{s1}——折减系数。长期荷载时为0.4，短期荷载时为0.6；

${}_{sc}a$——双头螺栓的截面面积（mm^2）；

F_c——混凝土的设计标准强度（N/mm^2）；

E_c——混凝土的杨氏模量（N/mm^2）。

注意，本方程式适用范围为 $\sqrt{F_c \cdot E_c}$ 的值在 $490N/mm^2$ 和 $883N/mm^2$ 之间，当超过 $883N/mm^2$ 时，计算时取 $883N/mm^2$。

$Q_s = n \cdot q_s$

$n=$ 双头螺栓数量

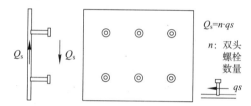

图4.4.5.2　混凝土和双头螺栓之间的应力传递

4.5　接合部的应力传递模型和强度式

本节将整理汇总以前的各种研究成果以及前面介绍的各种标准、指南等，以设计预制构件接合部时所使用的标准应力传递强度公式为中心，逐一介绍各种不同接合部的强度公式。关于各种强度公式的特性和有效性，请参考后面的参考文献，所以详细情况在这里不再赘述。另外，原则上，本节中主要介绍各接合部使用极限状态和承载力极限状态下主要使用的强度公式。但是，壁式预制结构剪力墙等作为复合结构体来处理的构件与各参考文献中的应力传递形式的建模不同，所以针对不同模型按照使用极限状态、承载力极限状态的顺序进行介绍更加简明易懂，然后又整理介绍各种参考文献。此外，为供广大读者参考，本节还将介绍 WR－PC 设计中使用的强度公式。

在实际设计中，最重要的是充分理解各强度公式的特性、适用范围（应力水平、错位量等），根据各接合部设计应力的特征选用能够满足预制接合部性能要求的强度公式。

4.5.1　壁式预制结构

壁式预制结构剪力墙竖向接合部对固定荷载进行工作极限设计时，因为固定荷载通过剪力墙直接传递到基础梁，所以除了剪力墙的轴向力通过竖向接合部传递到与它正交的构件时以外，通常可以不考虑这个问题。

另外，在壁式结构中，在传统的容许应力设计的基础上，除了对极罕遇地震荷载进行设计以外，还要对罕遇地震作用进行损伤极限设计。因此，在此将水平荷载损伤极限设计的强度公式一并进行介绍。

1 剪力墙的接合部

剪力墙的接合部包括将同一层墙板连接在一起的竖向接合部和将上下层之间的墙板连接在一起的水

平接合部。为了让竖向接合部、水平接合部与构件完全连在一起，主要通过填充混凝土或连接钢筋进行湿接缝连接，水平接合部的一部分有时也可以用钢板进行连接。

1）竖向接合部

连接墙板和墙板的竖向接合部通过抗剪键、连接钢筋或填充混凝土将墙壁连接在一起，形成能够传递剪力的结构（图4.5.1.1）。

在第4.4节中讲述的连接要素中，损伤极限设计时使用的剪切应力传递要素为抗剪键，而承载力极限设计时用的应力传递要素为抗剪键和剪切摩擦。

此外，壁式框架结构的应力水平与框架式预制结构不同，承载力极限状态时也要在应力容许范围内。例如，抗剪键等缺乏韧性的应力传递要素，也要用作承载力极限设计时的应力传递要素。

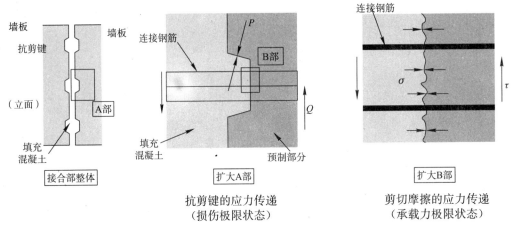

图4.5.1.1　竖向接合部的应力传递概念图

①水平荷载作用时的损伤极限设计　　〔应力传递要素：抗剪键〕

使用抗剪键的情形

对水平荷载时进行损伤极限设计时应力很小，基本上不发生错动，所以剪切摩擦或销筋不能发挥作为应力传递要素的作用，主要使用抗剪键。（财）日本建筑中心编的《壁式钢筋混凝土建筑设计施工指南》一书中，采用了如下设计方法。

$$_AQ_{SV} \geqslant {_D}Q_{SV}$$

$$_AQ_{SV} = \min\{\alpha_1 \cdot {_s}f_{ss} \cdot \sum A_{sk}, \ \alpha_2 \cdot {_s}f_{cs} \cdot \sum A_{pc}, {_s}f_{sw} \cdot A_{ve}\} \tag{4.5.1.1}$$

式中　$_DQ_{SV}$——竖向接合部的短期剪力设计值（N）；

$_AQ_{SV}$——竖向接合部的短期容许剪力（N）；

α_1——考虑抗剪键直接剪切的放大系数，为2.0；

$_sf_{ss}$——抗剪键边界面混凝土的短期容许应力（N/mm²）；

$\sum A_{sk}$——抗剪键的全剪切面积（mm²），按下式计算

$$\sum A_{sk} = n \cdot h_s \cdot b_s \tag{4.5.1.1a}$$

n——该接合面抗剪键的总个数；

h_s——抗剪键在边界面的高度（mm）（图4.5.1.2）；

b_s——抗剪键在边界面的幅度（mm）（图4.5.1.2）；

α_2——考虑抗剪键局部压缩的放大系数，为1.2；

$_sf_{cs}$——剪力墙混凝土和填充混凝土中，短期容许压应力的较小数值（N/mm²）；

$\sum A_{pc}$——抗剪键的全承压力面积（mm²），按下式计算

$$\sum A_{pc} = n \cdot d_s \cdot (b_s + b_{s1})/2 \tag{4.5.1.1b}$$

d_s——抗剪键的深度（mm）（图4.5.1.2）；

b_{s1}——抗剪键的最小宽度（mm）（图 4.5.1.2）；

$_sf_{sw}$——填充混凝土的短期容许剪切应力（N/mm²）；

A_{ve}——填充混凝土的有效剪切截面面积（mm²），按下式计算

$$A_{ve} = t_e \cdot h \tag{4.5.1.1c}$$

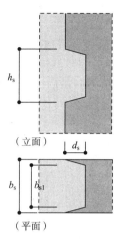

t_e——填充混凝土的有效厚度（mm）；

h——剪力墙竖向接合部的高度（mm）。

式（4.5.1.1）采用抗剪键自身的剪切强度、剪力墙或填充混凝土抗压强度、填充混凝土剪切强度中的最小值，计算竖向接合部的短期容许剪切强度。图 4.5.1.3 将式（4.5.1.1）的各强度公式和实验数据进行了比较。其中的数据为使用（社）日本建筑学会编写的《壁式预制结构竖向接合部的特性和设计方法》中引用文献中悬臂荷载试验结果而得出的。

图 4.5.1.3A 为抗剪键自身的剪切强度公式和试验对象发生裂缝时的强度，公式计算强度与试验值相比，留有充分的余裕。图 4.5.1.3B 为抗剪键自身的抗压强度公式和试验对象发生裂缝时的强度，二者的试验值均大于强度公式。此外，图 4.5.1.3C 为填充混凝土剪切强度公式和试验对象的填充混凝土发生裂缝时的强度，二者的试验值均大于强度公式计算值，为合适的公式。

图 4.5.1.2　符号说明

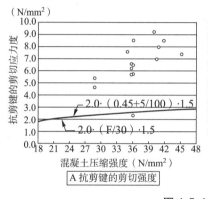
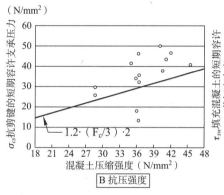
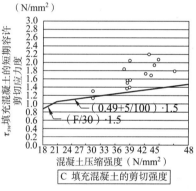

图 4.5.1.3　中心壁式指南各公式和已有试验数据的比较

② 水平荷载作用时的极限设计　［应力传递要素：抗剪键＋剪切摩擦］

抗剪键＋剪切摩擦的情形

前面介绍的壁式结构的应力水平，极限设计时可以使用抗剪键作为应力传递要素，极限强度是发生应变以后和强度显现出来时的剪切摩擦累计计算而来。此外，存在正交钢筋时，抗剪键边界面的剪切强度增大。中心壁式指南中的设计方法采用下面的抗剪键和剪切摩擦的累加。

$$Q_{UV} \geqslant {}_DQ_{UV}$$

$$Q_{UV} = \min \left[0.1F_c \cdot \sum A_{sk} + \sum (a_s \cdot \sigma_y), \ \alpha_2 \cdot F_c \cdot \sum A_{pc}, {}_uf_{sw} \cdot A_{ve} + 1.4 \sum (a_s \cdot \sigma_y) \right]$$

$$\tag{4.5.1.2}$$

式中　${}_DQ_{UV}$——竖向接合部的强度极限时剪力设计值（N）；

Q_{UV}——竖向接合部的极限剪力（N）；

F_c——剪力墙混凝土和填充混凝土之中，设计标准强度的较小值（N/mm²）；

$\sum A_{sk}$——抗剪键的全剪切面积（mm²），按下式计算

$$\sum A_{sk} = n \cdot h_s \cdot b_s \tag{4.5.1.2a}$$

n——该接合部抗剪键的总个数；

h_s——抗剪键在边界面的高度（mm）（图 4.5.1.4）；

b_s——抗剪键在边界面的宽度（mm）（图 4.5.1.4）；

α_2——考虑抗剪键局部压缩的放大系数，为 1.2；

$\sum A_{pc}$——抗剪键的承压总面积（mm²），按下式计算

$$\sum A_{pc} = n \cdot d_s \cdot (b_s + b_{s1})/2 \qquad (4.5.1.2b)$$

d_s——抗剪键的深度（mm）（图 4.5.1.4）；

b_{s1}——抗剪键的最小宽度（mm）（图 4.5.1.4）；

a_s——竖向接合部抗剪键部分连接钢筋的截面面积（mm²）；

σ_y——抗剪键连接钢筋的材料强度（N/mm²）；

$_uf_{sw}$——填充混凝土的极限剪切应力，在这里为短期容许剪切应力；

A_{ve}——填充混凝土得有效截面面积（mm²），按下式计算

$$A_{ve} = t_e \cdot h$$

t_e——填充混凝土的有效厚度（mm）；

h——剪力墙竖向接合部的高度（mm）。

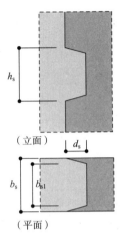

图 4.5.1.4 符号说明

式（4.5.1.2）采用抗剪键自身极限剪切强度、剪力墙或填充混凝土极限抗压强度、填充混凝土极限剪切强度中的最小值，计算竖向接合部的极限剪切强度。图 4.5.1.5 将式（4.5.1.2）的各强度公式和实验数据进行了比较。

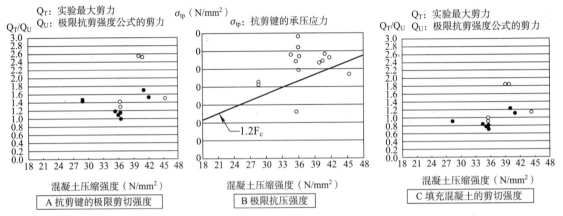

图 4.5.1.5 中心壁式指南各极限公式和已有试验数据的比较

图 4.5.1.5A 为抗剪键自身的极限剪切强度公式和试验对象极限强度之比，二者均大于 1.0。图 4.5.1.5B 为抗剪键自身的极限抗压强度公式和试验对象的极限强度，除去其中 2 个试验对象以外，其他的实验值均大于强度公式。此外，图 4.5.1.5C 为填充混凝土极限剪切强度公式与试验对象填充混凝土极限强度之比，除去其中 2 个试验对象以外，其他的数值均大于 1.0，为稳妥的公式。

此外，也有公式认可抗剪键和销筋剪切强度的累加。进行累加时，必须在能够传递剪力的错位量范围之内进行设计。其中的一个例子就是 4.4.1 节中望月、桢谷等人提出的式（4.4.1.15）。

2）水平接合部

上下楼层的剪力墙之间及同一楼层剪力墙和基础之间的水平接合部必须为能够传递作用于接合部的弯曲应力、剪力、轴向力组合的结构。

水平接合部人体上能够分为湿按缝连接和丁接缝连接两类，前者以框架式预制结构为标准注重整体性，使用在较小变形量下起效果的接合要素，后者解释应力传递方法，预测传递强度的安全率。

近年来，主要使用直接连接，但也有一部分使用钢板连接。

直接连接和钢板连接都是通过 4.4 节中介绍的应力传递要素之中的剪切摩擦作为剪切应力传递受力的要素进行设计。在钢板连接中，在钢板以外的混凝土部分铺设砂浆，所以由钢板部分承受拉力，砂浆部分承受压力和剪力。因此，直接连接和钢板连接时的剪力应力传递受力相同。

此外，为了保证剪切应力传递，接合部必须对弯矩或轴向力有充分的承载力。设计直接连接时采用在钢筋和钢筋之间传递应力的直接接头，设计钢板连接时，除了将钢板和钢板之间焊接以外，还必须保证钢板和钢筋的焊接以及钢筋和混凝土之间的应力传递（图4.5.1.6）。

水平荷载时损伤极限的设计应力小于水平荷载时极限设计时的应力，所以一般情况下，通过检讨水平荷载作用时的极限设计，省略对损伤极限的设计。但是，有必要检讨损伤极限时，采用和式（4.5.1.5）相同的公式。

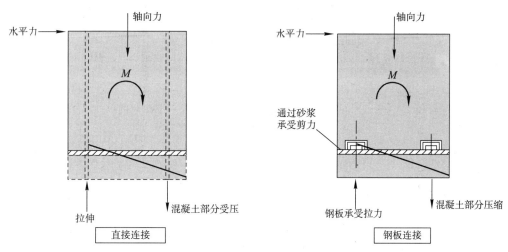

图4.5.1.6 水平接合部弯矩的应力传递

（1）直接接合

①对轴向力和弯矩进行损伤极限设计　　［应力传递要素：剪切摩擦］

由于水平力引起的弯矩，在受压侧从中和轴受压侧的全部混凝土产生支撑压力，在受拉侧竖向接合部产生拉力。变形量很小，受压侧混凝土的应力传递要素为支承压力，竖直连接钢筋的应力传递要素为直接接头。这里介绍本技术资料 W－PC 设计中的强度公式（图4.5.1.7）。

$$N_a \geqslant N_e$$

$$N_a = \min(S_n/x_n \cdot f_c, S_n/n(x_n - d_c) \cdot {_r}f_c, S_n/n(l - d_t - x_n) \cdot f_t) \quad (4.5.1.3)$$

式中　N_a——短期荷载作用时的容许轴向力（N）；

N_e——作用于水平接合部的短期荷载时的轴向力和弯矩引起的偏心轴向力（N）；

$$N_e = N_s/2 + M_s/j \quad (4.5.1.3a)$$

N_s——短期荷载时剪力墙的轴向力（N）；

M_s——短期荷载时剪力墙的弯矩（Nmm）；

j——剪力墙的应力中心间距离（mm），按下式计算

$$j = 7/8(l - d_t)$$

S_n——与中和轴有关的有效等效几何面积矩（mm³）；

x_n——中和轴；

f_c——混凝土的短期容许压应力（N/mm²）；

n——杨氏模量比；

d_c——受压边缘到作为连接钢筋中的受压钢筋重心的距离（mm）；

${_r}f_c$——连接钢筋的短期容许压应力（N/mm²）；

l——剪力墙的长度（m）；

d_t——受拉边缘到作为连接钢筋中的受拉钢筋重心的距离（m）；

f_t——连接钢筋的短期容许拉应力（N/mm²）。

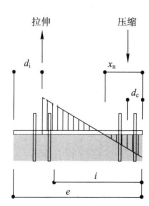

图4.5.1.7 符号说明

② 对水平荷载进行承载力极限设计 ［应力传递要素：剪切摩擦］

对承载力极限进行设计时，根据应变，竖直连接钢筋会产生相应的拉力，作为反力选择接合面压力产生的剪切摩擦作为应力传递要素（图 4.5.1.8）。

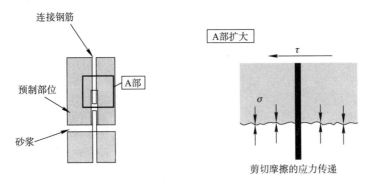

图 4.5.1.8 直接连接的应力传递概念图

一般情况下，设计时使用的剪力值为损伤极限设计时剪力的 2.5 倍，应力水平在容许应力以内，即使发生较小错位，也不会影响效果。

这里介绍学会的壁式预制标准、中心的壁式指南中的强度公式。

剪切摩擦情形

$$Q_{UH} \geqslant {}_D Q_{UH}$$
$$Q_{UH} = \mu \cdot (\sum a_s \cdot \sigma_y + N_U) \tag{4.5.1.4}$$

式中　Q_{UH}——水平接合部的极限受剪承载力（N）；

$_D Q_{UH}$——极限时水平接合部产生的剪力（N）；

μ——水平接合部的摩擦系数，为 0.7；

a_s——水平接合部内的有效连接钢筋的截面面积（mm²）（图 4.5.1.9）；

σ_y——加固弯筋及竖向接合部内纵向钢筋的标准屈服强度（N/mm²）；

N_U——极限时设计轴向力（N），如果为不需要确认极限水平承载力的建筑物，请参照式（4.5.1.4a），如果为需要确认极限水平承载力的建筑物，为形成机构时的轴向力。但是，轴向力为负时，可以为 0。

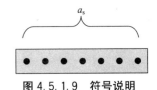

图 4.5.1.9 符号说明

$$N_U = N_L + N_E \tag{4.5.1.4a}$$

式中　N_L——长期荷载时剪力墙的轴向力（N）；

N_E——标准剪力系数 $C_0 = 0.2$ 的地震时，剪力墙产生的轴向力（N）。

另外，极限强度公式还有 Mattock 式等。

$$\tau_h = 1.37 + 0.8(P_h \cdot \sigma_y + \sigma_h) \tag{4.5.1.5}$$

式中　τ_h——水平接合部的极限剪切应力（N/mm²）；

P_h——水平接合部的竖直连接钢筋比；

σ_y——竖直连接钢筋的标准屈服强度（N/mm²）；

σ_h——剪力墙的轴向应力，压缩为正，拉伸为 0（N/mm²）。

实际使用时，适用极限为 $\tau_h \leqslant 0.3 F_c$ 和 $P_h \cdot \sigma_y + \sigma_h \geqslant 1.37$。

（2）钢板连接

由于在一般情况下，水平剪力由剪力墙下部砂浆的摩擦来负担，所以主要针对水平接合部弯矩引起的拉力对钢板接合部的设计。另外，与直接连接一样，在检讨承载力极限时，可以省略对竖向荷载使用极限和水平荷载损伤极限的检讨。

在钢板连接中，由于在钢板部分以外的混凝土部分铺设砂浆，所以，钢板部分承受拉力，坐浆部分承受压力和剪力。因此，直接连接和钢板连接时，对剪力的应力传递受力相同，计算强度时，使用直接连接的强度公式［式（4.5.1.3）和式（4.5.1.4）］，将连接金属配件视为拉伸钢筋时的截面面积来进行。

在这里，剪切摩擦强度公式与直接连接相同，所以省略。这里将介绍拉力连接金属配件周边的强度公式，并将介绍本技术资料 W－PC 设计中的强度公式作为固定钢筋强度的计算方法（图 4.5.1.10）。

$$Q = \min(Q_1, Q_2, Q_3, Q_4) \tag{4.5.1.6}$$

a）对焊部位

$$Q_1 = {}_sf_s \cdot A_w \tag{4.5.1.6a}$$

式中　Q_1——对焊部位的短期容许剪力或极限剪力（N）；

　　　${}_sf_s$——对焊部位的短期容许剪切应力或抗剪切材料强度（N/mm²）；

　　　A_w——焊接有效截面面积（mm²），按下式计算

$$A_w = \sqrt{t \cdot l}$$

　　　t——连接钢材厚度（mm）；

　　　l——焊接有效长度（mm）。

b）角焊部位

$$Q_2 = {}_sf_s \cdot a \cdot \sum l \tag{4.5.1.6b}$$

式中　Q_2——角焊部位的短期容许剪力；

　　　　　或承载力极限剪切角焊部位承载力（N）；

　　　${}_sf_s$——角焊部位的短期容许剪切应力；

　　　　　或抗剪切材料强度（N/mm²）；

　　　a——角焊部位的有效厚度（mm）；

　　　$\sum l$——角焊部位的有效焊接长度的总和（mm）。

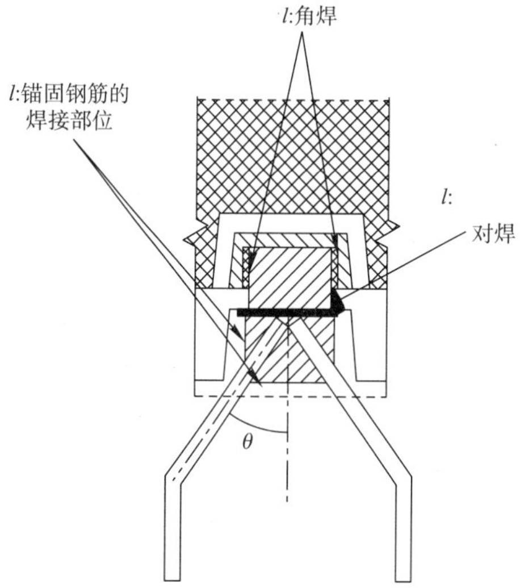

图 4.5.1.10　符号说明

c）锚固钢筋

$$Q_3 = 2 \cdot {}_sf_1 \cdot a_s \cdot \sin\theta \tag{4.5.1.6c}$$

式中　Q_3——由锚固钢筋拉伸承载力方向矢量求得的短期容许剪力或极限剪力（N）；

　　　${}_sf_1$——锚固钢筋的短期容许剪切应力或标准屈服强度（N/mm²）；

　　　a_s——锚固钢筋的截面面积（mm²）；

　　　θ——锚固钢筋的张开角度。

d）锚固钢筋的焊接部位

$$Q_4 = 2 \cdot {}_sf_s \cdot a \cdot \sum l \cdot \sin\theta \tag{4.5.1.6d}$$

式中　Q_4——由锚固钢筋角焊部位方向矢量求得的短期容许剪力或极限剪力（N）；

　　　${}_sf_s$——角焊部位的短期容许剪切应力或抗剪切材料强度（N/mm²）；

　　　a——角焊部位的有效厚度（mm）；

　　　$\sum l$——角焊部位的有效焊接长度的总和（mm）。

2　楼板的接合部

楼板的接合部包括墙板和楼板的接合部以及楼板和楼板的接合部。在通过抗剪键、连接钢筋及填充混凝土将构件连在一起的接合部，能够传递剪力。应力传递要素有剪切摩擦、抗剪键、接触面压应力传递、销筋及承压等。也有部分会使用钢板连接。楼板的接合部，采用局部地震系数计算楼板产生的设计应力，并对损伤极限和承载能力极限进行设计。

1）剪力墙-楼板的接合部

墙板与楼板的接合部可以采用抗剪键、销筋和钢板连接等。这里介绍经常使用的抗剪键和销筋的强

度公式。图 4.5.1.11 为抗剪键的应力传递机构，图 4.5.1.12 为销筋的应力传递机构。

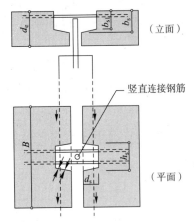

图 4.5.1.11　使用抗剪键的应力传递机构

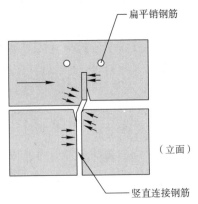

图 4.5.1.12　销筋的应力传递机构

①对水平荷载时损伤极限进行设计　［应力传递要素：抗剪键、销筋］

$$_AQ_{SH} \geqslant _DQ_{SH}$$

式中　$_AQ_{SH}$——每个接合要素的短期容许剪力（N）；

　　　$_DQ_{SH}$——每个接合要素的剪力设计值（N）。

a）使用抗剪键的情形

$$_AQ_{SH} = \min(\alpha_1 \cdot _sf_{ss} \cdot A_{sk}, \alpha_2 \cdot _sf_{cs} \cdot A_{pc}, _sf_{sw} \cdot A_{He}) \tag{4.5.1.7}$$

式中　α_1——考虑抗剪键直接剪切的放大系数，为 2.0；

　　　$_sf_{ss}$——抗剪键边界面混凝土的短期容许剪切应力（N/mm²）；

　　　A_{sk}——抗剪键的剪切面积（mm²），按下式计算

$$A_{sk} = h_s \cdot b_s$$

　　　h_s——抗剪键在边界面的高度（mm）；

　　　b_s——抗剪键在边界面的宽度（mm）；

　　　α_2——考虑抗剪键承压的放大系数，为 1.2；

　　　$_sf_{cs}$——楼板的混凝土和填充混凝土中，短期容许单位压应力的较小数值（N/mm²）；

　　　A_{pc}——抗剪键的承压面积（mm²），按下式计算

$$A_{pc} = d_s \cdot (b_s + b_{sl})/2$$

　　　d_s——抗剪键的深度（mm）；

　　　b_{sl}——抗剪键的最小宽度（mm）；

　　　$_sf_{sw}$——填充混凝土的短期容许剪切应力（N/mm²）；

　　　A_{He}——填充混凝土得有效剪切面积（mm²），按下式计算

$$A_{He} = d_e \cdot B$$

　　　B——每个接合要素的负担宽度（mm）。

b）使用销筋的情形

本技术资料 W－PC 的设计中记载的损伤极限强度公式如下：

$$_AQ_{SH} = 1.17 \cdot a_s \cdot \sqrt{F_c \cdot f_t} \tag{4.5.1.8}$$

式中　$_AQ_{SH}$——每根销筋的短期容许剪力（N）；

　　　a_s——销筋的截面面积（mm²）；

　　　F_c——填充混凝土的设计标准强度（N/mm²）；

　　　f_t——销筋的短期容许拉应力（N/mm²）。

182

本公式由于不允许在接合部发生过大应变，所以降低销前面的抗压强度，系数为 1.17。

② 对水平荷载进行承载力极限设计时 ［应力传递要素：抗剪键、销筋］

$$Q_{UH} \geqslant {}_D Q_{UH}$$

式中 Q_{UH}——每个接合要素的极限剪力（N）；

$_D Q_{SH}$——每个接合要素的极限时剪力设计值（N）。

a）使用抗剪键的情形

$$Q_{UH} = \min(0.1F_c \cdot A_{sk} + a_s \cdot \sigma_y, \alpha_2 \cdot F_c \cdot A_{pc}, {}_s f_{sw} \cdot A_{He} + 1.4a_s \cdot \sigma_y) \quad (4.5.1.9)$$

式中 $_s f_{sw}$——填充混凝土的短期容许剪切应力（N/mm²）；

A_{He}——填充混凝土的有效截面面积（mm²），按下式计算

$$A_{He} = d_e \cdot B$$

d_e——填充混凝土的有效深度（mm）；

B——每个抗剪键的填充混凝土宽度（mm）；

α_2——考虑抗剪键承压的放大系数，为 1.2；

F_c——楼板的混凝土和填充混凝土中，设计标准强度的较小值（N/mm²）；

a_s——每个抗剪键的扁平销筋的截面面积（mm²）；

σ_y——扁平销钢筋的标准屈服强度（N/mm²）；

A_{sk}——抗剪键的剪切面积（mm²），按下式计算

$$A_{sk} = h_s \cdot b_s$$

A_{pc}——抗剪键的承压面积（mm²），按下式计算

$$A_{pc} = d_s \cdot (b_s + b_{s1})/2$$

b）使用销筋的情形

承载能力极限设计时，接合部允许一定程度的应变。本技术资料 W－PC 设计中的强度公式如下：

$$Q_{UH} = 1.65 \cdot a_s \cdot \sqrt{F_c \cdot \sigma_y} \quad (4.5.1.10)$$

式中 Q_{UH}——每根销筋的承载力（N）；

a_s——销筋的截面面积（mm²）；

F_c——填充混凝土的设计标准强度（N/mm²）；

σ_y——销筋的标准屈服强度（N/mm²）。

本公式由于接合部允许一定程度的应变，不需要降低销筋前面的抗压强度，为 1.65。

③ 竖向荷载时使用极限设计 ［应力传递要素：承压］

在完全预制楼板中，通过墙板的搭接将固定荷载传递到剪力墙。图 4.5.1.13 为使用搭接的应力传递机构。如果能够确保一般的搭接，就可以确保固定荷载的传递强度公式，所以通常可以省略。本资料介绍以下公式，供大家参考。

$$_A Q_L \geqslant {}_D Q_L$$

式中 $_A Q_L$——搭接的长期容许剪力（N），按下式计算

$$_A Q_L \geqslant {}_L f_s \cdot a \cdot b \quad (4.5.1.11)$$

$_L f_s$——搭接部分混凝土的长期期容许剪切应力（N/mm²），按下式计算

$$_L f_s = F_c/30, \text{且小于} 0.49 + 1/100 F_c$$

a——搭接的伸入长度；

b——搭接的全部幅度（mm）；

$_D Q_L$——长期荷载时作用于搭接处的荷载（N），按下式计算

$$_D Q_L = w \cdot A$$

w——作用于楼板的单位面积的恒荷载和活荷载之和（N/mm²）；

A——搭接处的楼板面积（mm²）。

2) 楼板和楼板的接合部

楼板和楼板的接合部通过抗剪键、连接钢筋及填充混凝土将楼板连接成整体。

另外，对水平荷载进行极限设计时，不允许在接合部发生剪切裂缝。此外，可以忽视扁平销筋。一般情况下，完全预制楼板为单向支撑，固定荷载由各个楼板承受，楼板之间没有应力传递。因此，长期荷载时，可以不必考虑接合部。图 4.5.1.14 为抗剪键的应力传递机构。

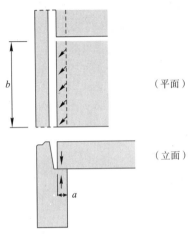

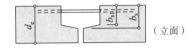

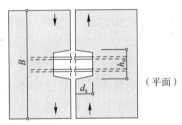

图 4.5.1.13 搭接处承压的应力传递机构　　图 4.5.1.14 抗剪键的应力传递机构

① 对水平荷载进行损伤极限设计　　［应力传递要素：抗剪键］

$$_AQ_{SH} \geqslant _DQ_{SH}$$

$$_AQ_{SH} = \min(\alpha_1 \cdot _sf_{ss} \cdot A_{sk}, \alpha_2 \cdot _sf_{cs} \cdot A_{pc}, _sf_{sw} \cdot A_{He}) \qquad (4.5.1.12)$$

式中　$_AQ_{SH}$——每个接合要素的短期容许剪力（N）；

　　　$_DQ_{SH}$——每个接合要素的剪力设计值（N）；

　　　α_1——考虑抗剪键直接剪切的放大系数，为 2.0；

　　　$_sf_{ss}$——抗剪键边界面混凝土的短期容许剪切应力（N/mm²）；

　　　A_{sk}——抗剪键的剪切面积（mm²），按下式计算

$$A_{sk} = h_s \cdot b_s$$

　　　h_s——抗剪键在边界面的高度（mm）；

　　　b_s——抗剪键在边界面的宽度（mm）；

　　　α_2——考虑抗剪键承压的放大系数，为 1.2；

　　　$_sf_{cs}$——楼板的混凝土和填充混凝土中，短期容许单位压应力的较小数值（N/mm²）；

　　　A_{pc}——抗剪键的承压面积（mm²），按下式计算

$$A_{pc} = d_s \cdot (b_s + b_{s1})/2$$

　　　d_s——抗剪键的深度（mm）；

　　　b_{s1}——抗剪键的最小宽度（mm）；

　　　$_sf_{sw}$——填充混凝土的短期容许剪切应力（N/mm²）；

　　　A_{He}——填充混凝土得有效剪切面积（mm²），按下式计算

$$A_{He} = d_e \cdot B$$

　　　B——每个接合要素的负担幅度（mm）。

② 对水平荷载进行极限设计时　　［应力传递要素：抗剪键］

$$Q_{UH} \geqslant _DQ_{UH}$$

$$Q_{UH} = \min(0.1F_c \cdot A_{sk} + a_s \cdot \sigma_y, \alpha_2 \cdot F_c \cdot A_{pc}, _sf_{sw} \cdot A_{He} + 1.4a_s \cdot \sigma_y) \qquad (4.5.1.13)$$

式中　Q_{UH}——每个接合要素的极限剪力（N）；

$_DQ_{UH}$——每个接合要素的承载力极限时剪力设计值（N）；

α_2——考虑抗剪键承压的放大系数，为1.2；

$_sf_{sw}$——填充混凝土的短期容许剪切应力（N/mm²）；

A_{He}——填充混凝土的有效截面面积（mm²），按下式计算

$$A_{He}=d_e \cdot B$$

d_e——填充混凝土的有效深度（mm）；

B——每个抗剪键的填充混凝土宽度（mm）；

F_c——楼板的混凝土和填充混凝土中，设计标准强度的较小值（N/mm²）；

a_s 每个抗剪键的扁平销筋的截面面积（mm²）；

σ_y——扁平销筋的标准屈服强度（N/mm²）；

A_{sk}——抗剪键的剪切面积（mm²），按下式计算

$$A_{sk}=h_s \cdot b_s$$

A_{pc}——抗剪键的承压面积（mm²），按下式计算

$$A_{pc}=d_s \cdot (b_s+b_{s1})/2$$

3 其他接合部

预制结构建筑除了主要结构部位的接合部以外，在栏杆和楼板、楼板和电梯升降板或封闭式楼梯等处也有接合部。这里介绍栏杆板和楼板、楼梯和楼梯平台的接合部。这些接合部，都要保证即使在承载力极限时也不会遭受破坏。另外，各接合部的安装方法众多，这里仅介绍其中一例。

1）栏杆板的接合部

对水平荷载进行承载力极限设计　［应力传递要素：钢筋的剪切］

楼板的升高部位和栏杆板通过砂浆连接在一起，由钢筋的剪切强度进行传递（图4.5.1.15）。

$$Q_u \geqslant Q_d$$
$$Q_u = at \cdot f_y/\sqrt{3} \tag{4.5.1.14}$$

式中　Q_u——每根锚固钢筋的极限剪力（N）；

Q_d——局部地震系数决定的每根锚固钢筋承受的剪力（N）；

at——锚固钢筋的截面面积（mm²）；

f_y——锚固钢筋的标准屈服强度（N/mm²）。

2）楼梯的接合部

对水平荷载进行承载力极限设计　［应力传递要素：钢筋的锚固、焊接］（图4.5.1.16）

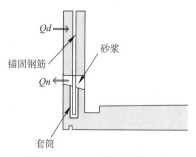

图4.5.1.15　栏杆安装示例

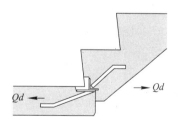

图4.5.1.16　安装示例

$$Q_u \geqslant Q_d$$
$$Q_u = \min(R_1,R_2,R_3,R_4) \tag{4.5.1.15}$$

式中　Q_u——楼梯接合部的极限剪力（N）；

Q_d——楼梯接合部产生的剪力（N）；

R_1——锚固钢筋的标准屈服承载力（N）；

R_2——锚固钢筋和混凝土的粘结承载力（N）；

R_3——钢板的承载力（N）；

R_4——钢筋和钢板焊接部位的受剪承载力（N）。

4.5.2 现浇同等型框架式预制结构

框架式预制结构的关键在于保证其结构性能与同类型现浇的钢筋混凝土结构相同。另外，连接构件的接合部主要使用湿接缝连接方式。

1 柱的接合部

柱的接合部包括柱端水平接合部、柱中水平接合部和柱竖向接合部。这些接合部的接合要素为接合面、连接钢筋和连接金属配件。横切接合面的连接钢筋为构件的主筋或加固钢筋，这里假设柱主筋通过接合面连在一起。接合要素为连接金属配件，但由于使用较少，在此不再介绍。

对接合部的弯曲或轴向力，由于连续接合钢筋和混凝土能传递轴向力，所以可保持与接合面附近截面相同的强度。另外，接合部的柱主筋通过机械式接头将上下柱构件的钢筋连在一起，所以不会发生粘结钢筋的拔出。因此，柱接合部的设计要确保能够传递接合面的剪切。

柱接合面的应力传递要素包括接触面压应力、剪切摩擦、销筋、抗剪键及摩擦等。竖向荷载使用极限状态下的设计应力水平在一般的建筑物中都小于水平荷载极限状态时的应力水平，采用剪切摩擦或摩擦等应力传递要素就能充分应对。因此，在此不再介绍这种状态下的强度公式。

壁式框架预制结构中使用的柱竖向接合部的强度公式目前还没有证实试验和设计强度公式是否稳妥，所以在此不再对其进行介绍。

1）柱端水平接合部

在端部的接合面会产生弯曲和轴力的直接压应力和剪切应力，如果该剪切应力在一定限度以内，接合部不会产生错位并且能够传递应力。这时的应力传递取决于接合面的状态，特别是接合部混凝土面的状态和连接用砂浆的施工方法。所以，在接合面之间存在连接用砂浆的接合部，必须考虑砂浆的强度及填充状况对混凝土接触面传递应力的影响。

①对水平荷载进行承载力极限设计　　［应力传递要素：接触面压应力、销筋］

极限状态下接合面的应变应该非常小，而且构件的结构性能最好与现浇钢筋混凝土构件性能相同。因此，应力传递要选择接触面压应力。注意，如果允许一定程度的错位，也可采用销筋。这时，根据容许的错位量和销筋的拉力正确评价剪切强度，至关重要。

a）通过接触面压应力传递的情形

柱等产生弯曲、轴向力和剪力的构件会在接合部的边界面产生弯曲和轴向力的直接压应力和剪切应力。剪切应力小于直接压应力与摩擦系数之积时，接合面不会产生错位变形，其特性与现浇混凝土相同。此外，摩擦系数取决于接合面的整修精度。

这里介绍学会预制指南（案）中记载的强度公式。

$$Q_u \geq Q_d$$
$$Q_u = \mu \cdot C \tag{4.5.2.1}$$
$$C = M/J_t + N/2 \tag{4.5.2.2}$$

式中　Q_u——接合部的受剪承载力（N）；

Q_d——接合部的剪力设计值（N）；

μ——混凝土面的摩擦系数，$\mu = 0.6$；

C——弯曲压力（N）；

M——接合部的弯矩设计值（N·mm）；

J_t——柱受拉侧或受压侧的主筋间距（mm）；

N——接合部的轴力设计值（N）。

接触面压应力适用于接触面的压缩区域。

图 4.5.2.1 为接触面压应力传递的模型。

式（4.5.2.1）为学会预制指南（案）中的公式，该状态下的强度公式还有 PRESS 式，与学会预制指南（案）中的公式相同。

b）使用销筋的情形

角柱等产生拉拔力的柱构件接合部的应力传递要素由于不会产生直接压应力，所以不能进行接触面压应力传递。这时，可以考虑柱主筋的销筋，但随着柱主筋拉力的增加，必须考虑销筋对剪切力传递的影响。研究得出，如果柱水平接合面的错位量为几毫米，那么错位引起的附加变形基本上不会对柱构件的整体变形产生影响。图 4.5.2.2 为销筋的应力传递模型。

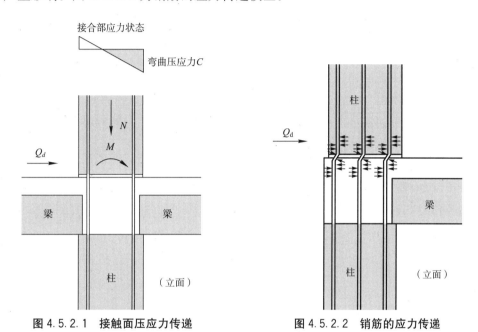

图 4.5.2.1 接触面压应力传递　　　　　图 4.5.2.2 销筋的应力传递

销筋的剪切强度公式有学会预制指南（案）中的公式、W-PC 公式和 PRESS 式，它们本质上都是相同的。因此，这里介绍学会预制指南（案）中的剪切强度公式。

$$V_u \geqslant Q_d$$
$$V_u = n \cdot D \tag{4.5.2.3}$$
$$D = 1.3 d_b^2 \cdot \sqrt{\sigma_B \cdot \sigma_y}$$
$$= 1.65 a_{dowel} \cdot \sqrt{\sigma_B \cdot \sigma_y} \tag{4.5.2.4}$$

设计公式时，销筋同时承受拉力，钢筋的整体塑性力矩降低，销筋抵抗减少，考虑到这一点，使用式（4.5.2.5）。

$$D = 1.3 d_b^2 \cdot \sqrt{\sigma_B \cdot \sigma_y (1-\alpha^2)}$$
$$= 1.65 a_{dowel} \cdot \sqrt{\sigma_B \cdot \sigma_y (1-\alpha^2)} \tag{4.5.2.5}$$

式中　Q_d——剪力设计值（N）；

　　　V_u——接合部的受剪承载力（N）；

　　　D——每根销筋的承载力（N）；

　　　n——销筋的数量；

　　　d_b——钢筋直径（mm）；

　　　σ_B——混凝土设计标准强度（N/mm²）；

　　　σ_y——销筋的标准屈服强度（N/mm²）；

187

a_{dowel}——钢筋截面面积（mm^2）；

　　α——柱主筋应力与标准屈服强度之比，按下式计算

$$\alpha = \sigma_s / \sigma_y \quad (\alpha \leqslant 1)$$

　　σ_s——柱主筋的应力（N/mm^2）。

　　2）柱中间处水平接合部

　　柱中间处水平接合部的考虑方法与柱端水平接合部基本相同。但是，柱中间处的弯曲很小，不能期待接触面的压应力。因此，使用柱主筋的销筋作为传递要素进行设计。此外，在这里要避免同时使用销筋和其他传递要素。

　　①水平荷载时承载力极限设计　　［应力传递要素：销筋］

　　这种状态下接合面的错位应非常小，并且构件的结构性能最好能与现浇的钢筋混凝土相同。但是，由于柱中间部的弯曲很小，很难传递直接压应力，所以采用和柱边缘水平接合部的销筋相同的应力传递要素。因此，这里的销筋剪切强度公式采用前面的式（4.5.2.4）或式（4.5.2.4）。

　　［参考］

　　这里介绍本技术资料 WR-PC 的设计中记载的强度公式。原住宅、都市整备公团和预制装配协会等在开发 WR-PC 施工方法时进行的实验证实了这些强度公式的准确性，然后将它们用于实际设计之中。因此，这些公式不能原封不动地用于其他结构形式。

　　3）柱端水平接合部
　　对水平荷载进行承载力极限设计　　［应力传递要素：摩擦、剪切摩擦、销筋］

$$Q_{uh} \geqslant \alpha \cdot Q_{mh}$$

$$Q_{uh} = 0.7\{0.5\sigma_y \cdot (p_h + 0.005) \cdot b \cdot D + N_h\} \tag{4.5.2.6}$$

式中　Q_{uh}——水平接合部的极限受剪承载力（N）；

　　　Q_{mh}——形成机构时墙柱的剪力（N）；

　　　α——墙柱水平接合部抗剪强度上的余量，参照表 4.5.2.1；

　　　p_h——竖向连接钢筋比，按下式计算

$$p_h = a_h / (b \cdot D)$$

　　注意，$p_h > 0.010$ 时，$p_h = 0.010$。

　　　a_h——竖向连接钢筋的截面面积之和（mm^2）；

　　　b——墙柱的宽度（mm）；

　　　D——墙柱的直径（mm）；

　　　σ_y——竖向连接钢筋对拉力的材料强度（N/mm^2）；

　　　N_h——极限抗剪强度计算用轴向力（N），按下式计算

$$N_h = N_{mu} + N_L + N_W$$

　　注意，$N_h < 0$ 时，$N_h = 0$。

　　　N_{mu}——形成机构时附加轴向力（N）；

　　　N_L——墙柱承受的长期轴向力（N）；

　　　N_W——与墙柱正交的剪力墙承受的轴向力的 1/4（N）。

　　式（4.5.2.6）为本技术资料的设计公式，墙柱的柱端水平接合部的强度可以确保各个构件对使用 α 状态下应力具有足够的余量。该公式为实验式，应力传递要素为摩擦、剪切和销筋的复合。图 4.5.2.3 为应力传递的模型。

墙柱水平接合部抗剪强度余量　　　　　　　　　　　表 4.5.2.1

地上层数 D_s	1~4	5	6	7、8	9~15
$0.30 \leq D_s < 0.35$					1.20*1
$0.35 \leq D_s < 0.40$			1.40*2	1.30*1	1.20*1
$0.40 \leq D_s < 0.45$	1.50*3	1.40*2	1.20*1	1.20*1	1.20*1
$0.45 \leq D_s < 0.50$	1.30*2	1.20*2	1.20*1	1.20*1	
$0.50 \leq D_s$	1.20*2	1.20*2			

*1：顶楼及正下层的墙柱，在此基础上加上 0.1。
*2：顶楼及正下层的墙柱，在此基础上加上 0.2。
*3：顶楼及正下层的墙柱，在此基础上加上 0.3。

底层的轴向力很大（轴向压力除以竖直连接钢筋截面面积之商大于 $100N/mm^2$）时，接触面压应力传递有效，可以通过式（4.5.2.7）来检讨水平接合部的剪切强度。

$$Q_{uh} = \mu \cdot (C + N/2) \qquad (4.5.2.7)$$

式中　Q_{uh}——水平接合部的受剪承载力（N）；

μ——混凝土平滑表面的摩擦系数，$\mu = 0.7$；

C——墙柱的弯曲压力（N），按下式计算

$$C = M/L$$

M——墙柱的形成机构时弯矩（N·mm）；

L——墙柱的应力中心间距离（mm）；

N——墙柱的长期轴向力（N）。

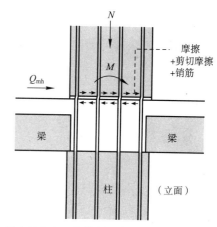

图 4.5.2.3　承载力极限状态下的应力传递

2　主梁的接合部

主梁的两接合部包括梁端部竖向接合部、梁中间部竖向接合部以及为形成叠合梁而在预制部分上端的浇注接缝面设置的梁水平接合部，这些接合部均采用湿接缝连接方式。

这些接合部的接合要素为预制部分和后浇混凝土部分的浇注接缝面（接合面）以及作为连接钢筋的梁主筋或加固钢筋等。接合要素还可以使用连接金属配件，但由于在主梁的接合部很少采用，所以在这里不再介绍。

框架式预制结构中的主梁一般情况下，由于剪跨很大，所以多为弯曲屈服型构件，预制梁和整体式梁在弯曲形状上基本没有差异。因此，设计接合部的弯曲应力时，接合面和接合面附近的截面可以同等对待。如图 4.5.2.4 中的类型 2 的后浇混凝土部分的设计可以与现浇的钢筋混凝土部分相同。注意，设计时要注意接合面两侧混凝土的强度差、主筋的接头形式和保护层厚度（梁的有效尺寸）。综上所述，设计主梁的接合部时，一定要确保各接合面能够传递剪力。

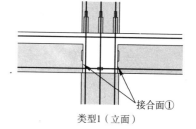

类型 1（立面）

1）梁端部竖向接合部

梁端部竖向接合部主要有图 4.5.2.4 所示的两种类型，其中类型 1 有 1 个接合面，类型 2 有 2 个接合面。

在这些接合面中，和柱-梁交叉部位连接的接合面①在构件达到承载力极限以前，抗剪键等应力传递要素不会遭受破坏。因此，一方面允许发生韧性度较高的屈服以确保其整体性，另一方面又要确保屈服时构架整体能够进行应力重分配。

另外，接合面②中对主梁端部进行各种极限设计时，如果其应力

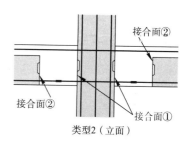

类型 2（立面）

图 4.5.2.4　梁端部竖向接合部

189

状态与接合面①形状相同，那么应力传递要素的剪切传递就能够保证与接合面①相同的性能。

平时不承受轴向压力的主梁竖向接合部，必须设计为在各应力水平不同接合面错位量状态下能够传递剪力的接合部。从这一点上看，预制梁构件的接合部数量受到限制[1]。

①对竖向荷载进行使用极限设计　　[应力传递要素：抗剪键]

这种情况下的应力传递要素很难选用剪切摩擦或销筋。另外，计算强度时采用竖向荷载时弯曲应力的下限值，并且梁通常不承受轴向力。因此，设计接触面压应力传递时的不确定因素非常多。

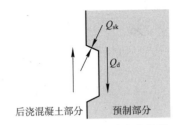

图 4.5.2.5　抗剪键的应力传递

a）使用抗剪键的情形

选用缺乏韧性的抗剪键作为应力传递要素时，为了防止竖向荷载作用下梁端部达到极限之前因抗剪键遭到破坏而导致梁下落现象的产生，必须有备用应力传递机构来确保剪力的传递。图 4.5.2.5 为抗剪键的应力传递示意图。

这里介绍学会预制指南（案）中记载的剪切强度公式。

$$Q_d \leq Q_{sk}$$

$$Q_{sk} = \min(Q_{sk1}, Q_{sk2}) \tag{4.5.2.8}$$

$$Q_{sk1} = \alpha \cdot \sigma_B \cdot \sum_{i=1}^{n}(w_i \cdot x_i) \tag{4.5.2.8a}$$

$$Q_{sk2} = 0.5\sqrt{\sigma_B} \cdot \sum_{i=1}^{n}(a_i \cdot w_i) \tag{4.5.2.8b}$$

式中　Q_d——竖向荷载时作用于接合部的剪力设计值（N）；

$\quad Q_{sk}$——抗剪键的受剪承载力（N）；

$\quad Q_{sk1}$——抗剪键承压决定的承载力（N）；

$\quad Q_{sk2}$——抗剪键剪切决定的承载力（N）；

$\quad \sigma_B$——混凝土的抗压强度（N/mm²）设计时采用设计标准强度 F_c；

$\quad a_i$——抗剪键的接合部长度；

$\quad w_i$——抗剪键的接触面宽度（mm）；

$\quad x_i$——抗剪键的高度（mm）；

$\quad \alpha$——抗压强度系数，为 1.0。

图 4.5.2.6 为学会预制指南（案）中的应力传递机构模型。承载力公式依据 PRESS 的公式，本技术资料 R-PC 设计中的承载力公式大致与此相同。需要注意的是，无论是 Q_{sk1}，还是 Q_{sk2} 中，都必须比较抗剪键左右两侧的承载力。

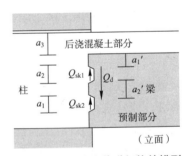

图 4.5.2.6　应力传递机构的模型

在本技术资料 WR-PC 的设计中，设计应力为长期应力，将折减的受剪承载力作为抗剪键的长期容许受剪承载力。另外，抗剪键的长期容许受剪承载力还须加上另外计算出的楼板厚度部分的受剪承载力。图 4.5.2.7 为 WR-PC 承载力公式的模型。

$$Q_{LD} \leq Q_{LA}$$

$$Q_{LA} = \min({}_L Q_G, {}_L N_G) + {}_L Q_S \tag{4.5.2.9}$$

$${}_L Q_G = {}_L f_{ss} \cdot A_{sc} \qquad {}_L f_{ss} = 2.0 \times \min(F_c/30, 0.49 + F_c/100) \tag{4.5.2.9a}$$

$${}_L N_G = {}_L f_{cs} \cdot A_c \qquad {}_L f_{cs} = 1.2 \times F_c/3 \tag{4.5.2.9b}$$

$${}_L Q_S = {}_L f_{cs} \cdot A_{ss} \tag{4.5.2.9c}$$

式中　Q_{LD}——长期荷载时剪力设计值（N）；

1）日本建築学会：「現場打ち同等型プレキャスト鉄筋コンクリート構造設計指針（案）・同解説（2002）」，p. 80、2002.10

Q_{LA}——梁的竖向接合部的长期容许受剪承载力（N）；

$_LQ_G$——抗剪键的长期容许受压承载力（N）；

$_LN_G$——抗剪键的长期容许受压承载力（N）；

$_LQ_S$——楼板的长期容许受剪承载力（N）；

$_Lf_{ss}$——抗剪键的长期容许剪切应力（N/mm²）；

$_Lf_{cs}$——抗剪键的长期容许单位承压应力（N/mm²）；

F_c——连接预制构件的设计标准强度（N/mm²）；

A_{sc}——抗剪键的剪切截面面积（mm²）；

A_c——抗剪键的承压面积（mm²）；

A_{ss}——楼板的剪切截面面积（mm²），不包括预制楼板的搭接部分。

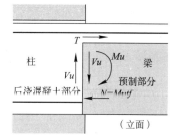

图 4.5.2.7　WR-PC 强度公式的模型

② 对水平荷载进行承载力极限设计　［应力传递要素：接触面压应力传递、销筋］

梁端部竖向接合部承受水平荷载时，接合面的应变越小越好。应力传递要素采用接触面压应力传递，即形成铰之前，弯曲应力很大时，裂缝等不会引起接合面的张开，接触部位的摩擦能够传递剪力。此外，如果允许一定程度的错位，也可以使用销筋，这时要根据容许的错位量和作为梁主筋的销筋的拉应力来适当评价剪切强度。

a）接触面压应力传递的情形

接触面压应力传递的前提是在接合面存在弯曲应力。由于使用弯曲应力的下限值，所以要充分注意梁端部的锚固强度和实际的固定荷载及施工顺序。图 4.5.2.8 表示接触面压应力传递的传递机构。这里介绍学会预制指南（案）中记载的剪力公式。

$$Q_u \leqslant V_u$$
$$V_u = \mu \cdot N \tag{4.5.2.10}$$

式中　Q_u——形成机构时的剪力（N）；

V_u——接合部的极限剪力（N）；

μ——接触面压应力传递的摩擦系数（$\mu = 0.6$）；

N——形成机构时弯曲压缩合力的大小（N），按下式计算

$$N = M_u / j$$

M_u——接触面形成机构时的弯矩（N·mm）；

j——应力中心间距（mm）。

图 4.5.2.9 为学会预制指南（案）的应力传递机构的模型。本技术资料的 R-PC 设计也可以采用与 PRESS 同样的强度公式。需要注意的事项是接触面压应力传递必须保证接触面能够传递压缩合力，还必须根据极限时允许接合面张合的程度来选择适当的材料强度、塑性率等。此外，短跨梁等大多不满足判定公式。这时，由于允许一定程度的错位，可以采用下面介绍的销筋进行剪切传递。

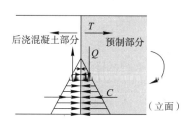

图 4.5.2.8　接触面压应力传递机构

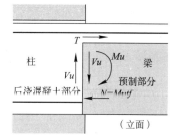

图 4.5.2.9　应力传递机构的模型

b）使用销筋的情形

为了使销筋发挥效果，必须允许一定程度的错位。采用销筋作为应力传递要素时，还必须考虑发生

错位时连接钢筋的应力和延伸梁。另外，还须注意，钢筋直径越大，达到最大强度时的错位量越大。图 4.5.2.10 表示销筋的应力传递，式（4.5.2.11）为销筋的剪力公式。

$$D = 1.30d_{\mathrm{b}}^2 \cdot \sqrt{\sigma_{\mathrm{B}} \cdot \sigma_{\mathrm{y}}} = 1.65a_{\mathrm{dowel}} \cdot \sqrt{\sigma_{\mathrm{B}} \cdot \sigma_{\mathrm{y}}} \tag{4.5.2.11}$$

图 4.5.2.11 表示销筋应力传递机构的模型。式（4.5.2.11）为前面混凝土发生压缩破坏（抗压强度：$5\sigma_B$）、销筋发生屈服时的强度公式。此外，在不允许发生过大错位的部位，采用将抗压强度降低为 $2.5\sigma_B$ 时的式（4.5.2.12）。

$$D = 0.92d_{\mathrm{b}}^2 \sqrt{\sigma_{\mathrm{B}} \cdot \sigma_{\mathrm{y}}} = 1.17a_{\mathrm{dowel}} \cdot \sqrt{\sigma_{\mathrm{B}} \cdot \sigma_{\mathrm{y}}} \tag{4.5.2.12}$$

式中 D——每根销筋的受剪承载力（N）；

d_{b}——钢筋直径（mm）；

a_{dowel}——每根销筋的截面面积（mm^2）；

σ_{B}——混凝土抗压强度（$\mathrm{N/mm}^2$）；

σ_{y}——销筋的屈服强度（$\mathrm{N/mm}^2$）。

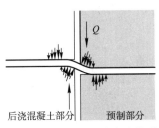

图 4.5.2.10 销筋的应力传递

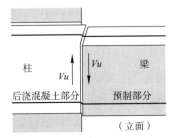

图 4.5.2.11 应力传递机构的模型

设计公式是将式（4.5.2.11）中的 σ_B 替换为混凝土的设计标准强度（F_c），将 σ_y 替换为销筋的标准屈服强度。此外，销筋同时承受拉力时，α 会降低销筋的强度。在此介绍学会预制指南（案）中记载的销筋强度公式。这时，不再采用式（4.5.2.11），而采用式（4.5.2.14）。

$$Q_{\mathrm{d}} \leqslant V_{\mathrm{u}}$$
$$V_{\mathrm{u}} = n \cdot D \tag{4.5.2.13}$$
$$D = 1.30d_{\mathrm{b}}^2 \cdot \sqrt{F_{\mathrm{c}} \cdot f_{\mathrm{y}}(1-\alpha^2)} = 1.65a_{\mathrm{dowel}} \cdot \sqrt{F_{\mathrm{c}} \cdot f_{\mathrm{y}}(1-\alpha^2)} \tag{4.5.2.14}$$
$$\sigma_{\mathrm{s}} = \alpha \cdot f_{\mathrm{y}} \quad (\alpha < 1)$$

式中 Q_{d}——剪力设计值（N）；

V_{u}——接合部的极限剪力（N）；

n——销筋的数量；

α——折减系数；

σ_{s}——销筋的拉应力（$\mathrm{N/mm}^2$）。

在梁主筋销筋的剪切传递中，为了防止主筋变形引起混凝土的劈裂破坏（图 4.5.2.12），要在接合面构件直径一半（D/2）的范围（图 4.5.2.13）之内，尽可能地靠近接合面布置横向加固钢筋。必要横向加固钢筋的数量请参考式（4.5.2.15）。

$$a_{\mathrm{req}} = \frac{1}{2} \cdot \frac{Q_{\mathrm{d}}}{f_{\mathrm{y}}} \tag{4.5.2.15}$$

式中 a_{req}——接合面附近的必要横向加固钢筋数量（mm^2）；

Q_{d}——主筋销筋的传递剪力（N）；

f_{y}——横向加固钢筋的标准屈服强度（$\mathrm{N/mm}^2$）。

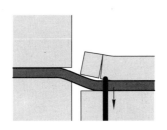

图 4.5.2.12　销筋的劈裂破坏

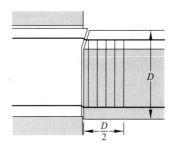

图 4.5.2.13　横向加固钢筋的配筋（立面）

③ 对竖向荷载进行承载力极限设计　　［应力传递要素：销筋］

地震力等很大荷载作用于梁的端部时，会引起抗剪键的破坏和接合面的错位、开孔等，这时不能期待抗剪键或接触面压应力传递来传递竖向荷载引起的剪力。因此，在传递增加荷载系数的竖向荷载引起的剪力时，必须要确保有备用的应力传递要素来传递剪力。这时的应力传递要素可以采用梁主筋的销筋，因为它在开孔以后仍可以保持连续性。

此外，很难定量判断梁端部发生塑性铰后的错位量。另外，由于地震力引起的应力消失后，没有足够的弯矩使接合面恢复原状，所以这里的应力传递要素最好不要采用需要接触面才能发挥作用的接触面压应力传递或剪切摩擦。

使用销筋的情形

对销筋的设计及剪切强度公式与水平荷载的承载力极限设计时相同。此外，如果水平荷载的承载力极限状态下允许一定程度的错位，使用式（4.5.2.14）进行确认销筋剪力传递的设计，竖向荷载引起的设计剪力小于增加的水平荷载，作用于钢筋的拉力一般也非常小，能够传递的剪力会增加，所以，这里不再考虑这个问题。

在 WR-PC 设计中，通过比较 1 次设计短期荷载时和 2 次设计形成机构时的抗剪键、接触面压应力传递及销筋的强度，来检讨水平荷载。

· 1 次设计

$$Q_{SD} \leqslant \max\left\{\min(_sQ_G,_sN_G),\mu \cdot C,1.17a_v \cdot \sqrt{F_c \cdot F_y \cdot \left[1-\left(\frac{\sigma_s}{f_y}\right)^2\right]}\right\} \tag{4.5.2.16}$$

$$_sQ_G =_sf_{ss} \cdot A_{sc},_sf_{ss} = 2.0 \times 1.5 \times \min(F_c/30,0.49+F_c/100) \tag{4.5.2.16a}$$

$$_sN_G =_sf_{cs} \cdot A_c,_sf_{cs} = 1.2 \times 1.5 \times F_c/3 \tag{4.5.2.16b}$$

式中　　Q_{SD}——短期荷载时剪力设计值（N）；

$_sQ_G$——抗剪键的短期容许剪切强度（N/mm²）；

$_sN_G$——抗剪键的短期容许抗压强度（N/mm²）；

$_sf_{ss}$——抗剪键的短期容许剪切应力（N/mm²）；

$_sf_{cs}$——抗剪键的短期容许单位承压应力（N/mm²）；

A_{sc}——抗剪键的剪切截面面积（mm²）；

A_c——抗剪键的承压面积（mm²）；

F_c——混凝土的设计标准强度（N/mm²）；

μ——接触面压应力传递的摩擦系数（$\mu=0.6$）；

C——短期荷载时弯曲压缩合力的大小（N），包含长期弯矩对弯曲压力矩的影响；

a_v——对抗销有效的梁主筋截面面积之和（mm²）；

f_y——梁主筋的标准屈服强度（N/mm²）；

σ_s——弯矩引起的梁主筋的实际拉应力（N/mm²）。

· 2 次设计

$$\alpha \cdot Q_{mu} \leqslant \max\left\{\mu \cdot C_{mu}, 1.65a_v \cdot \sqrt{F_c \cdot F_y \cdot \left[1 - \left(\frac{\sigma_s}{f_y}\right)^2\right]}\right\} \quad (4.5.2.17)$$

式中　下列符号以外的符号与 1 次设计的符号相同。

α——梁竖向接合部抗剪强度的余力，梁的该值大于 1.1；

Q_{mu}——形成机构时的梁的剪力（N），包含简支梁的长期剪力；

μ——接触面压应力传递的摩擦系数（$\mu = 0.6$）；

C_{mu}——形成机构时弯曲压缩合力的大小（N）。

1 次设计时的式（4.5.2.16）中的销筋，采用在式（4.5.2.14）中降低承压强度以后的形式。此外，在 2 次设计的式（4.5.2.17）中，不采用抗剪键。

2）梁中间部位竖向接合部

如图 4.5.2.14 所示，梁中间部位竖向接合部由于中间夹有连接连接钢筋——梁主筋的后浇混凝土部分，所以存在 2 个接合面。

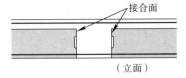

图 4.5.2.14　梁中间部竖向接合部

梁中间部位竖向接合部的目的在于使构件本身形成整体，在梁构件的中间部位不会形成塑性铰，在所有应力水平下，都要尽可能减小接合面的错位，保持充分的剪切强度，在实际设计中，要时刻注意这一点。

①对竖向荷载进行使用极限设计　［应力传递要素：抗剪键］

一般情况下，如果荷载不向局部集中或分布不均，梁中间部位接合部的竖向荷载的设计剪力就非常小。在这里，最好采用不允许发生错位的设计形式。这时的应力传递要素选用抗剪键，效果最佳。此外，在梁的中间部位设置接合部时，接合面位于受拉侧的梁下端，混凝土的干缩和梁中央部位的挠曲引起的拉应变主要集中在接合面附近，所以在设计施工时，要充分注意。

使用抗剪键的情形

对梁中间部位竖向接合部的抗剪键的研究和剪切强度公式与梁端部竖向接合部相同。图 4.5.2.15 为应力传递机构的模型，下面介绍此时梁中间部位竖向接合部的剪切强度公式。此外，这里的设计强度公式（4.5.2.8a'）和式（4.5.2.8b'）就是将式（4.5.2.8a）和式（4.5.2.8b）中的混凝土抗压强度 σ_B 替换为混凝土设计标准强度 F_c。所用符号与梁端部竖向接合部相同。

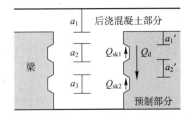

图 4.5.2.15　应力传递机构的模型

$$Q_d \leqslant Q_{sk}$$
$$Q_{sk} = \min(Q_{sk1}, Q_{sk2}) \quad (4.5.2.8)$$

$$Q_{sk1} = \alpha \cdot F_c \cdot \sum_{i=1}^{n}(w_i \cdot x_i) \quad (4.5.2.8a')$$

$$Q_{sk2} = 0.5\sqrt{F_c} \cdot \sum_{i=1}^{n}(a_i \cdot w_i) \quad (4.5.2.8b')$$

在大跨度梁上设置梁中间部位竖向接合部时，由于竖向荷载引起的接合部的拉应变非常大，所以用抗剪键进行应力传递时，在结构设计上存在问题。

② 对水平荷载进行极限设计　［应力传递要素：抗剪键、销筋］

如果梁中竖向接合部的重点在于将构件本身连在一起，那么即使在水平荷载的承载力极限状态下进行设计时，也要极力控制接合面的错位。这时应力传递要素采用抗剪键。此外，由于水平荷载引起的梁中央部位的弯矩特别小，并且还会引起反弯点的移动，这时不能依靠通过弯曲压力才能发挥其强度的接触面压应力传递。此外，承载力极限状态下允许一定程度的错位，设计时可以采用销筋。

a）使用抗剪键的情形

使用抗剪键进行设计时的思路与对竖向荷载进行使用极限设计时相同，剪切强度的计算公式可以采用式（4.5.2.8）。但是，从应力水平来看，只能在一定的范围内采用抗剪键传递使用极限时由构件两端弯矩计算出的设计剪力。对水平荷载进行承载力极限设计时，如果抗剪键能够传递剪切，考虑设计剪力的大小，可以省略对竖向荷载进行使用极限设计时的分析。

b）使用销筋的情形

图 4.5.2.16 为梁中竖向接合部销筋的应力传递机构的模型。使用在一定程度错位量下才能发挥其强度的销筋作为应力传递要素时，要避免与很小错位量下就可以发挥其效果的抗剪键剪切强度的累加。对销筋及其剪切强度的研究与梁端部竖向接合部相同。这里介绍学会预制指南（案）中受剪承载力公式。符号与梁端部竖向接合部相同。

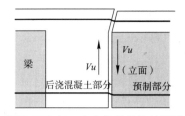

图 4.5.2.16　应力传递机构的模型

$$D = 1.30d_b^2 \cdot \sqrt{\sigma_B \cdot \sigma_y} = 1.65a_{dowel} \cdot \sqrt{\sigma_B \cdot \sigma_y} \tag{4.5.2.11}$$

将抗压强度降低为 $2.5\sigma_B$ 时，参照式（4.5.2.12）。

$$D = 0.92d_b^2 \sqrt{\sigma_B \cdot \sigma_y} = 1.17a_{dowel} \cdot \sqrt{\sigma_B \cdot \sigma_y} \tag{4.5.2.12}$$

$$Q_d \leqslant V_u$$

$$V_u = n \cdot D \tag{4.5.2.13}$$

$$D = 1.30d_b^2 \cdot \sqrt{F_c \cdot f_y(1-\alpha^2)} = 1.65a_{dowel} \cdot \sqrt{F_c \cdot f_y(1-\alpha^2)} \tag{4.5.2.14}$$

$$\sigma_s = \alpha \cdot f_y \quad (\alpha < 1)$$

在梁主筋销筋的剪切传递中，为了防止主筋变形引起混凝土的劈裂破坏，要在接合面构件直径（D）1/2 的范围之内，尽可能地接近接合面配置横向加固钢筋。必要横向加固钢筋的数量请参考式（4.5.2.15）。

$$\alpha = \frac{1}{2} \cdot \frac{Q_d}{f_y} \tag{4.5.2.15}$$

③ 对竖向荷载进行承载力极限设计　［应力传递要素：销筋］

在竖向荷载下对梁中间部位竖向接合部进行承载力极限设计时，可以采用和梁端部竖向接合部相同的研究方法和剪切强度公式。因此，在此予以省略。

3）梁的水平接合部（预制部分上端接合面）

设有水平接合部的梁包括图 4.5.2.17 中所示的半预制梁和完全预制梁两种类型。

在半预制梁形式中，最好在达到承载力极限状态前，要保证预制部分和现浇混凝土部分的一体性，通过抗剪钢筋保持内部混凝土的约束。因此，在设计接合部时，要极力控制接合面的错位。

另外，在完全预制梁形式中，即使极限状态下在接合面发生一定程度的错位，梁及楼板大多能够保持各自的功能，如果附加钢筋能够保证

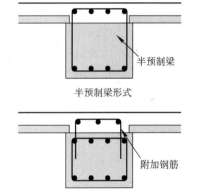

半预制梁

半预制梁形式

附加钢筋

全预制梁形式

图 4.5.2.17　梁的水平接合部

接合面的剪力传递，就能将楼板的面内水平力传递到梁，发挥梁水平接合部的作用。因此，设计时采用允许一定程度错位的接合部。

此外，为了控制合成梁构件在梁接合面内的错位，要严格控制单个构件内水平接合部的数量。[1]

①对竖向荷载进行使用极限设计　「应力传递要素：剪切摩擦、抗剪键]

假定接合面连在一起，使用弹性梁理论，根据式（4.5.2.18）计算出这时的接合部设计剪力。

$$\tau_{xy} = \frac{Q \cdot S_y}{b \cdot I} \tag{4.5.2.18}$$

式中　τ_{xy}——接合部的设计应力（N/mm²）；

Q——作用于构件截面的剪力（N）；

S_y——接合面外侧截面的面积矩（mm³）；

b——接合面的宽度（mm）；

I——截面惯性矩（mm⁴）。

式（4.5.2.18）中的作用剪力采用竖向荷载使用极限状态下的接合部构件截面的剪力。另外，混凝土发生裂缝或接合面错位进行应力再分配时，弹性梁理论的应力有时大于承载力极限状态下的实际应力。因此，与式（4.5.2.18）中的设计应力相适应的接合部剪切强度公式采用基本不发生错位状态下的强度公式。也就是说，竖向荷载时使用极限状态下的设计应力至少为混凝土产生裂缝之前的应力水平，还要求接合面基本不发生错位。

应力传递要素可以选用横切接合面的连接钢筋产生的剪切摩擦或抗剪键。注意，要根据抗剪键对预制构件生产精确度和剪切强度关系的要求，适当考虑剪切摩擦对错位量和剪切强度关系的要求。

a）使用剪切摩擦的情形

剪切摩擦的最大传递强度产生在错位量为0.5mm～0.75mm之间时。最好将竖向荷载使用极限状态下的水平接合部的错位量控制在可以忽略不计的范围之内，很难达到能够100%发挥剪切强度效果的错位量。因此，通常情况下，采用降低剪切摩擦最大传递强度的形式作为剪切强度公式。图4.5.2.18为剪切摩擦的应力传递。这里介绍学会预制指南（案）中记载的剪切强度公式。

$$\tau_{xy} \leqslant \phi \cdot \tau_u$$
$$\tau_u = \mu \cdot (p_s \cdot f_y + \sigma_0) \quad \text{注意}, \tau_u \leqslant 0.3F_c \tag{4.5.2.19}$$

式中　τ_{xy}——接合部的设计应力（N/mm²）；

ϕ——强度折减系数（$\phi=1/2$）；

τ_u——单位面积的剪切强度（N/mm²）；

μ——摩擦系数（参照表4.4.1.1）；

f_y——正交钢筋的标准屈服强度（N/mm²）；

注意，$f_y \leqslant 785\text{N/mm}^2$

p_s——接合面单位面积的正交钢筋截面面积；

σ_0——外部加在接合面上的轴向应力（N/mm²）；

注意，在这里$\sigma_0 = 0$。

F_c——混凝土的设计标准强度（N/mm²）。

图4.5.2.19为学会预制指南（案）应力传递机构的模型。在式（4.5.2.19）中，剪切摩擦能够传递的剪切强度上限为混凝土设计标准强度的30%。本技术资料R-PC设计中，将ϕ作为应力附加系数（$\phi=2$）来计算设计剪力，采用比较剪切摩擦的剪切强度的形式。在这一点上，本资料与学会预制指南（案）表达形式不同，但剪切强度公式本身是相同的。

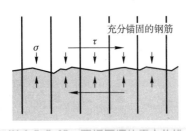

图4.5.2.18　剪切摩擦的应力传递

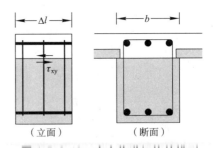

图4.5.2.19　应力传递机构的模型

b）使用抗剪键的情形

在梁的水平接合部，由于将预制部分设置在混凝土浇筑面上，所以混凝土的密度和生产精度具有许多不确定要素，有时不能充分发挥它的剪切强度。因此，在采用抗剪键作为应力传递要素时，要降低剪

1）日本建築学会：「現場打ち同等型プレキャスト鉄筋コンクリート構造設計指針（案）・同解説（2002）」p.94-95、2002.10

196

切强度。这里采用式（4.5.2.20）。

$$\tau_{xy} \leqslant \eta \cdot \tau_{sk}$$
$$\tau_{sk} = \min(\tau_{sk1}, \tau_{sk2}) \tag{4.5.2.20}$$
$$\tau_{sk1} = \alpha \cdot F_c \cdot (w_i \cdot x_i)/(b \cdot p) \tag{4.5.2.20a}$$
$$\tau_{sk2} = 0.5\sqrt{F_c} \cdot (a_i \cdot w_i)/(b \cdot p) \tag{4.5.2.20b}$$

式中　τ_{xy}——接合部的设计应力（N/mm²）；

η——生产精度的折减系数（$\eta \leqslant 1$）；

τ_{sk}——单位面积内抗剪键的剪切强度（N/mm²）；

τ_{sk1}——抗剪键承压决定的强度（N/mm²）；

τ_{sk2}——抗剪键剪切决定的强度（N/mm²）；

F_c——混凝土的设计标准强度（N/mm²）；

a_i——抗剪键的接合部长度（mm）；

w_i——抗剪键的接触面宽度（mm）；

x_i——抗剪键的深度（mm）；

α——抗压强度系数，为1.0；

b——梁的宽度（mm）；

p——抗剪键的间距（mm）。

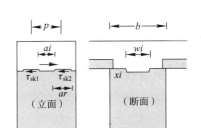

图4.5.2.20　应力传递机构的模型

图4.5.2.20为抗剪键应力传递机构的模型。式（4.5.2.20）、式（4.5.2.20）和式（4.5.2.20）分别将式（4.5.2.8）、式（4.5.2.8a'）和式（4.5.2.8b'）替换为抗剪键间距（单位面积）附近的剪切强度公式，根据生产抗剪键过程中的不确定要素适当降低。生产精确度的折减系数 η 应该根据预制构件生产中的状况改变降低率，关于生产精度和降低率的关系，必须通过实验等保证构件的整体性。

② 对水平荷载进行承载力极限设计　〔应力传递要素：剪切摩擦、销筋〕

承载力极限状态下，混凝土会产生裂缝，接合面也会发生错位，可以通过计算应力再分配的式（4.5.2.21）计算出梁水平连接部的设计剪力。

$$\tau_{xy} = \frac{\Delta T}{b \cdot \Delta l} \tag{4.5.2.21}$$

式中　τ_{xy}——接合部的设计应力（N/mm²）；

ΔT——在区间长度 Δl 内，接合面上侧（外侧）的拉伸钢筋的应力变化量（N），T形梁中还包括与楼板中的梁平行的楼板钢筋；

b——接合面的宽度（mm）；

Δl——区间长度（mm）。

式（4.5.2.21）为采用梁构件轴线方向 Δl 距离内截面间的平均应力进行计算的公式。在图4.5.2.21中，在构件弯矩的最大点和零之间的区间内，假定根据截面分析求得的应力 T 呈直线变化，水平接合面的剪切应力 τ_{xy} 为区间 Δl 内的平均值。

如前所述，在水平荷载的极限状态下，梁水平接合部应该保有的性能与半预制梁形式和完全预制梁形式下允许的错位量是不同的。要根据目标性能中规定的错位量来选择应力传递要素，剪切摩擦发挥最大承载力时的错位量在 0.5～0.75mm 之间[1]。另外，考虑到合成梁构件应该具有的构件性能，采用半预制梁形式时，最好通过剪切摩擦确保应力传递。而在允许一定程度错位量的完全预制梁形式中，可以使用销筋传递应力。

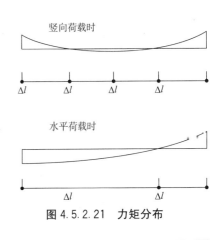

图4.5.2.21　力矩分布

1) 日本建築学会：「現場打ち同等型プレキャスト鉄筋コンクリート構造設計指針（案）・同解説（2002）」p.99、2002.10

a) 使用剪切摩擦的情形

对水平荷载进行极限设计时的剪切摩擦，从错位量来看，可以使用至最大剪切强度，不会降低强度。其他方面可以采用与竖向荷载时相同的方法计算。这里介绍学会预制指南（案）中记载的剪切强度公式。所用符号与梁水平接合部竖向荷载进行使用极限设计时的符号相同。

$$\tau_{xy} \leqslant \phi \cdot \tau_u$$

$$\tau_u = \mu \cdot (p_s \cdot f_y + \sigma_0) \quad 其中，\sigma_0 = 0。 \tag{4.5.2.19}$$

注意，$\tau_u \leqslant 0.3F_c$ 且 $f_y = 785N/mm^2$。

图 4.5.2.22 为学会预制指南（案）中应力传递机构的模型。这里的判定公式中，对竖向荷载进行使用极限设计的判定公式的强度折减系数定为 $\phi = 1.0$。此外，在 WR-PC 的设计中，采用式（4.5.2.23）作为强度计算公式。

$$\tau_s \leqslant \tau_{sl}$$

$$\tau_s = \sum T_{max} / b \cdot L_0 \tag{4.5.2.22}$$

$$\tau_{sl} = \min\{\mu \cdot p_w \cdot \sigma_{wy}, 0.7(0.7 - F_c/200) \cdot F_c/2\} \tag{4.5.2.23}$$

式中　τ_s——作用于接合部形成机构时剪切应力（N/mm^2）；

　　　τ_{sl}——浇注接缝面的剪切强度（N/mm^2）；

　　　b——梁的宽度（mm）；

　　　L_0——梁的净跨长度（mm）；

　　　μ——摩擦系数，为 1.0（为使 $\mu = 1.0$，前提是人为增大接合面的粗糙度）；

　　　p_w——梁的抗剪钢筋比，按下式计算

$$p_w = a_w / (b \cdot x)$$

注意，端部和中央不同时，采用较小值。

　　　a_w——每组抗剪钢筋的截面面积之和（mm^2）；

　　　x——抗剪钢筋的间隔（mm）；

　　　σ_{wy}——梁抗剪钢筋的标准屈服强度（N/mm^2）；

注意，当 $\sigma_{wy} > 785$ 时，$\sigma_{wy} = 785$。

　　　F_c——混凝土的设计标准强度（N/mm^2）；

　$\sum T_{max}$——梁的主筋的承载力极限时最大拉力之和（N），按下式计算

$$\sum T_{max} = a_{t1} \cdot \sigma_{y1} + a_{t2} \cdot \sigma_{y2} + a_{ts} \cdot \sigma_{ys}$$

a_{t1}，a_{t2}——梁左右两端拉伸钢筋的截面面积之和（mm^2）；

σ_{y1}，σ_{y2}——梁左右两端拉伸钢筋的上限强度（N/mm^2）；

　　　a_{ts}——采用带楼板梁时，在上端拉伸的侧梁单侧 1000mm 范围内的楼板内部钢筋的截面积（mm^2），注意，楼板为预制构件时，不包括预制部分内的钢筋；

　　　σ_{ys}——楼板拉伸钢筋的上限强度（N/mm^2）。

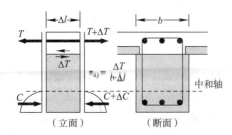
图 4.5.2.22　应力传递机构的模型

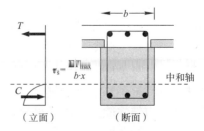
图 4.5.2.23　WR-PC 强度公式的模型

图 4.5.2.23 为 WR-PC 设计公式中应力传递机构的模型。式（4.5.2.23）为连接钢筋的剪切摩擦的

强度，第 1 项为钢筋发挥抗拉伸材料强度时通过认定等的高强抗剪钢筋的上限为 785N/mm²。第 2 项为在钢筋发挥第 1 项中的强度之前达到混凝土有效强度时的强度。此外，此处的设计应力采用梁的净跨长度的平均值。

b）使用销筋的情形

完全预制梁形式的梁水平接合部的主要功能是保证楼板面内剪力的传递。此外，即使在水平荷载的承载力极限状态下，接合面的错位量最好在剪切摩擦能够传递剪切的范围之内。设计时，将式（4.5.2.22）中的 $\sum T_{\max}$ 替换为根据面内剪力求出的数值（Q_s）作为设计应力，强度公式采用式（4.5.2.19）。但是，完全预制梁形式的水平接合部的错位量在 1mm 到 2mm 之间时，错位产生的附加变形不会对梁构件的整体变形产生影响[2]。销筋发挥最大强度时的错位量因钢筋材料强度和钢筋直径的不同而各不相同，这时如果连接钢筋采用附加钢筋，则直径为 2mm 左右[1]。因此，预制梁形式的梁的水平接合部的剪切摩擦可以采用销筋。

$$\tau_s \leqslant \tau_u$$
$$\tau_u = n \cdot D/(b \cdot p) \tag{4.5.2.24}$$
$$D = 1.30d_b2 \sqrt{F_c \cdot f_y} = 1.65a_{dowel} \cdot \sqrt{F_c \cdot f_y} \tag{4.5.2.25}$$

式中　τ_s——由楼板面内剪力求出的接合面形成机构时剪切应力（N/mm²）；

　　　τ_u——单位面积内销筋的剪切承载力（N/mm²）；

　　　D——每根销筋的承载力（N）；

　　　n——每列附加钢筋的数量；

　　　b——梁的幅度（mm）；

　　　p——附加钢筋的间隔（mm）；

　　　d_b——附加钢筋的直径（mm）；

　a_{dowel}——附加钢筋的截面面积（mm²）；

　　　F_c——混凝土的设计标准强度（N/mm²）；

　　　f_y——附加钢筋的标准屈服强度（N/mm²）。

图 4.5.2.24 为本技术资料应力传递机构的模型，式（4.5.2.24）中将式（4.5.2.13）替换为附加钢筋间距（单位面积）。式（4.5.2.25）将式（4.5.2.11）替换为设计强度公式。

③ 对竖向荷载进行承载力极限设计　［应力传递要素：剪切摩擦、销筋］

在梁水平接合部进行承载力极限设计时，无论是半预制梁形式，还是完全预制梁形式都能够采用与对水平荷载进行承载力极限设计时相同的方法选择应力传递要素。设计剪力通常情况下比水平荷载小，选择与水平荷载承载力极限设计时相同的应力传递要素时，剪切强度公式也相同。因此，在此不再赘述。

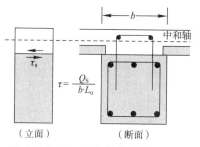

图 4.5.2.24　应力传递机构的模型

3　剪力墙的接合部

在 4.3 节中已经讲过，剪力墙的接合部既包括连接柱和墙板或墙板和墙板的竖向接合部，还包括设置在墙板上端或下端的水平接合部。在一般的构造物中，墙壁大多被用作连层剪力墙，许多层墙板通过多个竖向接合部和水平接合部连在一起，形成一个复合结构体。因此，使用预制件的剪力墙被称为预制合成剪力墙。正因为这种复杂的构成，剪力墙与大多由多个个体构件构成的柱或梁完全不同，破坏形式

1) T. Paulay, R. Park and M. H. Philips：Horizontal construction Joints in Cast in Place Reinforced Concrete, Shear in Reinforced Concrete, ACI Special Publication 42, Vol. 2, Detroit 1974, pp. 599 - 616

2) 日本建筑学会：「プレキャストコンクリート構造の問題点」、2000 年度日本建筑学会大会 RC 構造 PD 資料

有时也为特有的分离破坏形式。

因此，由于其复杂性，人们提出了各种不同的整体应力传递和相应的承载力公式。这里选出其中最具代表性的、在某种应力传递模型基础上计算出的强度公式。

1) 剪力墙（端部、中间部位）的竖向接合部

①对竖向荷载进行使用极限设计　　［应力传递要素：抗剪键］（图 4.5.2.25）

$$Q_{sk} \geqslant Q_v$$

$$Q_v = N_w/2 \tag{4.5.2.26}$$

$$Q_{sk} = \min(Q_{sk1}, Q_{sk2}) \tag{4.5.2.27}$$

式中　Q_{sk}——单层抗剪键的竖向接合部的受剪承载力（N）；

Q_v——竖向接合部的剪力设计值（N）；

N_w——具有该竖向接合部的剪力墙自重和上层楼板自重、活荷载之和（N）；

Q_{sk1}——抗剪键前面的受压承载力（N），按下式计算

$$Q_{sk1} = \alpha \cdot \sigma_B \cdot \sum_{i=1}^{n} (x_i \cdot w_i) \tag{4.5.2.27a}$$

Q_{sk2}——抗剪键的受剪承载力（N），按下式计算

$$Q_{sk2} = 0.5 \sqrt{\sigma_B} \cdot \sum_{i=1}^{n} (a_i \cdot w_i) \tag{4.5.2.27b}$$

α——承压承载力系数，$\alpha = 1.0$；

σ_B——接合部的混凝土抗压强度（N/mm^2）；

a_i——抗剪键接合部的高度（mm）；

w_i——抗剪键的宽度（mm）；

n——抗剪键的数量；

x_i——抗剪键的深度（mm）。

② 对竖向荷载进行承载力极限设计　　［应力传递要素：销筋］（图 4.5.2.26）

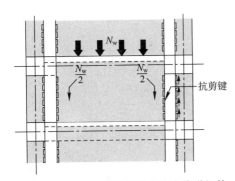

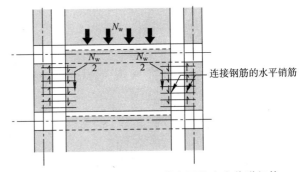

图 4.5.2.25　使用极限时的应力传递机构　　　　图 4.5.2.26　承载力极限状态下的应力传递机构

$$Q_{dowel} \geqslant Q_{vu}$$

$$Q_{vu} = N_{wu}/2 \tag{4.5.2.28}$$

$$Q_{dowel} = 1.65 \sum a_{dowel} \cdot \sqrt{\sigma_B \cdot \sigma_y} \tag{4.5.2.29}$$

式中　Q_{dowel}——单层水平连接钢筋销筋的竖向接合部受剪承载力（N）；

Q_{vu}——竖向接合部的承载力极限分析剪力（N）；

N_{wu}——具有该竖向接合部的剪力墙和上层楼板的自重与活荷载乘以各自荷载系数以后得出的数值之和（N）；

恒荷载的荷载系数大于 1.4，活荷载的荷载系数大于 1.7；

$\sum a_{dowel}$——水平连接钢筋的截面面积之和（mm^2）；

σ_B——接合部的混凝土抗压强度（N/mm²）；

σ_y——水平连接钢筋的屈服强度（N/mm²）。

式（4.5.2.27）～式（4.5.2.29）为学会预制指南（案）中的强度公式。

竖向荷载时竖向接合部的强度公式在使用极限状态下为了减小接合部的滑移，接合要素只使用抗剪键，在承载力极限状态下，采用允许接合面滑移的销筋作为应力传递要素。根据不同接合要素强度不能累加的原则，必须考虑使用极限状态和承载力极限状态下所必需的各项性能和接合要素的力学特征。

另外，作用于竖向接合部的剪力为该层剪力墙自重和上层楼板的设计荷载通过剪力墙两侧的竖向接合部传递到 1/2 柱的部分。

③ 对水平荷载进行承载力极限设计 ［应力传递要素：抗剪键和剪切摩擦的组合］

$$_vQ_w \geqslant _vQ_d$$

$$_vQ_d = (Q_d - _tQ_c) \cdot h_w/L_w + Q_v \tag{4.5.2.30}$$

$$_vQ_w = 0.1F_c \cdot \sum (a_i \cdot w_i) + \sum (a_v \cdot _v\sigma_y) \tag{4.5.2.31}$$

式中 $_vQ_w$——单层竖向接合部的受剪承载力（N）；

$_vQ_d$——竖向接合部的剪力设计值（N），等于根据弯矩的变化量求得的剪力加上竖向荷载的剪力 Q_v，按照式（4.5.2.32）进行计算

$$_vQ_d = (\Delta M/\Delta h_w) \cdot h_w/L_w + Q_v \tag{4.5.2.32}$$

ΔM——区间高度 Δh_w 内弯矩的变化量（N·mm）；

Δh_w——区间高度，$\Delta h_w = h_w$ 或 $\Delta h_w < L_w$（mm）；

h_w——剪力墙的单层高度（mm）；

Q_v——竖向荷载的剪力（N）；

Q_d——设计剪力（N）；

$_tQ_c$——受拉侧柱承担的剪力（N）；

F_c——接合部的混凝土设计标准强度（N/mm²）；

a_i——抗剪键的高度（mm）；

w_i——抗剪键的宽度（mm）；

a_v——竖向接合部的水平连接钢筋截面面积（mm²）；

$_v\sigma_y$——竖向接合部的水平连接钢筋的标准屈服强度（N/mm²）。

式（4.5.2.31）也与竖向荷载的强度公式一样，是学会预制指南（案）中给出的公式。式（4.5.2.30）中的基本应力传递模型与后面的水平荷载极限状态下的水平接合部的模型相同，如图4.5.2.27 所示，竖向接合部的设计剪力等于各层拱形结构压缩束力的竖向部分加上竖向荷载的剪力。

另外，图 4.5.2.28 中表示了按照塑性理论通过力矩变化量进行计算的方法，在某个区间高度（小于墙的长度）以内允许应力的再分配。

式（4.5.2.31）以水平荷载时产生的竖向接合部的剪力为研究对象，应力传递要素采用抗剪键和水平连接钢筋的剪切摩擦。

竖向接合部的剪力设计值可以考虑使用各楼层竖向荷载的剪力。本技术资料也适用于竖向接合部设置在剪力墙中央部位时，在结构规定上要求剪力墙水平连接钢筋的配置率大于壁筋比。

2）剪力墙的水平接合部

一般情况下，在剪力墙的水平接合部，竖向荷载时不会产生剪力，所以一般都不考虑竖向荷载时的水平接合部。因此，这里只介绍水平荷载的承载力极限设计。注意，在受到不均匀的土压力等产生的剪力时，必须与竖向接合部一样，要考虑使用极限。另外，为了减小这种情况下产生的与竖向接合部一样的接合面间距，最好采用只使用抗剪键作为接合要素的式（4.5.2.27）。土压等荷载作用于面外的地下外墙由于与抗剪键发挥作用的方向不同，所以在此不适用。

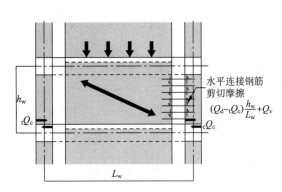

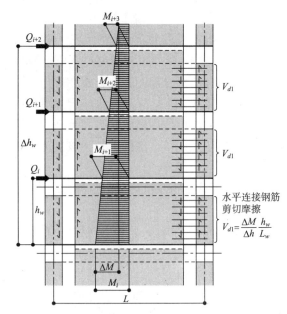

图 4.5.2.27　各层拱形结构的竖直反力 　　　图 4.5.2.28　通过弯矩变化量进行计算时的应力传递机构

对水平荷载进行承载力极限设计　〔应力传递要素：摩擦、剪切摩擦、抗剪键、销筋等因素的组合〕（图 4.5.2.29）

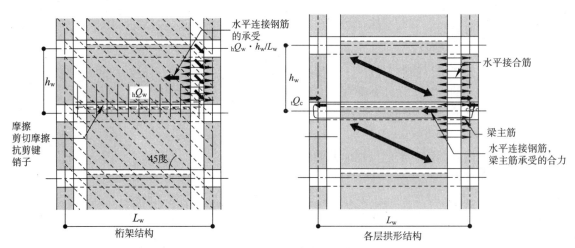

图 4.5.2.29　水平荷载的应力传递机构

$$Q_{su2} \geqslant Q_d$$
$$Q_{su2} = {}_hQ_w + \min\left(\sum a_v \cdot {}_v\sigma_y - {}_hQ_w \cdot h_w/L_w, {}_cQ_{cu}\right) + {}_tQ_c \qquad (4.5.2.33)$$

式中　Q_d——剪力设计值（N）；

　　　Q_{su2}——水平接合部的破坏决定的极限剪力（N）；

　　　${}_hQ_w$——墙板水平接合部承受的剪力（N）；

　　　${}_cQ_{cu}$——受压侧柱柱脚承受的剪力（N）；

　　　${}_tQ_c$——受拉侧柱承受的剪力（N）；

　　　$\sum a_v$——每层水平方向连接钢筋的截面面积（mm²），可以包括梁主筋、有效宽度内的楼板钢筋和墙壁水平连接钢筋；

　　　${}_v\sigma_y$——水平连接钢筋的标准屈服强度（N/mm²）；

　　　L_w——剪力墙的跨度长度（mm）；

　　　h_w——剪力墙的单层高度（mm）。

式（4.5.2.33）也为学会预制指南（案）中的强度公式，在墙板的水平接合部达到剪切强度$_hQ_w$以后，剪切强度保持不变，水平接合部的滑移变形增大，墙板通过各层拱形结构中的对角压力将力量传递到周边柱，与框架一起承受水平力，即假定的剪力墙水平接合部的应力传递模型。也就是说，预制剪力墙承受的剪力等于桁架机构起作用的$_hQ_w$和各层拱形结构的强度增加部分$_tQ_c+_cQ_{cu}$之和。

桁架结构和各层拱形结构所必需的水平力由各层的水平连接钢筋（梁筋＋剪力墙水平连接钢筋）来承受。剪力墙水平接合部的应力传递要素为剪切摩擦和抗剪键的组合。学会预制指南（案）中采用了《预制混凝土连层抗震墙壁水平抗剪强度的评价方法和设计实例》[1]一书中介绍的下列计算方法来计算$_tQ_c$、$_cQ_{cu}$、$_hQ_w$的各个强度。

- 受拉侧柱承受的剪力（N），按照下式计算。

$$_tQ_c = b_c \cdot _cj_{tc} \cdot _cP_w \cdot \sigma_{wy} \cdot \cot\phi_c \tag{4.5.2.34}$$

- 受压侧柱柱脚承受的剪力的上限值（N），按下式计算。

$$_cQ_{cu} = b_c \cdot _cj_{tc} \cdot _cP_w \cdot \sigma_{wy} \cdot \cot\phi_c + 1/2\tan\theta_c(1-\beta_c) \cdot b_c \cdot D_c \cdot v \cdot F_c \tag{4.5.2.35}$$

- 墙板水平接合部承受的剪力（N），按下式计算。

$$_hQ_w = \mu \cdot (\sum a_h \cdot _h\sigma_y \cdot N_h) + C \tag{4.5.2.36}$$

式中　b_c——柱的宽度（mm）；

$_cj_{tc}$——与柱桁架结构有关的截面的有效直径（mm）；

$_cP_w$——柱的剪切加强钢筋比；

σ_{wy}——柱剪切加强钢筋的标准屈服强度（N/mm^2）。

$\cot\phi_c$——$\cot\phi_c = 1.0$

$\tan\theta_c$——$\tan\theta_c = \sqrt{\left(\dfrac{h_w}{2} \cdot D_c\right)^2 + 1} - h_w/(2 \cdot D_c)$

h_w——层高（mm）；

D_c——柱的投影（mm）；

β_c——拱形结构的假想宽度（mm），按下式计算

$$\beta_c = (1 + \cot^2\phi_c) \cdot P_s \cdot \sigma_{sy}/(v \cdot F_c)$$

v——混凝土的有效强度折减系数；

F_c——柱的混凝土设计标准强度（N/mm^2）；

P_s——墙板的剪切加强钢筋比；

σ_{sy}——墙板剪切加强钢筋的标准屈服强度（N/mm^2）；

μ——水平接合部的摩擦系数；

a_h——水平接合部的竖直连接钢筋截面面积（mm^2）；

$_h\sigma_y$——水平接合部竖直连接钢筋的标准屈服强度（N/mm^2）；

N_h——作为受拉柱反力而作用于水平接合部的轴向力（N），按下式计算

$$N_h = \min(_tT_{cu}, \mu \cdot \sum a_h \cdot _h\sigma_y)$$

$_tT_{cu}$——受拉柱的受拉承载力（N）；

C——$C = \min(0.85 \cdot A_p \cdot F_c, 0.1 \cdot _hA_{sc} \cdot F_c)$（N）；

A_p——抗剪键承压面积之和（mm^2）；

$_hA_{sc}$——抗剪键水平截面面积之和（mm^2）。

此外，接合部的摩擦系数采用"4.4　应力传递要素的力学特性"中表4.4.1.1中的数值。

1）日本建築学会編「プレキャストコンクリート連層耐震壁の水平せん断耐力の評価法と設計例」

前述的强度公式为学会预制指南（案）中以桁架、拱形结构为主体的应力传递模型公式，在本技术资料的 WR-PC 设计中，根据剪力墙作为简单整体结构来发挥作用时的剪切应力进行接合部的设计。下面介绍这些强度公式。这些强度公式是原住宅、都市整备社团和预制装配式建筑协会等机构在开发 WR-PC 施工方法时，通过实验证实其正确性的强度公式，而这些公式以往一直在壁式预制结构中使用，现在仍然在使用。这些公式不能直接应用于其他结构形式的建筑。

此外，通常情况下，设计剪力墙的接合部时，需要检讨使用极限状态和承载力极限状态下作用于接合部的应力，而在本技术资料的 WR-PC 设计中，为了检讨竖向接合部的损伤极限，提出了计算短期容许承载力的公式。

1) 剪力墙（端部、中间部位）的竖向接合部

在 WR-PC 设计中设计竖向接合部时，如前所述，为损伤极限设计提出了短期容许承载力的计算式，但没有计算使用极限的强度公式。将与学会预制指南（案）中抗剪键强度公式相同的强度用于承受竖向荷载和地震力引起的短期设计应力，这个强度在竖向荷载的使用极限状态下绰绰有余。

① 对水平荷载进行损伤极限设计　[应力传递要素：抗剪键]（图 4.5.2.30）

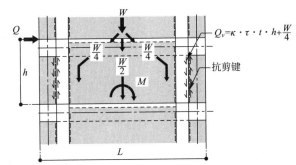

图 4.5.2.30　损伤极限时的应力传递机构

$$Q_{av} \geqslant Q_{dv} + W/4$$
$$Q_{dv} = \kappa \cdot \tau \cdot t \cdot h \tag{4.5.2.37}$$
$$Q_{av} = \min(Q_{v1}, Q_{v2}, Q_{v3}) \tag{4.5.2.38}$$
$$Q_{v1} = {}_{s}f_{cs} \cdot \sum (w_i \cdot x_i) \tag{4.5.2.38a}$$
$$Q_{v2} = t_o \cdot {}_{s}f_{sv} \cdot h \tag{4.5.2.38b}$$
$$Q_{v3} = {}_{s}f_{ss} \cdot \sum (a_i \cdot x_i) \tag{4.5.2.38c}$$

式中　Q_{av}——竖向接合部的短期受剪承载力（N）；

Q_{dv}——竖向接合部的短期容许剪力设计值（N）；

κ——形状系数，侧柱与剪力墙的竖向接合部为 1.0，其他部位为 1.2；

τ——剪力墙的平均剪切应力（$= Q_d / (t \cdot L)$）（N/mm²）；

Q_d——剪力墙的短期设计剪力（N）；

t——剪力墙的厚度（mm）；

L——剪力墙的全长（mm）；

h——层高（mm）；

W——该层墙壁承受重量的增加部分（N）；

x_i——抗剪键的深度（mm）；

w_i——抗剪键接触面的宽度（mm）；

a_i——每个抗剪键连接部分的厚度（mm）；

t_o——填充混凝土抗剪有效幅度；

${}_{s}f_{cs}$——抗剪键的短期容许单位承压应力（N/mm²），按下式计算

$${}_{s}f_{cs} = {}_{s}\alpha_{cs} \cdot {}_{s}f_c$$

${}_{s}\alpha_{cs}$——考虑混凝土局部压缩的附加系数，为 1.2；

${}_{s}f_c$——混凝土的短期容许压应力（N/mm²）；

${}_{s}f_{sv}$——填充混凝土的短期容许剪切应力（N/mm²），按下式计算

$${}_{s}f_{sv} = {}_{s}\alpha_{sv} \cdot {}_{s}f_s$$

$_s\alpha_{sv}$——考虑填充混凝土斜向剪切的附加系数，为 1.0；

$_sf_s$——混凝土的短期剪切应力（N/mm²）；

$_sf_{ss}$——抗剪键的短期容许剪切应力（N/mm²），按下式计算

$$_sf_{ss} = _s\alpha_{ss} \cdot _sf_s$$

$_s\alpha_{ss}$——考虑混凝土直接剪切的附加系数，为 2.0。

WR-PC 设计中关于剪力墙竖向接合部的设计为防止发生中型地震时剪力墙产生过大剪切裂缝，而提出了短期容许承载力公式。传递模式为只靠刚度较大的抗剪键传递竖向接合部的剪力。

预制剪力墙和附加柱的竖向接合部产生的设计剪力，除了包括水平力的剪力以外，还要考虑竖向荷载的剪力。即使在 WR-PC 等剪力墙承受轴向力的结构之中，如果墙壁正下方没有连续底座基础等，墙壁承受的竖向荷载应该被传递到各层的附加柱。在 WR-PC 设计中，位于跨中附近的墙壁承受的竖向荷载的 1/2 被传递到下层墙壁，基础梁将剩余的竖向荷载传递到基础。因此，墙壁和附加柱的竖向接合部承受各层墙壁所受竖向荷载的 1/4。注意，在跨中附近的墙壁和墙壁的竖向接合部，不需要考虑这种竖向荷载。

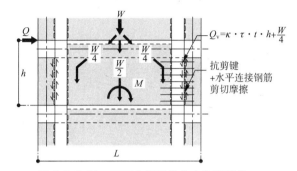

图 4.5.2.31 承载力极限的应力传递机构

在式（4.5.2.38）中的各式中，抗剪键分析时，使用了考虑附加因素之后的短期容许应力。在剪力墙中央的竖向接合部，研究剪切应力的分布时，使用的形状系数为 $\kappa = 1.2$。

② 对水平荷载进行承载力极限设计　　［应力传递要素：抗剪键＋剪切摩擦］（图 4.5.2.31）

$$Q_{uv} \geqslant \alpha \cdot Q_{mv} + W/4$$

$$Q_{uv} = \min\left\{_uf_{cs} \cdot \sum_{i=1}^{n}(w_i \cdot x_i), t_0 \cdot _uf_{sv} \cdot h, _uf_{ss} \cdot \sum_{i=1}^{n}(a_i \cdot w_i)\right\} + \sum(\sigma_y \cdot a_v) \quad (4.5.2.39)$$

式中　Q_{uv}——竖向接合部的极限受剪承载力（N）；

α——剪切强度的余力、墙壁的韧性级别和屈服形式决定的系数；

Q_{mv}——形成机构时墙壁产生的剪力（N）；

W——该层墙壁承受重量的增加部分（N）；

F_c——混凝土的设计标准强度（N/mm²）；

x_i——抗剪键的深度（mm）；

a_i——每个抗剪键接合部的厚度（mm）；

$_uf_{cs}$——抗剪键的极限承压应力（N/mm²），按下式计算

$$_uf_{cs} = _u\alpha_{cs} \cdot F_c$$

$_u\alpha_{cs}$——考虑混凝土局部压缩的附加系数，为 1.2；

$_uf_{sv}$——填充混凝土的极限剪切应力（N/mm²），按下式计算

$$_uf_{sv} = _u\alpha_{sv} \cdot _sf_s$$

$_u\alpha_{sv}$——考虑填充混凝土斜向剪切的附加系数，为 1.0；

$_sf_s$——混凝土的短期容许剪切应力（N/mm²）；

$_uf_{ss}$——抗剪键的极限剪切应力（N/mm²），按下式计算

$$_uf_{ss} = 0.1 \cdot F_c$$

a_v——水平连接钢筋的截面面积之和（mm²）；

σ_y——水平方向连接钢筋的标准屈服强度（N/mm²）。

式（4.5.2.39）为以往用于壁式预制结构的强度公式，主要依靠抗剪键的直接剪切传递和水平连接

钢筋的剪切摩擦。设计中，形成机构时竖向接合部产生的剪力加上该层剪力墙承受的竖向荷载的 1/4 作为设计剪力。

另外，在 WR-PC 设计中，水平连接钢筋包括横切竖向接合部的壁筋（抗剪销筋）和配置在梁筋或楼板内的端部连接钢筋，另外，抗剪销筋要大于墙壁必要抗剪钢筋量的 50% 以上，并且抗剪销筋比要大于墙壁最小抗剪钢筋比的 0.25% 以上。

2）剪力墙的水平接合部

一般情况下，水平接合部竖向荷载时不会产生剪力，但平时会产生剪力，这一点与前面的学会预制指南（案）中关于剪力墙水平接合部的记述一致。这里仅介绍水平荷载时极限强度公式。

对水平荷载进行承载力极限设计　［应力传递要素：摩擦、剪切摩擦、销筋］（图 4.5.2.32）

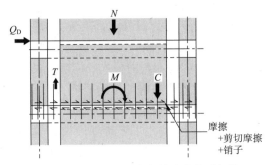

图 4.5.2.32　水平接合部的应力传递机构

$$Q_{uh} \geqslant \alpha \cdot Q_{mh}$$

$$0.003 \leqslant P_h \leqslant 0.005 \text{ 时，} Q_{uh} = 0.7\{\sigma_y \cdot P_h \cdot t \cdot L + N_h\} \tag{4.5.2.40}$$

$$0.005 < P_h \text{ 时，} Q_{uh} = 0.7\{0.5\sigma_y \cdot (P_h + 0.005) \cdot t \cdot L + N_h\} \tag{4.5.2.41}$$

式中　Q_{uh}——水平接合部的受剪承载力（N）；

Q_{mh}——形成机构时剪力墙产生的剪力（N）；

α——剪力墙剪切强度上的冗余度；

P_h——竖向连接钢筋比，按下式计算

$$P_h = a_h / (t \cdot L)$$

注意，$P_h > 0.010$ 时，$P_h = 0.010$。

a_h——竖向连接钢筋的截面面积之和（mm^2）；

t——剪力墙的厚度（mm）；

L——剪力墙的全长（mm）；

σ_y——竖向连接钢筋的标准屈服强度（N/mm^2）；

N_h——极限抗剪强度计算用轴向力（N）

屈服形式不是基础旋转型时：$N_h = N_{mu} + N_L + N_{ce}$

屈服形式是基础旋转型时：$N_h = N_{ru} + N_L + N_{ce}$

注意，$N_h < 0$ 时，$N_h = 0$

N_{mu}——形成机构时附加轴向力（N）；

N_{ru}——产生基础旋转时的附加轴向力（N）；

N_L——剪力墙承受的长期轴向力（N）；

N_{ce}——与剪力墙正交的墙柱有效范围承受的长期轴向力（N）。

式（4.5.2.40）为下面所示的 Mattock 和 Hawkins 的公式。该强度公式为直接剪切型的实验公式，在检讨水平接合部时，适用于受压区域。应力传递要素采用轴向力的摩擦、竖直连接钢筋的剪切摩擦和销筋等的复合要素。

$$V_u = 200 + 0.8(P \cdot f_y + {}_\sigma N_x) \text{（psi）} \tag{4.5.2.42}$$

式中　V_u——接合面的极限剪切应力（psi）；

P——接合面正交钢筋的钢筋比；

f_y——接合面正交钢筋的屈服强度（psi）；

${}_\sigma N_x$——与接合面正交的轴向应力（psi）。

式（4.5.2.40）中忽略了式（4.5.2.42）中的第 1 项，并将第 2 项的系数减小至 0.7。在 WR-PC

设计的强度公式中，为了避免竖直连接钢筋超过 0.5%时过高评价设计强度，将竖直连接钢筋的分量进一步减少，从而采用式（4.5.2.41）。

采用式（4.5.2.40）或式（4.5.2.41）设计水平接合部时，需要研究作用于水平接合部的竖向轴力。在搭接剪力墙的墙柱为扁平形状的 WR-PC 结构中，要将墙柱承受的轴向力限定在有效范围内，还要注意不要过高评价水平接合部的强度。

另外，在 WR-PC 的设计中，下层轴向力很大时（竖直连接钢筋的压应力强度大于 $100N/mm^2$）的强度公式也可以使用考虑接触面压应力传递的式（4.5.2.43）。

$$Q_{uh} = \mu \cdot (C + N/2)(N) \tag{4.5.2.43}$$

式中　μ——混凝土平滑表面的摩擦系数，$\mu = 0.7$；

　　　C——剪力墙的弯曲压力（N），按下式计算

$$C = M/L$$

　　　M——剪力墙的极限弯矩（N·mm）；

　　　L——剪力墙两端墙柱的中心距（mm）；

　　　N——剪力墙的长期轴向力加上正交墙柱有效范围承受的长期轴向力（N）。

同样，上层轴向力很小时（竖直连接钢筋的压应力强度不到 $100N/mm^2$）的强度公式可以采用考虑销筋作用的式（4.5.2.44）。

$$Q_{uh} = 1.65 \sum a_v \cdot \sqrt{\sigma_y \cdot F_c} \tag{4.5.2.44}$$

式中　a_v——竖向连接钢筋的截面面积之和（mm^2）；

　　　σ_y——竖向连接钢筋的标准屈服强度（N/mm^2）；

　　　F_c——混凝土的设计标准强度（N/mm^2）。

在 WR-PC 设计中，预制墙端部的水平接合面状态为平滑表面，现浇的楼板上端面为粗糙面，可以用木泥刀进行修整。

4　次梁的接合部

主梁与次梁间的接合部要传递次梁竖向荷载的应力，在设计接合部时，需要分析次梁端部的竖向接合部。另外，设计前提为次梁不承受地震力，不需要检讨水平荷载。

1）次梁端部竖向接合部

次梁端部竖向接合部大致可以采用两种方法。第一种方法包括，主梁和次梁接合部为现浇混凝土时，采用传统方法固定次梁主筋的方式和次梁端部下端面不产生拉力时无需固定次梁下端钢筋，而使用抗剪键或销筋进行应力传递的方式。另外一种方法是，交叉部位的主梁部分为预制结构时，通过在主梁上的搭接部位与承托次梁端部的台座或节点板进行应力传递。这里介绍次梁端部的竖向接合部一般采用的强度公式，它使用抗剪键、销筋及节点板等高强螺栓连接作为应力传递要素。

①对竖向荷载进行使用极限设计　［应力传递要素：抗剪键、节点板］

为使次梁在使用极限状态下不会产生有害的裂缝、挠曲或振动，设计时要使用接合部在很小滑移变形范围内能够发挥强度的应力传递要素。此外，不设置抗剪键而仅靠次梁主筋时，在使用极限状态下不能靠销筋，而是靠次梁端部弯矩引起的接触面压应力传递来传递剪力。注意，计算接触面压应力时，必须要使用恒荷载时弯曲应力的下限值。

a）使用抗剪键的情形

在次梁端部竖向接合部的边界面设置抗剪键传递剪力时，要使用抗剪键竖直截面面积决定的剪切强度和抗剪键前面抗压强度中的较小强度。此外，除了抗剪键的强度之外，还要考虑现浇部分的混凝土剪切强度。这里介绍学会预制指南（案）中记载的抗剪键强度的计算公式。

$$Q_{sk} = \min(Q_{sk1}, Q_{sk2}) \tag{4.5.2.45}$$

$$Q_{sk1} = 0.5 \sqrt{F_c} \cdot b \cdot h \tag{4.5.2.45a}$$

$$Q_{sk2} = F_c \cdot b \cdot t \tag{4.5.2.45b}$$

式中 Q_{sk}——抗剪键的受剪切承载力（N）；

$\quad\quad Q_{sk1}$——抗剪键竖向截面积决定的受剪承载力（N）；

$\quad\quad Q_{sk2}$——抗剪键承压决定的受剪承载力（N）；

$\quad\quad b$——抗剪键的宽度（mm）；

$\quad\quad h$——抗剪键的高度（mm）；

$\quad\quad t$——抗剪键的深度（mm）；

$\quad\quad F_c$——混凝土的设计标准强度（N/mm²）。

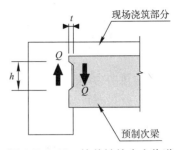

图 4.5.2.33 抗剪键的应力传递

b）使用节点板的情形

在与主梁相连的次梁端部竖向接合部设置节点板传递剪力时，使用高强螺栓导入张力形成的钢板和钢板之间的摩擦阻力和节点板有效截面面积求得的钢板容许剪力中的较小强度。此外，节点板传递的剪力然后通过钢板和钢筋、钢筋和混凝土或栓进行传递，所以还需考虑这些因素（图 4.5.2.34）。

$$Q_a = \min(Q_{a1}, Q_{a2}) \tag{4.5.2.46}$$

$$Q_{a1} = n \cdot R_{sa} \tag{4.5.2.46a}$$

$$Q_{a2} = A_e \cdot f_s \tag{4.5.2.46b}$$

式中 Q_a——螺栓连接的受剪承载力（N）；

$\quad\quad Q_{a1}$——钢板接合面的摩擦阻力决定的受剪承载力（N）；

$\quad\quad Q_{a2}$——根据钢板有效截面面积求出的受剪承载力（N）；

$\quad\quad n$——连接板要素的高强螺栓的数量；

$\quad\quad R_{sa}$——高强螺栓的容许抗滑移承载力（N）；

$\quad\quad A_e$——板要素或鱼尾板（2 块时取它们的和）有效截面面积中的较小值（mm²）；

$\quad\quad f_s$——板要素或鱼尾板的容许剪切应力（N/mm²）。

② 对竖向荷载进行承载力极限设计 ［应力传递要素：销筋、节点板］

次梁承载力极限设计的目的是防止构件掉落。这时的应力等于竖向荷载乘以系数，在这种状况下，允许一定程度的错位变形，设计接合部时的应力传递要素与使用极限设计时不同。

a）使用销筋的情形

产生的剪力超过使用极限、在次梁端部竖向接合部的边界面出现一定程度的错位变形时，如图 4.5.2.35 所示，与边界面正交的销筋有利于传递剪力。这里介绍学会预制指南（案）中记载的强度公式。另外，用现浇部分的上端钢筋等来同时承受拉力时，必须降低钢筋的强度。降低方法与主梁的接合部相同，采用式（4.5.2.14）计算。

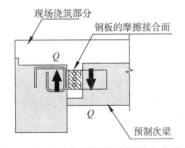

图 4.5.2.34 高强螺栓连接的应力传递

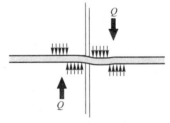

图 4.5.2.35 销筋的应力传递

$$Q_d = 1.65 a_v \cdot \sqrt{F_c \cdot f_y} \tag{4.5.2.47}$$

式中 Q_d——每根销筋的受剪承载力（N）；

$\quad\quad a_v$——每根销筋的截面面积（mm²）；

$\quad\quad f_y$——销筋的标准屈服强度（N/mm²）；

$\quad\quad F_c'$——混凝土的设计标准强度（N/mm²）。

b) 使用节点板时

使用节点板传递剪力时，极限状态下的设计剪力强度，采用式（4.5.2.28）（图4.5.2.36）。这时，使用根据高强螺栓直接剪切求得的剪切强度、根据节点板有效截面面积求得的剪切强度及破裂强度中的最小值。另外，与使用极限设计时相同，还需要分析钢板和钢筋、钢筋和混凝土或栓等。

$$Q_u = \min(Q_{u1}, Q_{u2}, Q_{u3}) \tag{4.5.2.48}$$

$$Q_{u1} = n \cdot R_{su} \tag{4.5.2.48a}$$

$$Q_{u2} = A_e \cdot F_u \sqrt{3} \tag{4.5.2.48b}$$

$$Q_{u3} = n \cdot e_2 \cdot t \cdot F_u \tag{4.5.2.48c}$$

式中　Q_u——螺栓连接的极限剪力（N）；

　　　Q_{u1}——螺栓剪切破裂的承载力（N）；

　　　Q_{u2}——被连接构件螺栓孔有效断面的破裂承载力（N）；

　　　Q_{u3}——被连接构件应力方向破裂的承载力（N）；

　　　n——连接板要素的高强螺栓数量；

　　　R_{su}——高强度螺栓的最大受剪承载力（N）；

　　　F_u——被连接构件的抗拉强度（N/mm²）；

　　　e_2——板要素构件轴线和正交方向的边缘的距离（mm）；

　　注意：$e_2 \geqslant 12t$ 时，$e_2 = 12t$；$e_2 \geqslant g$ 时，$e_2 = g$。

　　　g——螺栓列距；

　　　t——板要素或鱼尾板（2块时取它们的和）的厚度的较小值（mm）；

　　　A_e——板要素或鱼尾板（2块时取它们的和）的有效截面面积的较小值（mm²）。

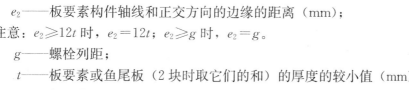

图4.5.2.36　高强螺栓
接合的应力传递

c）其他应力传递要素

如前所述，抗剪键和销筋等不同应力传递要素混合使用时，各应力传递要素发挥最大强度时的错位量也各不相同。因此，如果把各应力传递要素加在一起计算出的接合部强度很可能大于实际强度。迄今为止已做的很多试验的结果已确认了有些强度公式的正确性。这里介绍组合应力传递要素的强度公式，供大家参考。学会预制件的设计和施工中记载的应力传递要素组合的式（4.5.2.49）为抗剪键和销筋组合使用的强度公式。此外，还将介绍宫内等人提出的式（4.5.2.50）[1]，矶等人提出的式（4.5.2.51）[2]等。

$$Q_u = 0.10 F_c \cdot A_{sc} + f_y \sum a_v \tag{4.5.2.49}$$

式中　Q_u——竖向接合部的极限受剪承载力（N）；

　　　F_c——接缝混凝土的设计标准强度（N/mm²）；

　　　A_{sc}——竖向接合部的抗剪键竖直截面面积之和（mm²）；

　　　f_y——销筋的标准屈服强度（N/mm²）；

　　　$\sum a_v$——竖向接合部销筋的截面面积（mm²）。

$$Q_u = \min\left[0.2 F_c \cdot A_{sc}, \sum(F_c \cdot B_c \cdot D_c)\right] + 0.33_r A_s \cdot f_y \tag{4.5.2.50}$$

式中　A_{sc}——抗剪键的竖直截面面积之和（mm²）；

　　　B_c——抗剪键的宽度（mm）；

　　　D_c——抗剪键的深度（mm）；

　　　F_c——混凝土的设计标准强度（N/mm²）；

　　　$_r A_s$——销筋的截面面积之和（mm²）；

　　　f_y——销筋的标准屈服强度（N/mm²）。

$$Q_{su} = 0.5\sqrt{\sigma_B \cdot \sigma_t} A_e + Q_{st} \tag{4.5.2.51}$$

式中　σ_B——混凝土的抗压强度（N/mm²）；

　　　σ_t——混凝土的抗拉强度（N/mm²）；

A_e——根据裂缝路线计算出来的剪切截面面积（mm²）；

Q_{st}——销筋承受的剪切强度（N）。

另外，本技术资料的 W-PC 及 R-PC 设计中介绍了台座类型的强度公式。这里介绍 R-PC 设计中的使用极限状态下的强度公式。台座部分承受的剪力请参考式（4.5.2.52），该剪力产生的弯矩可以用式（4.5.2.53）中的弯曲裂缝进行检讨。此外，通常情况下，基础部位大多在设计时被用作搭接件，所以在实际设计中不被考虑在接合部的强度内，这一点要特别注意（图 4.5.2.37）。

$$Q_a \geqslant Q_d$$
$$Q_a = 0.5\sqrt{F_c} \cdot a \tag{4.5.2.52}$$
$$M_{ca} \geqslant M_d$$
$$M_{ca} = 0.56\sqrt{F_c} \cdot Z \tag{4.5.2.53}$$
$$M_d = Q_d \cdot e$$

式中　F_c——混凝土的设计标准强度（N/mm²）；

　　　a——主梁台座部分混凝土的剪切截面面积（mm²），等于台座部分的直径和次梁幅度之积；

　　　Z——主梁台座部分混凝土的截面系数（mm³）；

　　　e——荷载位置的搭接件的埋置深度。

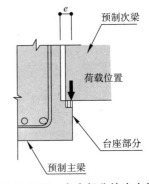

此外，杉田等人提出的公式[3]为包括基础部分强度在内的多个应力传递要素组合形成的强度公式。它是由第 1 项的抗剪键强度、第 2 项连接钢筋剪切摩擦的剪切强度和第 3 项基础部分的裂缝强度累加而成的强度公式。

5　楼板的接合部

楼板的接合部包括楼板边缘竖向接合部、楼板中间部位竖向接合部以及为形成合成楼板而设置的楼板水平接合部（半预制板上面的水平接合部）。

这些接合部的接合要素为预制板和现浇混凝土部分的浇注接缝面、楼板钢筋、桁架钢筋及加固钢筋。

图 4.5.2.37　台座部分的应力传递

关于接合部的应力传递，根据设计、施工条件适当考虑设计剪力，明确接合部性能要求的传递模式，在此基础之上进行设计。

1）楼板边缘的竖向接合部

楼板边缘的接合部位于楼板和主梁、次梁或剪力墙的接合部，使相关构件连接在一起。

①对竖向荷载进行使用极限设计　　［应力传递要素：混凝土的剪切、抗剪键］

进行使用极限设计时，要保证混凝土不会发生裂缝等破损从而能够确保剪力传递。使用极限设计时的剪力通过现浇混凝土进行传递。在预制板侧面设置抗剪键时，进行接合部的分析时要考虑抗剪键的影响（图 4.5.2.38）。

$$Q_{SL} = f_s \cdot b \cdot t + \min(Q_s, Q_b) \tag{4.5.2.54}$$

式中　Q_{SL}——使用极限状态下的受剪承载力（N）；

　　　f_s——现浇混凝土的长期容许剪切应力（N/mm²）；

1）宫内靖昌、菅野俊介、冈本和雄、石井修、井ノ上一博、伊藤荣俤,「プレキャスト鉄筋コンクリート小梁端部の接合法に関する実験的研究（その4　シャーコッターを用いた接合部の一面せん断実験）」、日本建築学会大会学術講演梗概集（東北），1991 年 9 月，pp. 685－686。

2）多田浩司、柳沢延房、磯健一：「PC 小梁・大梁接合部のせん断挙動に関する研究（その2：接合部の終局強度に関する検討）」、日本建築学会大会学術講演梗概集（関東），1993 年 9 月，pp. 439－440。

3）杉田和直、小林淳、金田和浩、田中勉：「PCa 大梁－小梁簡易型接合部のせん断耐力実験」大成建設技術研究所報　第 28 号（1995）

b——现浇混凝土的宽度（mm）；

t——现浇混凝土的厚度（mm）；

Q_s——抗剪键的受剪承载力（N），按下式计算

$$Q_s = \min (Q_{s1}, Q_{s2})$$

$$Q_{s1} = 0.5 \sqrt{F_{1c}} \cdot \sum (b_i \cdot w_i)$$

$$Q_{s2} = 0.5 \sqrt{F_{2c}} \cdot \sum (a_i \cdot w_i)$$

F_{1c}——现浇混凝土的设计标准强度（N/mm²）；

a_i、b_i——抗剪键的接合部长度（mm）；

w_i——抗剪键的宽度（mm）；

F_{2c}——预制板的设计标准强度（N/mm²）；

Q_b——抗剪键前面的受压承载力（N），按下式计算

$$Q_b = \min (F_{1c}, F_{2c}) \cdot \sum (x_i \cdot w_i)$$

x_i——抗剪键的深度（mm）。

在第4章中，搭接处并未作为应力传递要素来处理，存在现浇混凝土和抗剪键时，使用抗剪键来传递剪力。在 PRESS 和学会预制指南（案）中记载了使用无支撑施工方法进行施工时把搭接处作为应力传递要素的设计实例。此外，现浇混凝土厚度很薄或可能产生裂缝时，现浇混凝土不会传递剪力，而仅使用抗剪键传递剪力。

② 对竖向荷载进行承载力极限设计 ［应力传递要素：销筋］

进行承载力极限设计时，搭接产生裂缝，要确保该裂缝面能够传递剪力。这时的应力传递要素只有楼板钢筋和连接销筋（图 4.5.2.39）。

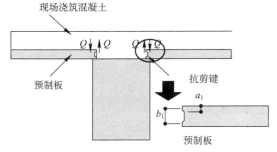

图 4.5.2.38 抗剪键的应力传递

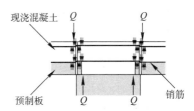

图 4.5.2.39 销筋的应力传递

这里简单介绍学会预制指南（案）中的强度公式。在学会预制指南（案）中指出，销筋也承受拉力时，钢筋的全塑性力矩就会降低，销筋会减少。在 PRESS 中也有同样的记述。

$$Q_u = 1.3 d_b^2 \cdot \sqrt{F_c \cdot f_y \cdot (1 - \alpha^2)}$$
$$= 1.65 a_v \cdot \sqrt{F_c \cdot f_y \cdot (1 - \alpha^2)} \qquad (4.5.2.55)$$

式中 Q_u——每根销筋的极限剪力（N）；

d_b——现浇混凝土内部的钢筋直径（mm）；

F_c——现浇混凝土的设计标准强度（N/mm²）；

f_y——现浇混凝土内部钢筋的标准屈服强度（N/mm²）；

a_v——现浇混凝土内部钢筋的截面面积（mm²）；

α——钢筋的实际拉伸应力与屈服强度之比。

③ 对水平荷载进行损伤极限设计 ［应力传递要素：混凝土的剪切］

损伤极限设计时的剪力，通过现浇混凝土进行传递。这里介绍《预应力混凝土（PC）合成楼板设计施工指南及解说》[1]（以下，简称预制合成楼板方针）中的公式。要确保产生的剪切应力小于现浇混凝

土的短期容许剪切应力。

$$Q_a = \tau_a \cdot A \tag{4.5.2.56}$$

式中　Q_a——损伤极限状态下的受剪承载力（N）；

　　　τ_a——现浇混凝土的短期容许剪切强度（N/mm²）；

　　　A——现浇混凝土的截面面积（mm²）。

④ 对水平荷载进行承载力极限设计　［应力传递要素：销筋］

进行承载力极限设计时的剪力，与竖向荷载的承载力极限设计相同，由设置在现浇混凝土上的楼板贯通销筋进行传递。在此不再列出强度公式。

2）楼板中间部位的竖向接合部

楼板中间部位的竖向接合部的主要目的是将楼板与楼板连在一起。各极限状态下的剪切传递要素与强度公式与楼板边缘的竖向接合部相同。

3）楼板水平接合部（半预制板上面的水平接合部）

楼板的水平接合部位于半预制板和上面的现浇混凝土之间，主要功能是将相关构件连在一起形成整体楼板。在接合面设置抗剪键和设置桁架钢筋时的接合方法各不相同，此处将介绍后者。

水平接合部由于水平荷载会产生非常小的剪切应力，通过检讨竖向荷载的极限状态来确保接合部的性能，在此省略水平荷载的相关检讨。

①对竖向荷载进行使用极限设计［应力传递要素：接合面的剪切强度］

使用极限设计时接合面产生的剪切应力通过在半预制板和现浇混凝土的接合面产生的剪切强度来传递（图 4.5.2.40）。这里介绍学会预制指南（案）中的强度公式。

$$\tau_a = 0.3 \tag{4.5.2.57}$$

式中　τ_a——接合面的长期容许剪切应力（N/mm²）。

注意，条件是将半预制版的上面洗净，并且通过划纹等方法人为增加表面的粗糙度。

在学会预制指南（案）中，如图 4.5.2.41 所示，按照假定接合面连在一起的弹性梁理论，根据式（4.5.2.58）来计算图中各区域的剪力。

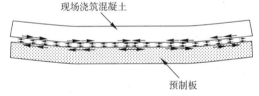

图 4.5.2.40　接合面剪切强度的应力传递

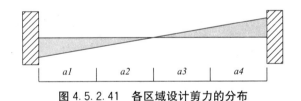

图 4.5.2.41　各区域设计剪力的分布

$$\tau_{Lu} = Q \cdot S_y / (b \cdot I) \tag{4.5.2.58}$$

式中　τ_{Lu}——使用极限状态下的设计剪切应力（N/mm²）；

　　　Q——各区域的剪力（N）；

　　　S_y——位于接合面上面的截面的面积矩（mm³）；

　　　b——接合面的宽度（mm）；

　　　I——截面惯性矩（mm）。

另外，学会预制指南（案）还指出，使用极限设计时接合面产生的剪切应力如果小于容许剪切应力 0.3N/mm²，就不必用连接钢筋进行加固。即使设置在预制板上的粗糙面分布不均，如果现浇混凝土的浇注和养护满足一定的条件，就能够确保大约 1.5N/mm² 的剪切强度，这是接合面滑移冗余度的 5 倍。

1）日本建築学会「プレストレストコンクリート（PC）合成床板設計施工指針・同解説」、1994.11

② 对竖向荷载进行承载力极限设计 ［应力传递要素：剪切摩擦］

进行承载力极限设计时，通过贯穿半预制板和现浇混凝土内部的接合面的连接钢筋的剪切摩擦来传递接合面产生的剪切应力（图4.5.2.42）。

$$Q_u = A_s \cdot \mu \cdot f_y \cdot P_s \tag{4.5.2.59}$$

式中 Q_u——楼板水平接合面的受剪承载力（N）；

　　A_s——半预制板和现浇混凝土接合面的截面面积（mm²）；

　　μ——半预制板和现浇混凝土接合面的摩擦系数；

　　f_y——连接钢筋的标准屈服强度（N/mm²）；

　　P_s——半预制板和现浇混凝土接合面与正交方向连接钢筋截面积之比。

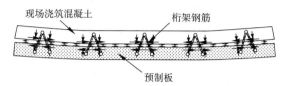

图4.5.2.42　剪切摩擦的应力传递

在进行承载力极限设计时，通过贯穿半预制板和现浇混凝土接合面的连接钢筋的剪切摩擦来进行应力传递，但要确保接合面发生滑移时的安全性。此外，在进行极限设计时，如果接合面的剪切应力小于0.3N/mm²，接合面的剪切应力则只通过接合面的剪切强度来传递。另外，在预应力合成楼板指南中，根据能够配置的连接钢筋量，将极限剪切应力的上限值定为2.0N/mm²。

6 外壳预制件的界面

在设计外壳预制件界面时，如图4.5.2.43所示，对水平荷载进行承载力极限设计时，必须确保界面不会遭受破坏。

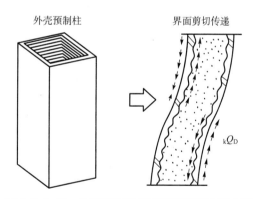

图4.5.2.43　外壳预制柱界面剪切传递的概念图

但是，外壳预制界面的连接形式大多为各个公司自己开发的，在以往的研究中，界面的连接形式（形状、尺寸、应力传递方式等）各不相同，也没有提出评估一般界面的应力传递的有效计算方法。

因此，我们必须要通过外壳预制构件界面剪切性能的相关实验或外壳预制构件（柱梁、剪力墙）的结构试验等来确认界面剪切传递的性能要求。

式（4.5.2.60）为通过以往研究得出的外壳预制柱界面剪切强度的计算公式，它的界面应力传递要素采用了界面抗剪键的剪切传递和外壳部分约束的剪切摩擦来进行剪切传递。但是，外壳部位的内置钢筋（抗剪钢筋）的固定未必牢固，上面的公式中的摩擦系数没有参照表4.4.1.1中的数值，而是通过实验得出的数值[1]。

$$_\kappa Q_D \leqslant {}_\kappa Q_u$$

$$_\kappa Q_{u1} = 0.5\sqrt{\sigma_B \cdot \sigma_{t1} \cdot A_c} + \mu \cdot \sigma_{t2}\{a_s(E_s/E_c - 1) + A_{pc}\} \tag{4.5.2.60}$$

式中　$_\kappa Q_D$——外壳预制柱界面产生的剪力（N）；

　　　　$_\kappa Q_u$——外壳预制柱界面的受剪承载力（N）；

　　　　$_\kappa Q_{u1}$——界面的受剪承载力（N）；

　　　　a_s——内置在外壳部分侧面的抗剪钢筋截面面积的总和（mm^2）；

　　　　σ_B——后浇混凝土的抗压强度（N/mm^2）；

　　　　E_s——抗剪钢筋的杨氏弹性模量（N/mm^2）；

　　　　σ_{t1}——后浇混凝土的抗拉强度（N/mm^2）；

　　　　E_c——外壳部分混凝土的杨氏弹性模量（N/mm^2）；

　　　　A_c——后浇混凝土的抗剪键的破裂截面面积（mm^2）；

　　　　A_{pc}——外壳部分的破裂截面面积（mm^2）；

　　　　μ——实验系数；

　　　　σ_{t2}——外壳部分的抗拉强度（N/mm^2）。

　　式（4.5.2.61）适当评价了包括内置于外壳部分的芯筋效果在内的剪切摩擦的应力传递，并统计处理了各种试验数据[2]。

$$_kQ_{u2} = 1.2\sigma_B \cdot A_b + A_s \cdot \sigma_y + \sigma_{t0} \left[\sum a_s (E_s/E_c - 1) + A_{pc} \right] \tag{4.5.2.61}$$

式中　$_kQ_{u2}$——界面的受压承载力（N）；

　　　　σ_y——钢筋的屈服强度（N/mm^2）；

　　　　σ_B——后浇混凝土的抗压强度（N/mm^2）；

　　　　E_s——抗剪钢筋的杨氏弹性模量（N/mm^2）；

　　　　σ_{t0}——外壳部分混凝土的抗压强度（N/mm^2）；

　　　　E_c——外壳部分混凝土的杨氏弹性模量（N/mm^2）；

　　　　A_b——抗剪键水平投影面积（mm^2）；

　　　　A_{pc}——外壳部分的截面面积（mm^2）；

　　　　A_s——正交钢筋的截面面积（mm^2）；

　　　　$\sum a_s$——外围环箍的全截面面积（mm^2）。

1）磯健一、柳沢延房、村上右、久保倉拓：「外殻プレキャスト構法による部材の力学的挙動（その1　外殻プレキャストと後打ちコンクリート界面でのせん断伝達）」日本建築学会大会学術講演梗概集、pp. 796〜797、1996 年

2）村田義之、山浦一郎、山尾憲一郎、甲斐誠、河野政典、ぎ嶋宣雄、野々上昌弘、近藤淳樹、細矢博、張富明：「流し込み成型による外殻 PCa 柱部材の研究（その4　推抜きせん断実験）（その5　柱主筋の付着実験）」日本建築学会大会学術講演梗概集、pp. 881〜882、1999 年

第5章　未来的预制结构

5.1　预制混凝土结构的现状

预制混凝土结构从 20 世纪后半期开始应用于实际，一开始主要用于中低层集合住宅，经过经济高速增长期以后，迅速普及到整个建筑业。然后，在泡沫经济崩溃后，由于成本较高，预制化技术的采用受到了限制。但是，近年来，人们对城市高层集合住宅的需求增加，而且人们对混凝土材料等高强度材料的开发也越来越多，成本较低的超高层 RC 建筑物的技术开发主要在大型综合建筑公司主导下进行，所以人们越来越多地愿意选择采用构件的预制件化技术。特别是，在周边兴起了一股建设超高层 RC 集合住宅的高潮，在柱、梁、楼板、阳台等结构构件的施工中大量使用预制化技术。

在日本，预制混凝土结构在建筑领域的应用开始于 20 世纪 50 年代后半期，晚于欧美各国，但从 70 年代开始，由于预制混凝土具有质量高、工期短、安全性能低、有利于弥补劳动力数量不足、环境污染小等优点，到现在为止，已广泛应用于低层、中层和高层建筑。预制化技术在今天能得到如此普及，在很大程度上得益于政府、学校和企业的合作以及原建设省和原住宅、都市整备社团的联合推动，同时，本学会也为预制化技术的普及做出了一定贡献。

另一方面，预制构件之间的接合部也是传递弯矩、轴向力和剪切等应力的重要组成部位，这些部位的连接技术也是建成预制建筑物所必不可少的。另外，实现施工合理化和省力化的关键在于简化接合部。但是，欧美在简化接合部方面走在了我国的前面，预制混凝土结构的普及也远远领先于我国，这是因为我国地震多，设计方法的主流为确保预制部分具有和现浇部分相同的结构性能，追求复杂的接合方法。此外，我国多采用已经被结构实验证实的接合部设计方法，缺乏可靠的抗震方法，这也是普及落后的一个重要原因。

但是，2002 年由（社）日本建筑学会出版的《现浇同等型预制钢筋混凝土结构设计指南（案）及解说（2002）》一书中提出的设计方法可以说确立了接合部的设计方法。

今后，在（社）日本建筑学会出版《现浇同等型预制钢筋混凝土结构设计指南（案）及解说（2002）》的同时，（社）预制装配式建筑协会也出版了《预制建筑技术集成》一书，这些书籍的出版将会加速预制混凝土结构的进一步发展，也将有助于探讨预制混凝土结构应有的地位。

5.2　21 世纪的课题

上一节介绍了预制混凝土结构的现状，这里将展望 21 世纪预制混凝土结构未来。在此之前，首先要看一下 21 世纪社会对钢筋混凝土建筑的需求状况。

国土交通省发布的《21 世纪的地面设计》中，指出了几个需要重点发展的方面。其中，钢筋混凝土结构物的相关课题有"环保型社会的实现"和"21 世纪支柱型建设生产技术的开发"。

参照这些基本指南，我们认为 21 世纪需要着重发展的钢筋混凝土结构物方面的主要课题包括以下几个方面：

1. 环保型结构物的开发；
2. 延长建筑物使用寿命的技术开发；
3. 建设生产技术的大胆研发。

预制化技术由于具有减少建筑产业废弃物、通过节约建设能源来降低环境负荷、通过节约劳动力来提高施工效率等优点，现在正越来越普遍地应用于各个方面。但是，为了使钢筋混凝土结构物更好地满足 21 世纪的要求，必须不断地开发新的施工方法。

下面，将逐一介绍各个技术开发课题。

5.2.1　环保型结构物的开发

现在，在建筑施工中，大气污染或噪声问题等得到了一定程度的改善，但防止全球变暖、减少建筑施工废弃物、合理有效利用资源等 20 世纪遗留下来的问题仍有很多。今后，在环境领域，对环保的要求也会进一步增加。

《建设循环利用法》于 2002 年开始实施以后，21 世纪被认为是 RE（废弃物回收再利用）时代。而 RE 的 3 个支柱为减少（抑制废弃物的出现）、循环（作为材料或能量循环再利用）、再利用（零部件再利用），今后必须进行相关的技术研发，特别是开发相对落后的结构物再利用方面的研究课题亟待开展相关研究。

5.2.2　长寿命化技术的开发

一般认为，在改建建筑物时，比起建筑物的物理寿命（混凝土的裂缝或中和化、钢筋生锈、结构框架的挠曲等），人们往往更注重建筑物的性能寿命（在开发时的搬迁、设计俗套、设备器械的老化等）。但是，短期内的改建会增加资源的消费、产生建设产业废弃物等，所以会进一步增加对环境的压力。

因此，为了增加建筑物在社会上的使用年限，人们开始研究集合住宅方面使用 SI（骨架填充）住宅，也就是百年住宅研究。为了增加建筑物的使用年限，当务之急是研究如何延长结构框架的使用寿命，此外，还需要研究开发发生中小地震或大地震时如何防止混凝土出现较大裂缝，也就是要研究损伤控制型设计方法。

5.2.3　建设生产技术的大胆研发

随着社会需求的增加，人们越来越重视研究如何节省施工量，如何缩短施工时间。特别是在建筑领域，人们除了通过统一结构构件来将模板用于其他方面、采用事先组装钢筋法之外，还通过机构构件的预制化等方法来节省施工量。缩短施工时间。现在，我们已经实现了将每层的循环工序缩减为 3 天，大大缩短了现场的工期。在一定程度上，通过将构件做成预制件使钢筋混凝土结构物的生产技术达到了相当高的水平。但是，它与主结构构件施工量最小的钢结构不同，它在构件接合部需要很大的施工量。今后，为了更进一步提高生产技术，必须简化接合部，还需开发相应的设计方法。

5.3　未来的预制混凝土结构

上一节讲述了钢筋混凝土结构物在 21 世纪面临的主要课题。为了解决这些课题，必须充分发挥预制混凝土结构本身的作用。这是因为预制混凝土结构是一种能够提高质量、缩短工期和节约施工量的有效技术，将来也有很大的发展前途。但是，为了使预制混凝土结构得到进一步的发展，需要我们进行大胆构思、设想并进行相应的技术研发。

预制混凝土结构的未来课题首先是开发经久耐用的结构形式，提高建筑物的使用寿命。现在，人们仍然采用组装减震装置的混合结构或导入预应力的预应力压接法来应对这一课题。但是，减振装置和预应力构件的成本很高。今后，人们必须开发能够用于超高层 RC 建筑物的、成本低且能够缩短工期的预应力预制混凝土结构。

此外，为了大幅度节约施工量，应该进一步简化接合部。接合部的简化可以使预制构件的拆卸和再利用成为可能。今后，必须开发与现浇不同的预制混凝土结构，并不断研究新的接合部设计方法以更好地适应这种结构。

前面已经讲了预制混凝土结构现状和未来的有关内容，凭借现有知识来谈论"预制混凝土结构的后现代主义"是非常困难的。总之，今后数十年，现有的结构形式会继续一点点地发生变化，这就要求我们要有远见，并能及时转变思想。将来，地球环境问题和熟练劳动者数量不足问题都是建筑行业不可避免的问题。首先要注意到这一点，并在此基础之上开发能够反复利用的结构形式。最好是能够拆卸，能够反复使用，循环工序为1天。但是，同时要注意使建筑物的设计新颖，有魅力。今后，我们期待具有新颖构思、头脑灵活的年轻技术人员大显身手。

（以上 石川胜美 记）

进一步发挥预制混凝土的特长

预制混凝土结构的利用率在所处经济状况等的影响下不断变化。近年来，自然资源的有效利用和环境保护已经成为全世界共同面临的重大课题，为了解决这一重大课题，今后对预制混凝土结构的使用必然会增加。

现在，预制混凝土构件作为一个结构体，基本上在设计时与现浇构件同样使用，今后也将维持这种状况。但是，我认为，现在到了一个可以用不同方法来使用预制混凝土构件的时代了，这就是将它作为与现浇混凝土构件不同、具有预制混凝土独特接合部的结构体来使用。今后，随着科学技术的发展，人们开发出能够自由保养的缓冲器，然后将它作为接合部与超高强度的预制构件（所用材料也许已经不能再称为混凝土了吧！）结合在一起，制造出抗震、防风、防振、而且永久性的结构体，这就是我们努力的目标。

稍微有点跑题了，现在我们可以通过用性价比来评价建筑物的投资，用预制混凝土结构为我们提供简单、成本低、垃圾少、很多零部件都可以反复再利用、并且能够自由拆卸建筑物的结构体。

（大桥和男 记）

未来的预制混凝土结构

在20世纪，预制混凝土由于具有能够批量生产、节约劳力等优点得到了迅速发展，同样，在追求经久耐用、使用寿命等性能目标的现在，预制混凝土的性能仍然优于现浇混凝土。另外，在保护地球环境、弥补熟练劳动力不足等方面，可以说预制件技术今后仍有很大的优势。但另一方面，无论是现浇混凝土还是预制混凝土，建筑物的使用寿命一到都要变成建筑垃圾。现浇混凝土已经可以使用可以反复利用的骨料，今后希望预制混凝土也能使用这种骨料。

从施工方法来看预制技术，由于预制构件的接合部要求的性能与现浇混凝土相同，所以连接的构件不能拆卸。希望今后开发出的接合部技术能使接合部不再与现浇混凝土联在一起，而是能够拆卸、更加简单、性能更高的一种技术。可以说PS-PC施工方法等采用的预应力压接施工方法就是其中之一。也就是说，接合部的施工方法如果能够与现浇混凝土不同，采用预制技术的构件也可以像钢结构或木结构那样，可以循环再利用。

（松泽哲哉 记）

预制结构法的未来

这十几年来建筑结构的显著动向为钢筋、混凝土等材料的高强度化、超高强度化和结构的混合使用。随着RC结构的超高层化、大规模化、高质量化和经济型化，材料的高强度化很快就要实现，所以今后将持续发展，并且迅速扩大其使用范围。另外，打破传统观念的束缚，区分不同部位、适当发挥RC和型钢结构不同优点的混合结构倾向必将使建筑结构更加合理，今后这一趋势仍将持续下去。预制结构法作为一种主体构筑结构法，非常适合使用高强度材料或混合结构的建筑物。

预制构件今后除了最适用于外墙、楼板等很容易实现标准化、通用化的部位以外，将来还将广泛用于高强度RC的高层、超高层、大规模建筑物或混合结构件筑物的框架。

（川端一三 记）

壁式预制钢筋混凝土建筑的未来

壁式预制钢筋混凝土结构作为一种与现浇同等的强度型结构大多被用于中低层（5层以下）住宅楼。壁式结构适合用于住宅，但今后的课题是研究如何将其用于高层建筑。

一部分6层以上的住宅曾经采用过高层壁式预制钢筋混凝土结构，但是由于壁式结构的剪力墙为边缘没有柱的扁平截面，梁的净跨度大多变小，并且具有接合部，对高层构件强度和韧性的研究不够充分等原因，结果造成成本过高，于是便不再使用了。

通过加深以前仿真试验和地震经历得到的立体效果的有关构件强度和韧性的知识，也许能够研发出将其应用于高层建筑的合理方法。

此外，通过加深相关研究，预制施工方法不仅在住宅方面，而且在壁式结构巨型柱的巨大建筑物等方面，也许都能够更好地发挥它的长处吧！

（田中材幸　记）

预制混凝土结构的接合部能够完全与其他部位形成一个整体吗？

在壁式结构中，以前的接合部主要使用强度型接合部，近年来，由于了解了接合部强度和变形量的关系，开始使用允许一定程度错位的接合部了。这样，就可以在框架式预制结构的前面加上"现浇同等型"一词了。

换言之，预制接合部从不问接合部构件间的整体性发展为能够研究整体化程度的接合部了。人们在众多关于预制接合部的研究基础之上，开发出了各种各样的接合形式。

那么，人们究竟能不能开发出完全一体型的预制接合部呢？由于提高混凝土接合面粘结性能的粘结剂的存在和应力方向可以使构件保持一体性，鉴于以前预制接合部的开发速度，在不久的将来在建筑领域应该可以实现。

能够实现完全一体性的接合部会给预制钢筋混凝土施工方法带来什么变化呢？可以想象到的变化之一为在海洋结构物中使用预制施工方法。例如，在海洋中建造一个圆顶型结构物时，我们可以在陆地上生产预制构件，然后将其沉入海底进行组装，然后向其内部注入空气。当然要考虑浮力的影响，海洋中水的压力作用于圆顶的墙面，产生同样的压力。预制构件接合部的抗压能力强，所以未必不是一种可行的施工方法。由于不需要在海洋中浇筑混凝土，只需与平时一样考虑氯化物的混入和水灰比即可。由于表面涂有编码材料，海水中的中和化进度问题也就解决了。

下面我们换一个地点，如果在预制构造物中采用预制施工方法会怎样呢？例如，我们在月球表面使用预制施工方法建造构造物时，会产生什么问题呢？我们首先考虑一下在月球表面获得构造物材料的难易度，钢材和混凝土构成材料，哪种更容易获得呢？我们会自然地想到，在月球表面很容易获得的材料是沙子和石头（骨料）。剩下的就是水泥和承受拉力的材料了。在宇宙空间建造圆顶时，和海洋中正好相反，墙面会产生拉力。在此，如果能够研制成功完全一体型预制接合部（虽然我认为已经一定程度上解决了接合部对拉力的适应问题），也不能完全说水中月、镜中花。

（田中良树　记）

将来的预制混凝土结构

关于预制混凝土结构的基本设计理念，虽然要确保预制混凝土的性能不低于现浇混凝土，但将来不再使用与现浇混凝土相同这个概念，而是将预制混凝土结构作为继钢筋混凝土结构、型钢结构、SRC结构和CFT结构之后的第5种结构，期望开发出不再需要后浇混凝土、具有抗震性能、更加简便合理的结构设计方法。

如果能够出现这种结构设计方法，那么在接合面，①接合部本身为具有防振功能的预制构造（梁端部接合部的变形吸收能量），②剪力墙和柱的接合部不再通过钢筋来连接，接合部为有防振功能的预制结构，③预制构件主筋和混凝土为不完全粘结（通过黏性体）状态的预制结构等成为未来的韧性型结构，……

在施工方面，预制建筑施工能够大大缩短施工时间。例如，在超高层住宅施工中，通过将柱、梁、楼板的全部混凝土部分做成预制件，并且将接合部细部体系化，可以实现每天1层或2层的施工循环工序。另外，如果将生产设计（设计图＝施工图＝构件生产图）固定下来，可以大大节约现场的施工量。

（大井　裕　记）

预制混凝土构件退休后迎来"第二次生命"的时代要来临了?

预制混凝土构件一般强度高、经久耐用。但是,建筑物在达到结构寿命以前,往往由于社会不再需要该建筑物,或建筑物的设备功能跟不上时代要求,或建筑物设计样式落后等原因,早早就被拆除的现象比比皆是。这样做,不利于保护地球的环境,所以必须尽可能地使建筑物使用至预制混凝土构件的结构寿命。

如果,建筑物的社会寿命低于预制混凝土构件的结构寿命,将从建筑物拆卸下来的预制混凝土构件回收赋予"第二次生命"怎么样呢?幸亏预制混凝土构件在工厂等其他场地生产时与接合部连在一起。拆除时可以从接合部取下,只要拆除时不损坏预制混凝土构件,那么它们就可以用于其他建筑物。

为了将预制混凝土构件从接合部拆卸下来,在考虑接合部细部和设计方法时一定要注意这一点。到目前还没有系统化的设计方法,还有待今后的开发。

(饭塚正义 记)

20××年,取自某报道

20××年某月,(社)预制装配式建筑学会发行了预制混凝土图构件的截面积结构性能的指南。这次,该指南制定了用于预制建筑物的柱、梁和剪力墙等预制混凝土构件的JIS标准,同时还规定了该指南的适用对象为该协会的实际设计人员、预制混凝土构件生产工厂、施工公司等。在那以前,预制建筑物由各个公司(人员)根据建筑物各自决定构件截面,然后在预制混凝土构件生产工厂进行生产,但是以后就像型钢建筑一样,先在这次出版的指南中的构件清单中选择适当的截面,然后进行设计和构件生产。今后在实际设计中,也许能够大大提高预制混凝土构件生产等程序的效率。到制定预制混凝土构件的JIS标准为止是有复杂的经过的,先是于2003年出版了《预制件技术丛书》,里面总结了预制建筑物的历史、设计方法、施工和质量管理方面的相关内容,使预制建筑逐渐为人们所熟悉,然后迅速普及和发展,最后受到一般的认可。此外,当时的本协会的会员公司数(从事中高层建筑施工的公司)大约为70家左右,本技术丛书出版发行以后,会员逐渐增加,到现在,基本上所有的预制混凝土构件生产工厂都已成为本协会的会员,会员之间推动合作网络化,确立了提供安定、高质量预制混凝土构件的供给系统。

此外,本协会在出版发行技术丛书之后不久,为了进一步发展预制技术,启动了开发WG开展科研工作,并发表了其研究成果。其中之一便是开发使用新材料的接合方法。以前的接合部在容许范围之内,会发生滑移或错位,但将这次开发出的新材料灌入或涂在接合部,便不会产生滑移或错位。这样便可省去接合部的设计工作,的确令人兴奋,但另一方面去我们又不禁叹息缺乏预制混凝土结构的实际业务人员……后来开发出来的是新预制建筑。本次发表的预制构件都最大程度地发挥了预制建筑的特性,下面介绍其中的一部分。建筑物在遭受地震时,梁端等部位容易受到破坏。因此,在发生大地震时,将各个构件受到破坏的部位限制在接合部(或构件),在接合部(或构件)遭受破坏时,替换整个受损部分就可以恢复到与大地震发生前相同的状态继续使用,这就是新开发出来的施工方法。总之,这些预制建筑物都具有和现浇型建筑物相同的结构性能,但是,本协会这次开发出了与现浇型不同的预制建筑物的施工方法、设计方法。但是,非常遗憾,详细情况要等到下个月举办的培训会才能介绍。

此外,关于此事,我们不接受任何垂询。

(久保健二 记)

近期的预制混凝土剪力墙

板状公共住宅的分户墙作为抗需要素,被有效利用。

现在,为了把这种墙壁制作成预制混凝土结构,只能将其制作成和现浇钢筋混凝土结构相同的强度指向型建筑物。因此,10层高的建筑物,采用墙壁剪切破坏型设计。但是,在座浆方式的预制剪力墙,在墙壁发生剪切破坏之前,水平接合部发生滑移,与现浇剪力墙的破坏形式相同。希望通过改善利用这种滑移开发出韧性指向型的剪力墙结构。这里介绍了剪力墙的有关情况,通过让柱或梁也具有与现浇混凝土构件相同的性能,也许可以丢弃预制构件或预制接合部的特有性能。

(小室邦博 记)